0 Wiederholung

0.1 Zahlen und ihre Darstellung

1 **a)** Sie wird verzehnfacht. **b)** Sie werden kleiner. **c)** Zehntausendstel **d)** 0,000 001

2 **a)** 1,7; 3,5; 6,2 **b)** Sie liegen zwischen 0 und 1 **c)** $3{,}01 < 3{,}09 < 3{,}10 = 3{,}1 < 3{,}11 < 3{,}9$

3 **a)** 24 (RF: 0,02); 124 (RF: 0,33); 46 (RF: 0,3); 36 (RF: 0,18); 600 (RF: 0,5); 1 (RF: 0,45); 0 (RF: 0,27); 1 (RF: 0,125679); 0 (RF: 0,0456319)

b) 1,37 (RF: 0,0048); 0,05 (RF: 0,0013); 12,54 (RF: 0,001); 0,83 (RF: 0,00094); 10,01 (RF: 0,0049); 10,01 (RF: 0,005); 10 (RF: 0,0049); 3,51 (RF: 0,003497)

4 Jede Zahl x ist richtig, wenn sie die angegebenen Bedingungen erfüllt:

$3150 \leqslant x < 3250$; $3195 \leqslant x < 3205$; $3199{,}5 \leqslant x < 3200{,}5$

$58{,}65 \leqslant x < 58{,}75$; $5{,}865 \leqslant x < 5{,}875$; $0{,}58735 \leqslant x < 0{,}58745$

$13{,}95 \leqslant x < 14{,}05$; $13{,}5 \leqslant x < 14{,}5$; $14{,}025 \leqslant x < 14{,}035$

$952{,}9515 \leqslant x < 952{,}9525$; $952{,}945 \leqslant x < 952{,}955$; $952{,}95195 \leqslant x < 952{,}95205$

0.2 Rechnen mit natürlichen Zahlen und mit Dezimalzahlen

5 **a)** Beispiel: $3 \cdot 4 = 12$, $12 : 4 = 3$

b) subtrahieren, multiplizieren, dividieren

c) Wenn man zu einer Zahl 1 addiert, ist der Wert der Summe um 1 größer als die Ausgangszahl. Subtrahiert man 1, so ist der Wert der Differenz um 1 kleiner als die Ausgangszahl.
Wenn man eine Zahl mit 1 multipliziert, hat das Produkt denselben Wert wie die Ausgangszahl.
Wenn man eine Zahl durch 1 dividiert, hat der Quotient denselben Wert wie die Ausgangszahl.
Wenn man zu einer Zahl 0 addiert, hat die Summe denselben Wert wie die Ausgangszahl.
Wenn man 0 von einer Zahl subtrahiert, hat die Differenz denselben Wert wie die Ausgangszahl.
Wenn man eine Zahl mit 0 multipliziert, ist das Produkt immer 0.

d) Der Wert des Quotienten 5 : 0 lässt sich nicht bestimmen.
Beispiel:
Wäre $5 : 0 = a$, so müsste $a \cdot 0 = 5$ sein und das ist nicht möglich. Die Aufgabe 0 : 0 hätte hingegen unendlich viele Lösungen, weil jede Zahl mit 0 multipliziert, 0 ergibt.

e) Bei der Subtraktion bzw. Division gilt das Vertauschungsgesetz (Kommutativgesetz) nicht:
Beispiel:
32 : 4 bedeutet z. B. dass 32 Kugeln auf 4 Personen gleichmäßig aufgeteilt werden.
4 : 32 würde bedeuten, dass 4 Kugeln auf 32 Personen gleichmäßig aufzuteilen sind.

f) Gilt auch für die Multiplikation, aber nicht für Subtraktion und Division.
z. B. $5 - 3 = 2$ aber $3 - 5 = ?\ (-2)$; -2 ist keine natürliche Zahl.
$4 : 2 = 2$ aber $2 : 4 = 0{,}5$; 0,5 ist keine natürliche Zahl.

6 **a)** 846; 383; 6862; 61 **b)** 21 004; 389; 2952; 11 046 **c)** 82 646; 159 045 000; 550; 397

7 **a)** Stichworte: Zuerst Überschlag machen, stellenwertrichtig untereinander schreiben, Überträge beachten

b) 65; 608 Rest: 153; 186 Rest: 7; 484 Rest 13

8 **a)** 67,8874; 18,98909; 4,25 **b)** 128,6275; 419,71; 16 208 **c)** 120,993; 2557,59; 0,0000234

9 **a)** I) $13 + 30 = 43$ II) $100 - 50 = 50$ III) $70 \cdot 5 = 350$ IV) $900 : 30 = 30$

b) I) $3 + 62 - 56 = 9$ B) II) $30 \cdot 100 = 3000$ B) III) $7{,}2 : 8 = 0{,}9$ C)

10 **a)** 40; 15; 30 **b)** 1010; 20; 5 **c)** 139; 91; 679 **d)** 9; 128; 57

11 **a)** 13,3325 **b)** 45,318 **c)** 2,16128 **d)** 13,053 **e)** 6,065 **f)** 23,7

12 **a)** 4,6 **b)** 5,25 **c)** 1,089 **d)** 5,4324

13 **a)** 17,65 **b)** 45,36

14 **a)** 2 **b)** 3,2

15 **a)** $3 \cdot (97{,}1 + 11{,}4) = 3 \cdot 108{,}5 = 325{,}5$ $3 \cdot 97{,}1 + 3 \cdot 11{,}4 = 291{,}3 + 34{,}2 = 325{,}5$
b) $0{,}1 \cdot (1230) = 123$; $0{,}1 \cdot 1000 + 0{,}1 \cdot 200 + 0{,}1 \cdot 30 = 100 + 20 + 3 = 123$
c) $32{,}68 + 28{,}88 = 61{,}56$; $7{,}6 \cdot (4{,}3 + 3{,}8) = 7{,}6 \cdot 8{,}1 = 61{,}56$

16 Assoziativgesetz und Kommutativgesetz gelten nicht.
Aber es gibt auch hier Distributivgesetze, die gelten!
z. B. $4 \cdot (8 - 3) = 4 \cdot 5 = 20$; $4 \cdot 8 - 4 \cdot 3 = 32 - 12 = 20$ $(48 - 36) : 6 = 12 : 6 = 2$; $48 : 6 - 36 : 6 = 8 - 6 = 2$
Es gilt jedoch nicht die Umkehrung bei der Division!
$72 : (6 - 3) = 72 : 3 = 24$; $72 : 6 - 72 : 3 = 12 - 24 = -12$

0.3 Grundbegriffe der Geometrie

17 **a)** Unendlich groß **b)** Unendlich viele **c)** Eine Gerade
d)

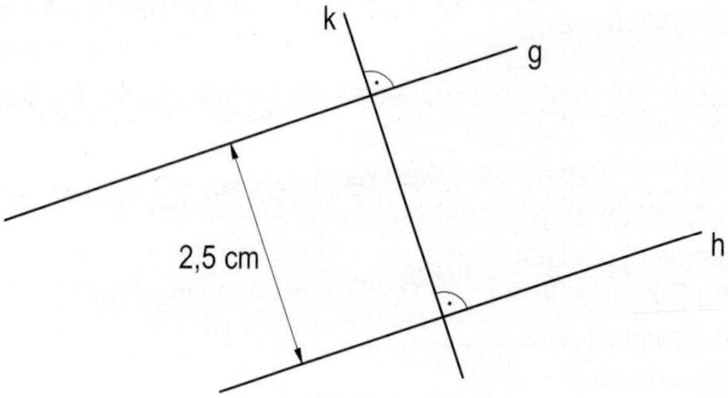

e)

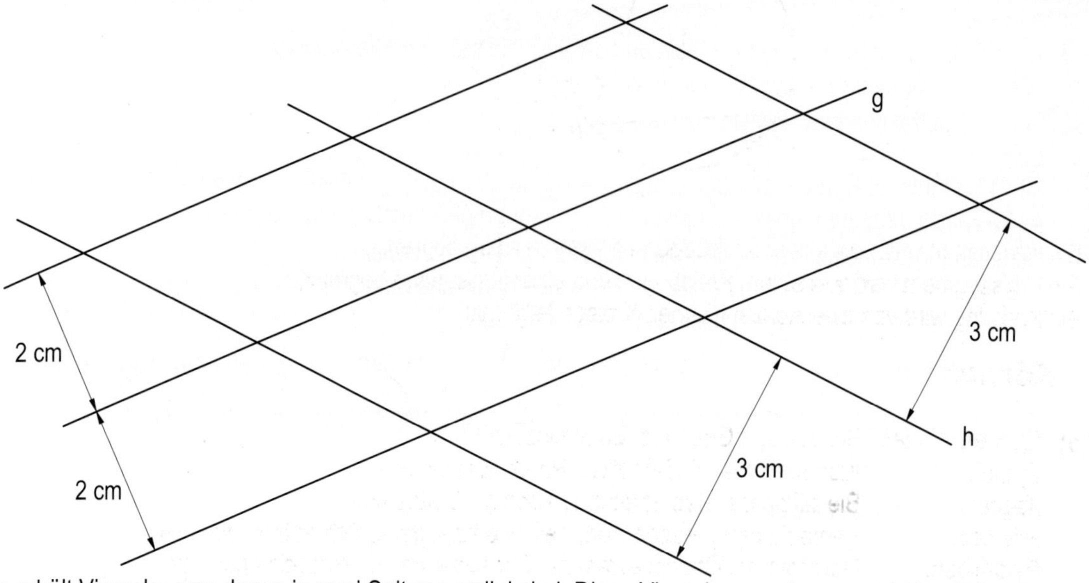

Man erhält Vierecke, von denen je zwei Seiten parallel sind. Diese Vierecke nennt man auch Parallelogramme.

Kraker | Plattner | Preis

EXPEDITION
Mathematik

2

Lösungen

E. DORNER

Inhaltsverzeichnis

Kraker, Plattner, Preis

EXPEDITION Mathematik 2 Lösungen

Ungargasse 35, 1030 Wien
Tel.: 01 533 56 36, Fax: 01 533 56 36-15
E-Mail: office@dorner-verlag.at
www.dorner-verlag.at

ISBN 978-3-7055-**0732**-6

Wir danken Anja Grüneis und Julia Bellmann für ihre wertvolle Mithilfe.

Niemand ist perfekt ...
... natürlich auch wir nicht. Umso dankbarer sind wir daher allen Verwendern dieses Werkes, wenn sie uns
- auf Fehler hinweisen,
- zu Verbesserungen anregen.

5. Auflage, 2013
Alle Drucke sind im Unterricht parallel verwendbar.

Satz, Repro und Montage: DOKU-Consult GmbH, Wien
Gesamtherstellung: Verlag E. DORNER GmbH, Wien

0.4 Ebene Figuren

18 Kennen solltest du: **(3)** Kreis, **(4)** Quadrat, **(5)** Rechteck, **(7)** Dreieck
Wahrscheinlich kennst du nicht: **(1)** Parallelogramm, **(2)** Deltoid, **(6)** Raute, **(8)** Trapez

19 **a)** Ein Rechteck ist ein Viereck mit vier rechten Winkeln.
Ein Quadrat ist ein Viereck mit vier rechten Winkeln und lauter gleich langen Seiten.
b) Die Diagonalen eines Rechtecks und eines Quadrats sind gleich lang und halbieren einander.
Die Diagonalen des Quadrats stehen außerdem normal zueinander.
c) **(1)**
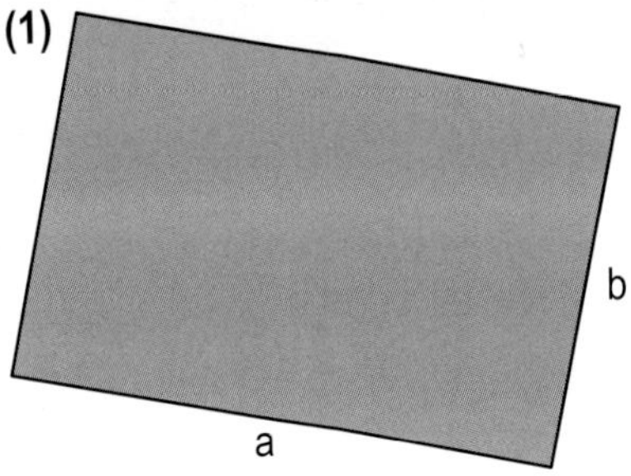

(2)
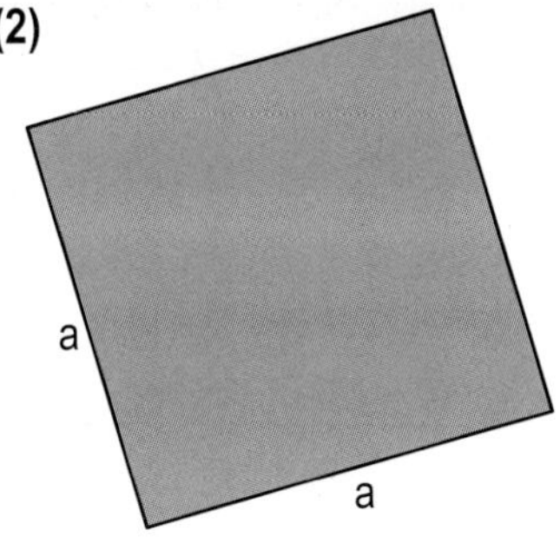

(3)
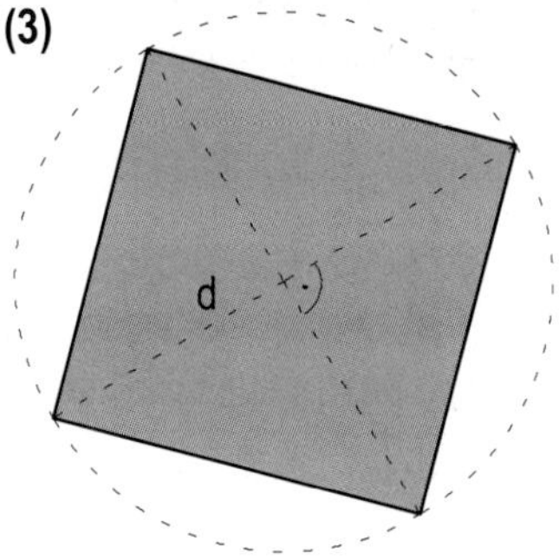

20 Die Schnittpunkte liegen auf einer Geraden, die normal zur Strecke AB liegt. Diese Gerade halbiert außerdem die Strecke AB.

21 Eine Sekante ist eine Gerade, die den Kreis in zwei Punkten schneidet. Die Strecke zwischen diesen beiden Punkten nennt man Sehne.
Eine Tangente ist eine Gerade, die den Kreis in genau einem Punkt berührt. Der Radius im Berührpunkt ist zur Tangente normal.
Eine Passante ist eine Gerade, die mit dem Kreis keinen Punkt gemeinsam hat.

22 Lösungen in halber Größe
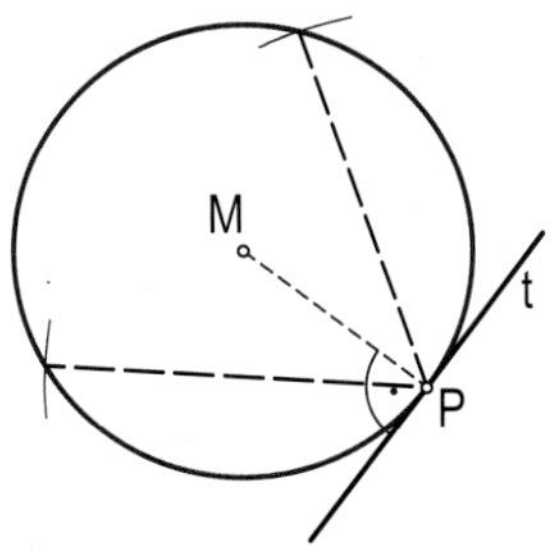

23 Ein Kreissektor wird von einem Kreisbogen und zwei Radien begrenzt.
Ein Kreissegment wird von einem Kreisbogen und einer Kreissehne begrenzt.
Ein Kreisring wird von zwei konzentrischen Kreisen begrenzt.

0.5 Körper

24 **a)**

Quader, Würfel:	Schachteln, Gebäude, Bausteine usw.
Zylinder:	Klopapierrolle, Nudelwalker, Räder, Säulen usw.
Kegel:	Bleistiftspitze, Dachformen v. Türmen, Eistüte usw.
Prismen:	Verpackungen, Käseeckerl, Keil, Werkzeugteile, Schraubmuttern usw.
Pyramiden:	Dachformen, Cheopspyramide, Gebäudeformen, Verpackungen usw.
Kugel:	Schokolade, Ball, Schmuck (Perlen) usw.

b)

	Kanten	Flächen	Ecken
Quader	12	6	8
Würfel	12	6	8
3-seit.Prisma	9	5	6
quadr. Pyramide	8	5	5
Drehzylinder	2 (gekrümmte)	3	0
Kegel	1 (gekrümmte)	2	0 (Spitze ist kein Eckpunkt!)
Kugel	0	1	0

c) Sie haben gekrümmte Kanten und Flächen.

25 **a)** Jeweils vier Kanten sind zueinander parallel und gleich lang. Kanten, die weder parallel noch normal zueinander sind, sind zueinander windschief. Kanten, die eine Ecke gemeinsam haben, sind normal zueinander.

b) Gegenüberliegende Flächen sind zueinander parallel und gleich groß. Flächen, die eine Kante gemeinsam haben, sind zueinander normal.

c) Alle Kanten eines Würfels sind gleich lang. Die sechs Seitenflächen sind Quadrate.

26 **a)**

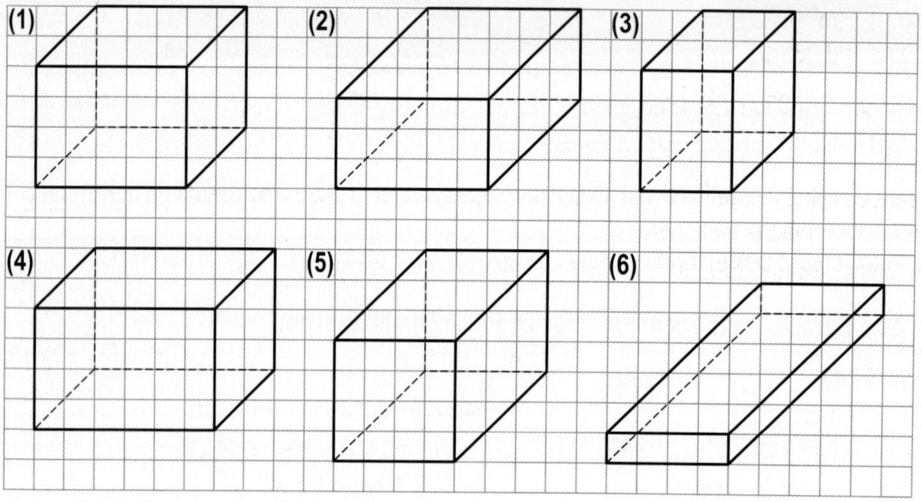

b) Bei nach hinten gehenden Seitenflächen treten rechte Winkel nicht als solche auf. Nach hinten gehende Kanten erscheinen verkürzt.

27 Zu a) und b) jeweils drei mögliche Lösungen.

a)

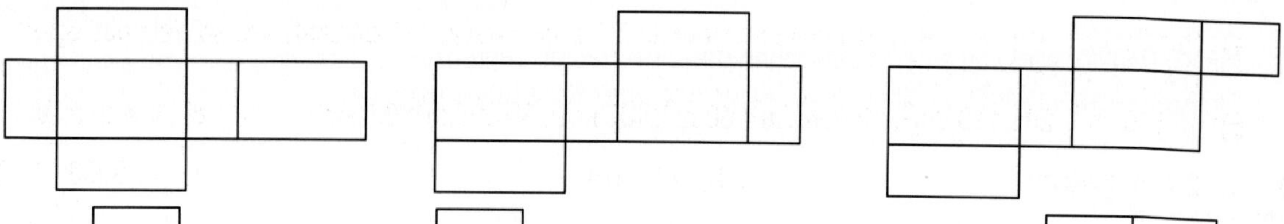

b)

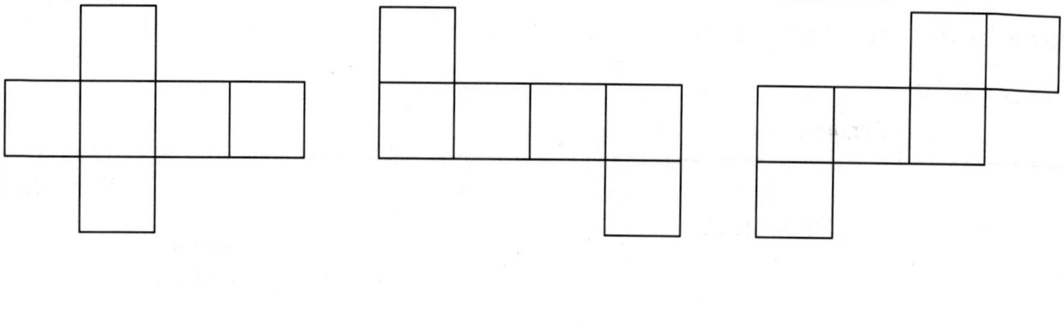

0.6 Größen – Einheiten – Flächeninhalt – Rauminhalt

28 **a)** 98 743 c; 85 362 m; 75 dag; 132 h; 1,5 h
b) 9871,23 €; 4,5 m; 1,298 t; 2880 min; 2100 s
c) 1,834 km; 0,25 kg; 2300 kg; 42 min; 738 s

29 **a)** 5,375 km; 78,65 €; 9,045 t; 3 d 6 h = 3,25 d
b) 92,48 m; 0,72 €; 52,859 kg; 83 min
c) 9,049 km; 17,99 €; 61,6056 dag; 6 d 5 h

30 **a)** 18,6 cm **b)** 27 m **c)** 100 mm **d)** $u = 4 \cdot s$

31 **a)** 8,7 cm **b)** 4,85 cm

32 Judomatte (1 a), Fußballfeld (1 ha), Klopeiner See, Kärnten ($\approx$ 1 km^2)

33 **a)** 35 dm^2 = 3500 cm^2 = 0,35 m^2;
0,25 m^2 = 25 dm^2 = 0,0025 a;
164 cm^2 = 16 400 mm^2 = 1,64 dm^2
107 dm^2 = 10 700 cm^2 = 1,07 m^2
b) 760 a = 76 000 m^2 = 7,6 ha;
4,07 m^2 = 407 dm^2 = 0,0407 a;
0,5 ha = 50 a = 0,005 km^2
121 dm^2 = 12 100 cm^2 = 1,21 m^2
c) 5 ha = 500 a = 0,05 km^2;
208 a = 20 800 m^2 = 2,08 ha;
1227 m^2 = 122 700 dm^2 = 12,27 a
3,3 m^2 = 330 dm^2 = 0,033 a

34 **a)** 500 dm^2; 50 000 cm^2; 74 000 cm^2; 1 ha; 10 000 m^2
b) 3000 a; 3 000 000 m^2; 0,07 km^2; 580 a; 1200 mm^2
c) 1 cm^2; 23 471 m^2; 30 562 m^2; 340 527 cm^2; 0,01 cm^2

35 **a)** Die Fläche lässt sich mit 2 Reihen von je 5 Quadraten mit 1 cm^2 bzw mit 5 Spalten von je 2 Quadraten mit 1 cm^2 Fläche auslegen.

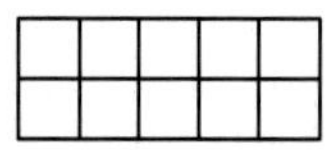

b) 100 cm^2; 21 546 cm^2; 96 m^2; 360 mm^2; 361 mm^2; 1,08 m^2; 2470 dm^2
c) $A = s^2$

36 **a)** (I) 194,8 cm^2; (II) 279,68 dm^2 **b)** $O = 6 \cdot a \cdot a$ **c)** **(1)** 24 cm^2; **(2)** 13,5 m^2

37 **a)** 3000 dm^3; 17 *l*; 0,531 cm^3;
12,345 *l*; 0,012345 m^3; 2500 cm^3
b) 531 cm = 5310 mm = 53,1 dm;
531 cm^3 = 531 000 mm^3 = 0,531 dm^3;
731 dm^2 = 73 100 cm^2 = 7,31 m^2;
2351 m = 23 510 dm = 2,351 km;
759 m^3 = 759 000 dm^3 = 0,000000759 km^3;
531 cm^2 = 53 100 mm^2 = 5,31 dm^2;
13 dm = 130 cm = 1,3 m
25 dm^3 = 25 000 cm^3 = 0,025 m^3
82 m^2 = 8200 dm^2 = 0,82 a
137 m^2 = 13 700 dm^2 = 1,37 a

38 **a)** Der Quader lässt sich mit 2 Schichten zu jeweils 3 Stangen mit je 4 Kubikzentimeterwürfeln auslegen.
$V = 2 \cdot 3 \cdot 4\ cm^3 = 24\ cm^3$
b) 15 625 cm^3; 201 110 dm^3; 19 656 dm^3; 60 m^3; 105 km^3; 39,096 m^3; 0,5 km^3
c) $V = a \cdot a \cdot a$

39 **a)** 2,7 km [540 m] **b)** 21,4 cm **c)** 1 : 9000; 1 : 2000

40 150 cm; 50 cm; 1 : 100; 0,3 mm; 1000 : 1

41 1 cm ≙ 200 Jahre

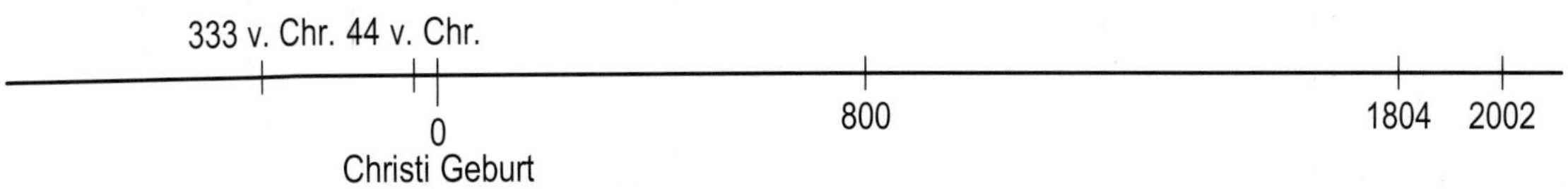

1 Terme, Gleichungen und Formeln

1.1 Terme und Formeln

42 **a)** $a = 7 - b$ **b)** $A = (7 - b) \cdot b$

43 Denk zum Beispiel an die Flächenformeln für Rechtecke oder Quadrate, die Volumsformeln für Quader und Würfel …

44 **a)** $a \cdot 2$ **b)** $b : 2$ **c)** $c : 3$ **d)** $y + 9$ **e)** $e - 7$ **f)** $3 \cdot f + 5$ **g)** $u : 4 - 3$ **h)** $(z \cdot 2) \cdot 3$

45 **a)** $l = x \cdot 4 + y \cdot 8$ **b)** **(1)** l = 68 cm **(2)** 149,6 cm **(3)** 84 cm

46 **a)** $O = a \cdot b \cdot 2 + a \cdot c \cdot 2 + b \cdot c \cdot 2 = (a \cdot b + a \cdot c + b \cdot c) \cdot 2$ $l = a \cdot 2 + b \cdot 2 + c \cdot 4 + 40$
b) **(1)** 158 cm^2; l = 78 cm **(2)** 70,1 dm^2; l = 29,2 dm

47 **a)** $A = y \cdot z$ **b)** $2 \cdot y + 2 \cdot z = (y + z) \cdot 2 = u$ **c)** $A = x \cdot x - y \cdot y$ **d)** $u = 4 \cdot x + 2 \cdot y$

48 **a)** $25 \cdot y + x$ **b)** $(a + b) \cdot (a - b)$ **c)** $e \cdot f - e : f$ **d)** $(a + b) : 7$

49 **a)** Addiere zu x das Produkt der Zahlen 2 und 8
b) Multipliziere die Summe von x und 2 mit 8
c) Subtrahiere vom Produkt der Zahl x und y die Zahl 14
d) Dividiere die Differenz der Zahlen 1 und x durch y

50 Siehe Nusslösung im Schüler/innenbuch

51 $r = 7 - s$

1.2 Gleichungen und ihre Lösungen

52 **a)**

Augenzahl	Augenzahl mal Augenzahl	Dazu 10 addiert	Erstes Ergebnis	Siebenfaches der Augenzahl	Zweites Ergebnis	Sind die Ergebnisse gleich?
1	$1 \cdot 1$	$1 \cdot 1 + 10$	11	$7 \cdot 1$	7	nein
2	$2 \cdot 2$	$2 \cdot 2 + 10$	14	$7 \cdot 2$	14	ja
3	$3 \cdot 3$	$3 \cdot 3 + 10$	19	$7 \cdot 3$	21	nein
4	$4 \cdot 4$	$4 \cdot 4 + 10$	26	$7 \cdot 4$	28	nein
5	$5 \cdot 5$	$5 \cdot 5 + 10$	35	$7 \cdot 5$	35	ja
6	$6 \cdot 6$	$6 \cdot 6 + 10$	46	$7 \cdot 6$	42	nein

b) $x \cdot x + 10 = 7 \cdot x$

53 **a)** L = {6} **b)** Keine Lösung. Man schreibt auch L = { }

54 **a)** G = {2, 3, 4, 5, 6, 7, 8, 9, 10, 11, 12} Man gewinnt bei der Augensumme 3 und der Augensumme 9. d.h. L = {3, 9}
b) $12 \cdot x = x \cdot x + 27$

55 **a)** L = {3} **b)** L = {6} **c)** L = {15} **d)** L = {9} **e)** Keine Lösung. Man schreibt auch L = { } **f)** L = {15}

56 **a)** 2; 8 **b)** 4; 10 **c)** 6 **d)** 2; 10 **e)** keine der Zahlen **f)** 10

57 Siehe Nusslösung im Schüler/innenbuch

1.3 Rechnen mit Methode – Lösungsverfahren für Gleichungen

58 ohne Lösung, Musterbeispiel

59 **a)** 14 **b)** 304,4 **c)** 2000 **d)** 804 **e)** 0 **f)** 5,1 **g)** 4,4 **h)** 10 **i)** 0,01 **j)** 144 **k)** 1320 **l)** 0,001 **m)** 171 **n)** 100 **o)** 2,5 **p)** 18 **q)** 7 **r)** 3

60 **a)** 400 g **b)** 200 g

61 **a)** $2 \cdot a = 6$ **b)** $4000 + x = 5000$

62 **a)** 287 **b)** 11,5 **c)** 4 **d)** 2 **e)** 0,4

63 **a)**
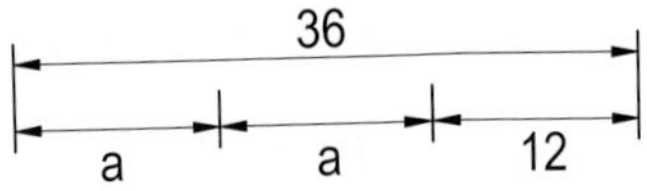

$2 \cdot a = 36 - 12$
$2 \cdot a = 24$
$a = 24 : 2$
$a = 12$

b)
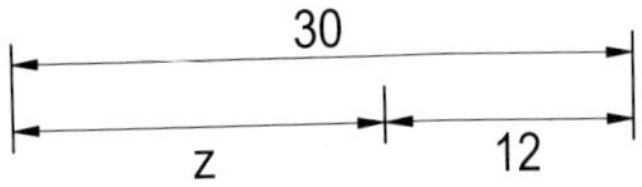

$z = 30 - 12$
$z = 18$

c)
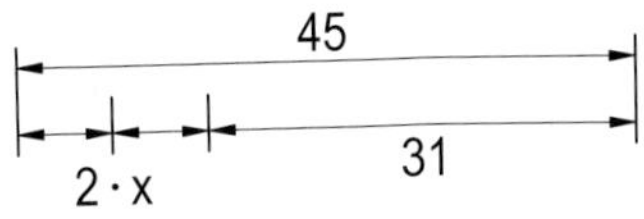

$2 \cdot x = 45 - 31$
$2 \cdot x = 14$
$x = 14 : 2$
$x = 7$

d)
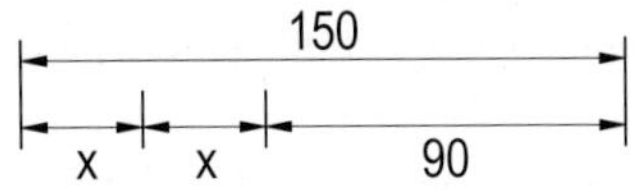

$2 \cdot x = 150 - 90$
$2 \cdot x = 60$
$x = 60 : 2$
$x = 30$

e)
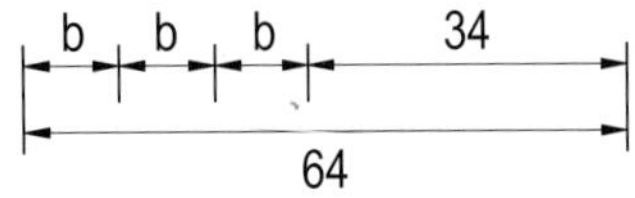

$3 \cdot b = 64 - 34$
$3 \cdot b = 30$
$b = 30 : 3$
$b = 10$

f)
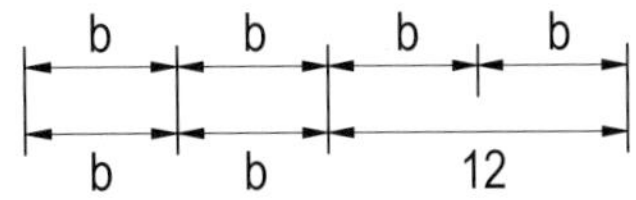

$2 \cdot b = 12$
$b = 12 : 2$
$b = 6$

64 $4 \cdot x = 18 \quad | : 4$
$x = 18 : 4$
$x = 4,5$

$3 \cdot x + 6 = 21 \quad | - 6$
$3 \cdot x = 21 - 6$
$x = 15 : 3$
$x = 5$

65 **a)** $b = 7$ **b)** $c = 6$ **c)** $x = 2$ **d)** $m = 7$ **e)** $y = 3$ **f)** $x = 7$

66 **a)** $x + 546 = 1000$; $x = 454$ Die Zahl ist 454.
b) $2 \cdot x + 356 = 657$; $x = 150,5$ Die gedachte Zahl ist 150,5.
c) $5 \cdot x + 17 = 53$; $x = 7,2$ Die Zahl ist 7,2.
d) $27 - 2 \cdot x = 24,5$; $x = 1,25$ Eine Flasche Cola kostet 1,25 €.
e) $x + (x + 7) = 23$; $x = 8$ Karin erhält 8 €.
f) offene Aufgabenstellung

67 Es gibt 2 Lösungsgeraden.

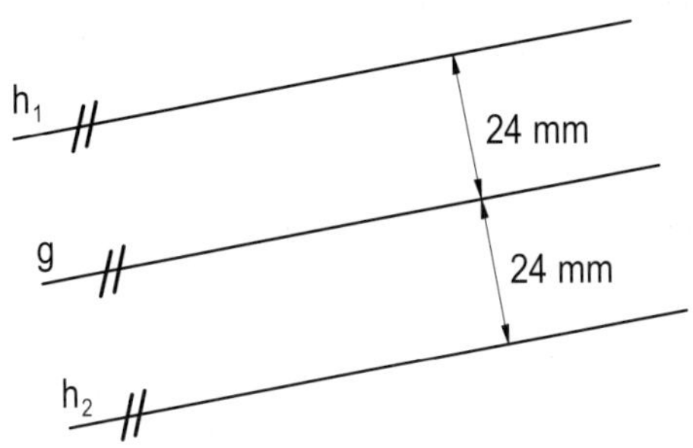

68 $13 - 1 = 2 \cdot x$
$x = 6$ Lisa is six years old.

69 **a)** Lösungsvorschlag im Buch **b)** Carina: $(52 + b) \cdot 2 = 196$; Wolfgang: $196 : 2 - 52 = b$, $b = 46$ m

70 **a)** $x = z : y$; $y = z : x$
b) $a = c + b$; $b = a - c$
c) $y = (x - z) : 2$; $z = x - 2y$
d) $e = f \cdot 2$
e) $\alpha = 180° - \beta - \gamma$; $\beta = 180° - \alpha - \gamma$; $\gamma = 180° - \alpha - \beta$
f) $x = (A \cdot 2) : y$; $y = (A \cdot 2) : x$

1.4 Vermischte Übungen

71 **a)** Es gibt gleich viele Mädchen wie Buben in der Klasse.
b) Es gibt doppelt so viele Buben als Mädchen in der Klasse.
c) Es gibt um 2 Buben mehr als es Mädchen in der Klasse gibt.
d) Die Gesamtzahl der Mädchen und Buben beträgt 15.
e) Es gibt um 3 Buben mehr als Mädchen in der Klasse.
f) Wenn man die doppelte Anzahl an Buben um 1 vermehrt, erhält man die Anzahl der Mädchen.

72 **a)** Das Rechteck ist ein Quadrat.
b) Wenn man die Länge der Seite b um 20 vergrößert, erhält man die Länge der Seite a.
c) Die Länge der Seite a ist halb so groß wie die Länge der Seite b.
d) Die Länge der Seite b ist doppelt so groß wie die Länge der Seite a.
e) Die Summe der Länge der Seiten a und b beträgt 280. Oder: Der halbe Umfang des Rechtecks beträgt 280.
f) a ist um 50 länger als b.
g) Die Fläche des Rechtecks beträgt 5000.
h) Die Fläche des Rechtecks beträgt 10.

73 **a)** $x = 6{,}25$ **b)** $x = 10$ **c)** $x = 10$ **d)** $y = 1{,}5$ **e)** $z = 2{,}5$ **f)** $x = 0{,}1$

74 **a)** $x + x = 7$; $x = 7 - x$; $2 \cdot x = 7$
b) $y + y + y = 70 - 10$; $3 \cdot y + 10 = 70$; $70 - 3 \cdot y = 10$
c) $2 \cdot a + b = c$; $c - 2 \cdot a = b$; $c - b = 2 \cdot a$
d) $x + y = z$; $z - y = x$; $z - x = y$

75 **a)** $l = 8 \cdot x + 4 \cdot y$ **b)** **(1)** $l = 76$ cm **(2)** $l = 72$ cm **(3)** $l = 104{,}8$ cm

76 Der Zauberer stellt eine Formel auf. Wenn x die gedachte Zahl ist und y das Ergebnis, dann gilt: $2 \cdot x + 17 = y$. Daraus ergibt sich die Formel $x = (y - 17) : 2$

77 **a)** $x \cdot 2$ **b)** $x : 2 - 7$ **c)** $3 \cdot x + 17{,}4$ **d)** $(2 \cdot x + 3) : 2$ **e)** $(4 \cdot x + 5) : 8$ **f)** $(4 \cdot x - 3) \cdot 13$ **g)** $n \cdot (n + 1) \cdot (n + 2)$

78 **a)** $x + (x + 8) = 80 \Rightarrow x = 36$ Die Radfahrer fahren am ersten Tag 36 km, am zweiten Tag 44 km.
b) $x + (x - 0{,}4) = 3{,}5$ x … Preis des Pizzastücks
$x = 1{,}95$ Zwei Pizzastücke und ein Getränk kosten 5,45 €.

79 Siehe Nusslösung im Schüler/innenbuch

80 **a)** **(1)** $A = a \cdot b + a \cdot c$ oder **(2)** $A = (b + c) \cdot a$ **b)** 704 m^2

81 12,7 ha sind Brachland.

82 **a)** $u = 2 \cdot t + s$; $s = u - 2 \cdot t$; $t = (u - s) : 2$
b) $u = a + 2 \cdot b + c$; $a = u - 2 \cdot b - c$; $c = u - 2 \cdot b - a$; $b = (u - a - c) : 2$
c) $u = 5 \cdot x$; $x = u : 5$

83 **a)** $3 \cdot n$ **b)** $2 \cdot m = b$ **c)** $j + 3 = t$

84 **a)** 9; 15; 23; 8,5; 10,5; 8
b) 31; 25; 17; 31,5; 29,5; 32
c) 5; 35; 75; 2,5; 12,5; 0
d) 180; $25\frac{5}{7}$; 12; 360; 72; nicht mögl.
e) 92; 44; noch nicht möglich (–20); 96; 80; 100
f) 4; 70; 270; 1,75; 13,75; 0

85 **a)**
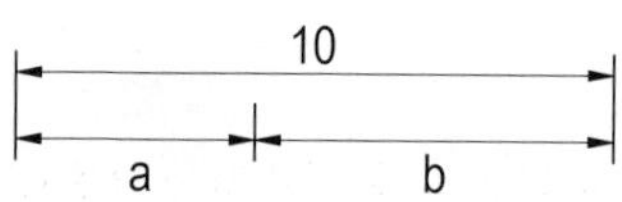

b)
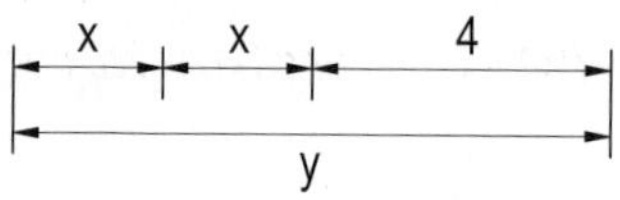

c)
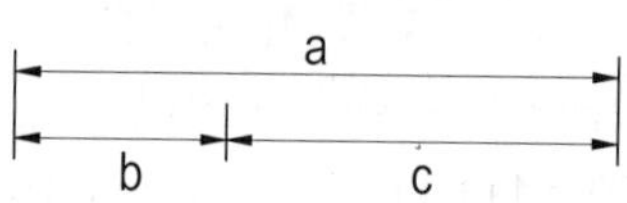

d)
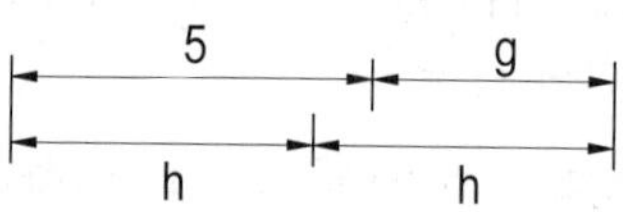

2 Teiler und Vielfache

2.1 Wiederholung

86 a) V(3) = {3, 6, 9, 12, 15, 18, 21, 24, 27, 30, ...} V(7) = {7, 14, 21, 28, 35, 42, 49, 56, 63, 70, ...}
b) V(11) = {11, 22, 33, 44, 55, 66, 77, 88, 99, 110, ...} V(13) = {13, 26, 39, 52, 65, 78, 91, 104, 117, 130, ...}
c) V(25) = {25, 50, 75, 100, 125, 150, 175, 200, 225, 250, ...}
V(50) = {50, 100, 150, 200, 250, 300, 350, 400, 450, 500, ...}

87 a) T(8) = {1, 2, 4, 8}; T(12) = {1, 2, 3, 4, 6, 12}
b) T(16) = {1, 2, 4, 8, 16}; T(17) = {1, 17}
c) T(25) = {1, 5, 25}; T(32) = {1, 2, 4, 8, 16, 32}
d) T(49) = {1, 7, 49}; T(50) = {1, 2, 5, 10, 25, 50}
e) T(9) = {1, 7, 13, 91}; T(100) = {1, 2, 4, 5, 10, 20, 25, 50, 100}
f) T(125) = {1, 5, 25, 125}; T(128) = {1, 2, 4, 8, 16, 32, 64, 128}

88 a) $3|15$; $7\nmid 23$; $8|25 \cdot 8$ b) $12\nmid 37$; $15\nmid 5$; $2|126$ c) $7\nmid 17$; $1|5$; $3|3 \cdot 335$ d) $8\nmid 62$; $16\nmid 4$; $4|31 \cdot 8$

89 a) 1 ist Teiler einer jeden Zahl.
b) Jede Zahl lässt sich durch sich selbst teilen.
c) Jede Zahl ist Teiler ihrer Vielfachen.

90 a) 2 hat keinen echten Teiler.
8 hat 2 echte Teiler: {2, 4}
15 hat 2 echte Teiler: {3, 5}
b) 4 hat einen echten Teiler: {2}
27 hat zwei echte Teiler: {3, 9}
35 hat zwei echte Teiler: {5, 7}
c) 11 hat keinen echten Teiler.
42 hat sechs echte Teiler: {2, 3, 6, 7, 14, 21}
55 hat zwei echte Teiler: {5, 11}

91 Nataschas Behauptung ist nicht richtig.
Z. B. hat die Zahl 53 nur 2 Teiler {1, 53}. Jede Primzahl (siehe Kap. 2.3) hat, auch wenn sie noch so groß ist, nur genau 2 (unechte) Teiler.

2.2 Teilbarkeitsregeln

92 a) Die Gesamtzahl aller Stifte muss ein Vielfaches der Anzahl der Schüler/innen der Klasse sein.
Beispiel: Anzahl der Schüler/innen 24. Paket 1: $48 = 2 \cdot 24$ Stifte; Paket 2: $72 = 3 \cdot 24$ Stifte
Gesamtzahl: $72 + 48 = 2 \cdot 24 + 3 \cdot 24 = (2 + 3) \cdot 24$ ist Vielfaches von 24 (Distributivgesetz).
b) Ja. Beispiel: Paket 1 enthält $35 = 5 \cdot 7$ Stifte; Gesamtzahl: $63 = 9 \cdot 7$ Stifte.
Anzahl in Paket 2: $63 - 35 = 9 \cdot 7 - 5 \cdot 7 = (9 - 5) \cdot 7 = 4 \cdot 7 = 28$. $7|28$

93 a) Nein. Beispiel: Anzahl der Schüler/innen 24; Paket 1: $72 = 3 \cdot 24$ Hefte, Paket 2: 51 Hefte.
Gesamtzahl: $72 + 51 = 72 + 48 + 3 = 3 \cdot 24 + 2 \cdot 24 + 3 = (3 + 2) \cdot 24 + 3 = 5 \cdot 24 + 3$. Das ist nicht durch 24 teilbar.
b) Man müsste 21 Hefte dazugeben.

94 a) $5|5015$, weil $5015 = 5000 + 15$ und $5|5000$ und $5|15$.
$4|412$, weil $412 = 400 + 12$ und $4|400$ und $4|12$.
$12\nmid 1194$, weil $1194 = 1200 - 6$ und $12|1200$ und $12\nmid 6$.
b) $15|3045$, weil $3045 = 3000 + 45$ und $15|3000$ und $15|45$.
$17|(1700 - 34)$, weil $17|1700$ und $17|34$.
$7\nmid 358$, weil $358 = 350 + 8$ und $7|350$ und $7\nmid 8$.
c) $11\nmid 1153$, weil $1153 = 1100 + 53$ und $11|1100$ und $11\nmid 53$.
$15\nmid 1585$, weil $1585 = 1500 + 85$ und $15|1500$ und $15\nmid 85$.
$8\nmid (8000 + 17)$, weil $8|8000$ und $8\nmid 17$.

95 a) Ja! $11\,022 = 11\,000 + 22$. $11|11\,000$ und $11|22$.
b) Nein! $5|25$ aber $5\nmid 28$.
c) Nein! $3612 = 3600 + 12$. $12|3600$ und $12|12$.
d) Nein! $695 = 700 - 5$. Es sind 5 cm Schnur zu wenig.

96 Max hat nicht recht. Z. B. $6\nmid 15$ und $6\nmid 9$. Aber $6|(15 + 9)$.

97 Es bleiben 2 Stück Kuchen übrig. Die Summe der Reste beider Teller muss wieder durch 7 teilbar sein.

98
a) Rest 3! Weil $5 \mid (7 \cdot 5)$ aber $5 \nmid 3$. Es bleibt 3 Rest.
b) Rest 2! Begründung analog a).
c) Rest 1! Begründung analog a).
d) Rest 0! $27 \cdot 5$ ist ein Vielfaches von 5.
e) Rest 0! Weil $5 \mid 12 \cdot 5$ und $5 \mid 5$.
f) Rest 4! Begründung analog a).
g) Rest 4! Weil $5 \mid 12 \cdot 5$ und $9 : 5$ hat 4 Rest.
h) Rest 2! Begründung analog g).

99 **a)** 10; 76,5; 0,088525 **b)** 5,687; 100; 2,32 **c)** 10 000; 0,055377; 450 010

100 **(1)** Alle Vielfachen von 10 sind durch 5 teilbar. Daher braucht man nur auf die letzte Ziffer achten.
Beispiel: $5 \mid 3765$, weil $3765 = 3760 + 5 = 376 \cdot 10 + 5$

(2) Teilbarkeit durch 25:
Alle Vielfachen von 100 sind durch 25 teilbar, weil man 100 ohne Rest durch 25 dividieren kann. Daher muss man nur mehr auf die Zahl achten, die aus den letzten beiden Ziffern gebildet wird.
Beispiel: $25 \mid 3875$, weil $3875 = 3800 + 75 = 38 \cdot 100 + 75$.

101 Die Teilbarkeit durch 3 wird mithilfe des folgenden Beispiels begründet.

$$
\begin{aligned}
3 \mid 867, \text{ weil } 867 &= 8 \cdot 100 + 6 \cdot 10 + 7 = \\
&= 8 \cdot (99 + 1) + 6 \cdot (9 + 1) + 7 = \\
&= 8 \cdot 99 + 8 + 6 \cdot 9 + 6 + 7 = \\
&= 8 \cdot 99 + 6 \cdot 9 + 8 + 6 + 7
\end{aligned}
$$

$3 \mid 99$ $3 \mid 9$ $3 \mid (8 + 6 + 7)$

102
a) $2 \mid 124$, $3 \nmid 124$, $4 \mid 124$, $5 \nmid 124$, $9 \nmid 124$, $10 \nmid 124$, $25 \nmid 124$,
$2 \nmid 2475$, $3 \mid 2475$, $4 \nmid 2475$, $5 \mid 2475$, $9 \mid 2475$, $10 \nmid 2475$, $25 \nmid 2475$
b) $2 \nmid 575$, $3 \nmid 575$, $4 \nmid 575$, $5 \mid 575$, $10 \nmid 575$, $25 \mid 575$
$2 \nmid 1245$, $3 \mid 1245$, $4 \nmid 1245$, $5 \mid 1245$, $9 \nmid 1245$, $10 \nmid 1245$, $25 \nmid 1245$
c) $2 \mid 3412$, $3 \nmid 3412$, $4 \mid 3412$, $5 \nmid 3412$, $9 \nmid 3412$, $10 \nmid 3412$, $25 \nmid 3412$
$2 \mid 12\,000$, $3 \mid 12\,000$, $4 \mid 12\,000$, $5 \mid 12\,000$, $9 \nmid 12\,000$, $10 \mid 12\,000$, $25 \mid 12\,000$
d) $2 \mid 1000$, $3 \nmid 1000$, $4 \mid 1000$, $5 \mid 1000$, $9 \nmid 1000$, $10 \mid 1000$, $25 \mid 1000$
$2 \mid 1002$, $3 \mid 1002$, $4 \nmid 1002$, $5 \nmid 1002$, $9 \nmid 1002$, $10 \nmid 1002$, $25 \nmid 1002$

103
a) $2 \mid 126$, $3 \mid 126$, $4 \nmid 126$, $5 \nmid 126$, $9 \mid 126$, $10 \nmid 126$, $25 \nmid 126$,
$2 \nmid 375$, $3 \mid 375$, $4 \nmid 375$, $5 \mid 375$, $9 \nmid 375$, $10 \nmid 375$, $25 \mid 375$
b) $2 \mid 180$, $3 \mid 180$, $4 \mid 180$, $5 \mid 180$, $10 \mid 180$, $25 \nmid 180$
$2 \nmid 625$, $3 \nmid 625$, $4 \nmid 625$, $5 \mid 625$, $9 \nmid 625$, $10 \nmid 625$, $25 \mid 625$
c) $2 \mid 840$, $3 \mid 840$, $4 \mid 840$, $5 \mid 840$, $9 \nmid 840$, $10 \mid 840$, $25 \nmid 840$
$2 \nmid 3465$, $3 \mid 3465$, $4 \nmid 3465$, $5 \mid 3465$, $9 \mid 3465$, $10 \nmid 3465$, $25 \nmid 3465$
d) $2 \mid 1638$, $3 \mid 1638$, $4 \nmid 1638$, $5 \nmid 1638$, $9 \mid 1638$, $10 \nmid 1638$, $25 \nmid 1638$
$2 \mid 1998$, $3 \mid 1998$, $4 \nmid 1998$, $5 \nmid 1998$, $9 \mid 1998$, $10 \nmid 1998$, $25 \nmid 1998$

104
a) 0, 2, 4, 6, 8; 4, 8; 2
b) 0, 3, 6, 9; 0, 1, 3, 4, 6, 7, 9; 2, 7
c) 0, 1, 2, 3, 4, 5, 6, 7, 8, 9; 0, 5; 1, 2, 3, 5, 6, 7, 8, 9

105 **a)**

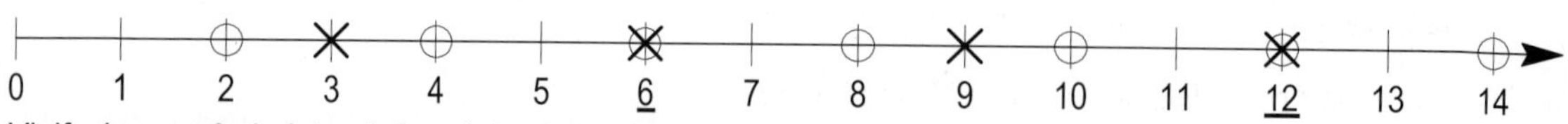

Vielfache von 6 sind durch 2 und durch 3 teilbar.

b) $6 \mid 78$; $6 \nmid 140$; $6 \mid 1272$; $6 \nmid 5032$

2.3 Primzahlen und Primfaktorenzerlegung

106 **a)** –
b) Bei den Zerlegungen darf es die Zahl 1 nicht als Faktor geben.
c) Die Zahlen müssen einen echten Teiler haben.
d) Die Faktoren haben keine echten Teiler.

107 **a)** a = 29 **b)** b = 38 **c)** c = 1111 **d)** d = 1,1 **e)** d = 18,9 **f)** f = 8 **g)** g = 111 **h)** h = 3 **i)** i = 105 **j)** j = 7 **k)** k = 7 **l)** beliebige Zahl

108 1 hat nur einen Teiler, nämlich 1.

109 **a)** 13, 17, 43, 59, 61 **b)** 79, 83, 89, 97, 101 **c)** 131, 137, 149, 151, 139

110 **a)** **(1)** nein, wegen $25 = 5 \cdot 5$ **(2)** nein, wegen $9 = 3 \cdot 3$ bzw. $48 = 2 \cdot 2 \cdot 2 \cdot 2 \cdot 3$
b) **(1)** ja **(2)** nein, wegen $15 = 3 \cdot 5$
c) **(1)** ja **(2)** nein, wegen $21 = 3 \cdot 7$

111 **a)** $14 = 2 \cdot 7$; $25 = 5 \cdot 5$ **b)** 23; $132 = 2 \cdot 2 \cdot 3 \cdot 11$ **c)** $50 = 2 \cdot 5 \cdot 5$; $150 = 2 \cdot 3 \cdot 5 \cdot 5$

112 **a)** Zu Fuß benötigt man nach Neustadt 8 Stunden. Man bewegt sich mit einer Geschwindigkeit von 5,25 km/h.
b) Der Mensch misst 1,70 m.
Der Airbus fliegt in einer Höhe von 9144 m.

113 **a)** 2, 3, 5, 7, 11, 13, 17, 19, 23, 29, 31, 37, 41, 43, 47, 53, 59, 61, 67, 71, 73, 79, 83, 89, 97
b) 25 Personen
c) Zusätzlich zu den Zellennummern in a): 101, 103, 107, 109, 113, 119, 121, 123, 127, 131, 137, 139, 149, 151, 157, 163, 167, 173, …, 179, 181, 191, 193, 197, 199
d) Siehe Blickpunkt auf Seite 52.

114 **a)** T(b) = {1, 3, 5, 15, 25, 75}
b) T(c) = {1, 2, 11, 22}
c) T(d) = {1, 2, 3, 5, 6, 9, 10, 15, 18, 30, 45, 90}
d) T(e) = {1, 23, 173, 3979}
e) T(f) = {1, 5, 7, 25, 35, 175}
f) T(g) = {1, 3, 9, 27}

115 (3, 5), (5, 7), (11, 13), (17, 19), (29, 31), (41, 43)

2.4 Gemeinsame Vielfache und gemeinsame Teiler

116 **a)** Nach 60 Tagen.
b) Am 1., 2., 7., 11., 13., 14., 17., 19., 22., 23., 26. und 29. Tag kommt keiner zum Joggen.

117 **a)** 15; 6; 7 **b)** 77; 30; 40 **c)** 35; 36; 60

118 **a)** Wenn 15 ein Vielfaches von 5: 5, 10, 20, 25, 30
Wenn 15 ein Vielfaches von 3: 3, 6, 9, 12, 18
Wenn 15 ein Vielfaches von 15: 30, 45, 60, 75
b) Wenn 34 ein Vielfaches von 17: 17, 51, 68, 85, 102
Wenn 34 ein Vielfaches von 2: 2, 4, 6, 8, 10, 12 …
Wenn 34 ein Vielfaches von 34: 68, 102, 136, 170

119 Die gesuchten Abstände sind: 60 cm, 120 cm, 180 cm …

120 Sie dürfen höchstens im Abstand von 6 m stehen.
Weitere mögliche Abstände: 1 m, 2 m, 3 m

121

ggT	2	3	4	5
2	2	1	2	2
3	1	3	1	1
4	2	1	4	4
8	2	1	4	8

kgV	2	3	4	8
2	2	6	4	8
3	6	3	12	24
4	4	12	4	8
8	8	24	8	8

122 Spiel (ohne Lösung)

123 **a)** Man wählt Vielfache von 1080. Sehr einfach sind das 10-Fache, 100-Fache, 1000-Fache usw. zu finden.
b) Man bildet die Teilermenge von 36.

124 6 min, 10 min, 12 min, 15 min, 20 min, 30 min

125 **a)** ggT: Jedes Produkt gemeinsamer Primfaktoren beider Zahlen muss eine Zahl sein, die Teiler beider Zahlen ist. Verwendet man für das Produkt sogar alle gemeinsamen Primfaktoren, muss dieses Produkt sogar der größte Teiler sein, der in beiden Zahlen enthalten ist.
kgV: Wie aus der Abbildung zum kgV in Bsp. 125 ersichtlich, muss das Produkt der durch das „Hinunterziehen" gewonnener Primfaktoren sowohl das Produkt der Primfaktoren der ersten als auch das Produkt der Primfaktoren der zweiten Zahl enthalten. Lässt man auch nur einen einzigen der Primfaktoren weg, ist dies nicht mehr der Fall.
b) **(1)** ggT(15, 12) = 3; kgV(15, 12) = 60; ggT(18, 24) = 6; kgV(18, 24) = 72
(2) ggT(36, 42) = 6; kgV(36, 42) = 252; ggT(21, 35) = 7; kgV(21, 35) = 105
(3) ggT(81, 108) = 27; kgV(81, 108) = 324; ggT(144, 51) = 3; kgV(144, 51) = 2448

126 **a)** Man benötigt 63 Quadrate mit einer Seitenlänge von 24 cm.
b) Das kleinste hat 1 cm Seitenlänge. Man benötigt 36 288 solcher Quadrate.

127 Alle blauen Zahnräder bewegen sich gegen den Uhrzeigersinn.
a) zwei Mal **b)** vier Mal **c)** drei Mal **d)** ein drittel Mal

2.5 Vermischte Übungen

128 **a)** 1236, 1239, 1242, 1245, 1248, 1251, 1254, 1257, 1260, 1263, 1266, 1269, 1272, 1275, 1278, 1281, 1284, 1287, 1290, 1293, 1296
b) Durch 12 **c)** 612; 1 000 020

129 Siehe Nusslösung im Schüler/innenbuch

130 Nein. $23 \cdot 10 = 230$ € und $23 \cdot 11 = 253$ € ist bereits zu viel. 232 ist bei ganzzahligen Teilbeträgen unmöglich.

131 **a)** Falsch. Die Primzahl 5 ist durch sich selbst teilbar!
b) Richtig. 3 und 6 sind Teiler von 12. Damit ist eine durch 12 teilbare Zahl auch immer durch 9 und 6 teilbar.

132 **a)** $2 \cdot 7$; $2 \cdot 2 \cdot 3 \cdot 3$; $2 \cdot 3 \cdot 7$ **b)** $2 \cdot 2 \cdot 2 \cdot 7$; $2 \cdot 2 \cdot 2 \cdot 2 \cdot 5$; $2 \cdot 2 \cdot 2 \cdot 2 \cdot 3 \cdot 3$ **c)** $3 \cdot 3 \cdot 5 \cdot 5$; 509; $2 \cdot 2 \cdot 3 \cdot 3 \cdot 5 \cdot 5 \cdot 5$

133 **a)** $27 = 3 \cdot 3 \cdot 3$; $36 = 2 \cdot 2 \cdot 3 \cdot 3$ ⇒ ggT(27, 36) = 9, kgV(27, 36) = 108
b) $111 = 3 \cdot 37$; $185 = 5 \cdot 37$ ⇒ ggT(111, 185) = 37, kgV(111, 185) = 555
c) $72 = 2 \cdot 2 \cdot 2 \cdot 3 \cdot 3$; $42 = 2 \cdot 3 \cdot 7$; $63 = 3 \cdot 3 \cdot 7$ ⇒ ggT(72, 42, 63) = 3, kgV(72, 42, 63) = 504

134 Die Summe von vier ungeraden Zahlen ist eine gerade Zahl.

135 **a)** $4 = 2 \cdot 2$; T(4) = {1, 2, 4}
$6 = 2 \cdot 3$; T(6) = {1, 2, 3, 6}
$15 = 3 \cdot 5$; T(15) = {1, 3, 5, 15}
b) $30 = 2 \cdot 3 \cdot 5$; T(30) = {1, 2, 3, 5, 6, 10, 15, 30}
$34 = 2 \cdot 17$; T(34) = {1, 2, 17, 34}
$45 = 3 \cdot 3 \cdot 5$; T(45) = {1, 3, 5, 9, 15, 45}
c) $16 = 2 \cdot 2 \cdot 2 \cdot 2$; T(16) = {1, 2, 4, 8, 16}
31 = 31 T(31) = {1, 31}
$121 = 11 \cdot 11$ T(121) = {1, 11, 121}

136 **a)** Alle Zahlen, die weder durch 3 noch durch 4 teilbar sind.
b) Alle Vielfachen von 7, die nicht durch 5 teilbar sind.
c) 4, 12, 20, 60
d) 8, 24, 72, 216
e) 4, 12, 20
f) Alle Vielfachen von 6, die nicht durch 5 teilbar sind.

137 Kantenlänge 5 cm: 7680 Würfel (80 : 5 = 16, 100 : 5 = 20, 120 : 5 = 24; 16 · 20 · 24 = 7680)
Kantenlänge 10 cm: 960 Würfel
Kantenlänge 20 cm: 120 Würfel
Die gefundenen Kantenlängen müssen Teiler aller drei Zahlen sein.

138 Siehe Nusslösung im Schüler/innenbuch

139 **a)** Spiel (ohne Lösung)
b) Nimm die Stifte so weg, dass du den 4., 8., 12., 16. Stift nehmen kannst. Dann hast du in jedem Fall gewonnen, wenn der/die Gegner/in beginnt. Nimmt der/die Gegner/in einen Stift, dann nimm 3 Stifte, nimmt er zwei, dann nimm auch du zwei Stifte, nimmt er 3 Stifte, dann nimm nur einen.
Beginnt der/die Gegner/in nicht, dann kannst du nur gewinnen, wenn er/sie einen Fehler macht.
c) offen

140 Es gibt 50 Zahlen.

BLICKPUNKT: Wie man Primzahlen findet

141 **a)** Primzahlen
b) Die Vielfachen von 4 sind gleichzeitig Vielfache von 2 und daher schon gestrichen.
c) Die weiteren Vielfachen der übrig gebliebenen Primzahlen entstehen durch Multiplikation mit 2, 3, 4 und sind deshalb bereits gestrichen worden (z. B. 7 · 4 = 28).

142 Man beginnt wieder mit der Teilbarkeit durch 2, 3, 5, usw.
Das Verfahren kann bei 13 abgebrochen werden (Begründung wie in 141 c); z. B. 17 · 11 = 187.

101	~~102~~	103	~~104~~	~~105~~	~~106~~	107	~~108~~	109	~~110~~
~~111~~	~~112~~	113	~~114~~	~~115~~	~~116~~	~~117~~	~~118~~	~~119~~	~~120~~
~~121~~	~~122~~	~~123~~	~~124~~	~~125~~	~~126~~	127	~~128~~	~~129~~	~~130~~
131	~~132~~	~~133~~	~~134~~	~~135~~	~~136~~	137	~~138~~	139	~~140~~
~~141~~	~~142~~	~~143~~	~~144~~	~~145~~	~~146~~	~~147~~	~~148~~	149	~~150~~
151	~~152~~	~~153~~	~~154~~	~~155~~	~~156~~	157	~~158~~	~~159~~	~~160~~
~~161~~	~~162~~	163	~~164~~	~~165~~	~~166~~	167	~~168~~	~~169~~	~~170~~
~~171~~	~~172~~	173	~~174~~	~~175~~	~~176~~	~~177~~	~~178~~	179	~~180~~
181	~~182~~	~~183~~	~~184~~	~~185~~	~~186~~	~~187~~	~~188~~	~~189~~	~~190~~
191	~~192~~	193	~~194~~	~~195~~	~~196~~	197	~~198~~	199	~~200~~

143 **a)** 22 = 19 + 3; 24 = 17 + 7; 26 = 23 + 3; 28 = 17 + 11; 30 = 23 + 7; 32 = 29 + 3; 34 = 31 + 3; 36 = 31 + 5; 38 = 31 + 7; 40 = 37 + 3; 42 = 37 + 5; 44 = 37 + 7; 46 = 43 + 3; 48 = 43 + 5; 50 = 43 + 7
b) Die Summe zweier natürlicher Zahlen ist dann ungerade, wenn eine der Zahlen gerade ist.
2 ist aber die einzige gerade Primzahl. Damit kann GOLDBACHS Vermutung nicht für alle ungeraden Zahlen gelten.
Z. B: 27 = 23 + 4.
c) 35 = 31 + 2 + 2; 35 = 28 + 7 = (17 + 11) + 7

144 **a)** 2 · 2 · 2 · 2 · 2 · 2 · 2 – 1 = 127 (Primzahl)
2 · 2 · 2 · 2 · 2 · 2 · 2 · 2 · 2 · 2 · 2 – 1 = 2047 = 23 · 89 (keine Primzahl)
b) 1930 Seiten
c) –

3 Maßbestimmungen in Ebene und Raum

3.1 Flächeninhalt und Umfang

3.1.1 Bist du noch fit?

145 bis **156** Siehe Lösungen im Schüler/innenbuch

157 Rechteck: Viereck mit vier rechten Winkeln; zwei Paare gleich langer, gegenüberliegender Seiten; zwei gleich lange Diagonalen, die einander halbieren.
Quadrat: Rechteck mit gleich langen Seiten; Diagonalen stehen zueinander normal.

158 Seitenlänge des Quadrates: 18 cm : 4 = 4,5 cm

159 **a)** d = 80 mm, A = 24,48 cm^2
b) b = 65 mm, A = 42,25 cm^2
c) a = 62 mm, A = 21,08 cm^2
d) b = 65 mm, A = 52,65 cm^2

160 **a)** A = 2025 mm^2
b) s = 34 mm, A = 1156 mm^2 (genau: 1152 mm^2)
c) s = 37 mm; A = 1369 mm^2 (genau: 1352 mm^2)

161 12 cm $\triangleq$ 600 m; 9,4 cm $\triangleq$ 470 m; A = 282 000 m^2 = 28,2 ha; u = 2140 m

162 Ohne Umschlag hat das Buch 136 Blätter. Der Flächeninhalt einer Seite misst 494 cm^2. Damit erhält man:
A = 67 184 cm^2 = 6,7184 m^2

163 **a)** **(1)** 50 cm; 5,4 m; 13,14 m; 1,027 km; 13000 m; 2,67 dm
(2) 1200 dm^2; 7210 dm^2; 0,02 dm^2; 1,234 dm^2; 1540 cm^2; 0,0271 dm^2
b) 3 m^2 72 dm^2 10 cm^2; 3 m 5 dm 1 cm; 2 km 345 m; 12 km 400 m; 27 a 56 m^2; 4 m 2 dm 1 cm; 3 cm 4 mm; 7 km 520 m; 3 ha 70 a; 12 a 60 m^2

164 Pkw: 10 cm Stadt: 1,4 km Eiffelturm: 1:2000

3.1.2 Zusammengesetzte Figuren

165 $4 \cdot 3 - 1 \cdot 2 = 10\ m^2$; $(4 - 1) \cdot 3 + 1 \cdot 1 = 10\ m^2$

166 **a)** $4{,}7 \cdot 1{,}4\ m^2 + 2{,}1 \cdot 0{,}7\ m^2 = 8{,}05\ m^2$
$2{,}1 \cdot 2{,}1\ m^2 + 2{,}6 \cdot 1{,}4\ m^2 = 8{,}05\ m^2$
b) $3 \cdot 3\ m^2 - 1{,}9 \cdot 1{,}9\ m^2 = 5{,}39\ m^2$
$3 \cdot 1{,}1\ m^2 + 1{,}9 \cdot 1{,}1\ m^2 = 5{,}39\ m^2$
c) $3{,}9 \cdot 2{,}4\ m^2 - 1{,}6 \cdot 1{,}6\ m^2 = 6{,}8\ m^2$
$3{,}9 \cdot 0{,}8\ m^2 + 1{,}6 \cdot 0{,}9\ m^2 + 1{,}4 \cdot 1{,}6\ m^2 = 6{,}8\ m^2$
d) $3{,}3 \cdot 3{,}3\ m^2 - 1{,}1 \cdot 0{,}7\ m^2 = 10{,}12\ m^2$
$3{,}3 \cdot 2{,}6\ m^2 + 2{,}2 \cdot 0{,}7\ m^2 = 10{,}12\ m^2$
$3{,}3 \cdot 2{,}2\ m^2 + 2{,}6 \cdot 1{,}1\ m^2 = 10{,}12\ m^2$

167 **a)** $A = x \cdot x - y \cdot y$; $u = 4 \cdot x$
b) $A = a \cdot (2 \cdot c + d) - b \cdot c$ oder $A = a \cdot d + a \cdot c + c \cdot (a - b)$; $u = 2 \cdot a + 2 \cdot (c + c + d) + 2 \cdot b$
c) $A = (x + x + y) \cdot z - 2 \cdot b \cdot y$ oder $A = 2 \cdot x \cdot z + y \cdot (z - 2 \cdot b)$; $u = 2 \cdot (x + x + y) + 2 \cdot z + 4 \cdot b$

168 **a)** 152 500 m^2 = 15,25 ha
b) Er muss sich für jeden Tag im Durchschnitt 38 125 m^2 vornehmen.

169 **a)** 31 km^2; 28 km
b) 49 cm^2; 36 cm

3.1.3 Das rechtwinklige Dreieck

170 Siehe nachfolgende Information im Schüler/innenbuch

171 **a)** Katheten: x, y; Hypotenuse z **b)** Katheten: a, c; Hypotenuse b **c)** Katheten: s, t; Hypotenuse u

172 **a)** A = 384 cm^2; u = 96 cm **b)** A = 1176 m^2; u = 168 m **c)** A = 337,5 dm^2; u = 90 dm

173 **a)** $A = \frac{x \cdot y}{2} = (x \cdot y) : 2$ **b)** $A = \frac{a \cdot c}{2} = (a \cdot c) : 2$ **c)** $A = \frac{s \cdot t}{2} = (s \cdot t) : 2$

174 **a)** $6 \cdot b = 24$; daher: b = 4 cm
b) $(12 \cdot b) : 2 = 24$; daher $12 \cdot b = 48$ also b = 4 cm
c) $(a \cdot 8) : 2 = 40$; daher $a \cdot 8 = 80$ also a = 10

175 **a)** Erklärung: Wenn man den Flächeninhalt des rechtwinkligen Dreiecks verdoppelt, erhält man den Flächeninhalt des Rechtecks mit den Seitenlängen a und b.
b) $A = (a \cdot b) : 2$
$2 \cdot A = a \cdot b$
$(2 \cdot A) : a = b$

176 **a)** b = 8 cm **b)** a = 8 cm **c)** b = 500 dm **d)** a = 0,56 m

177 4,75 m^2

178

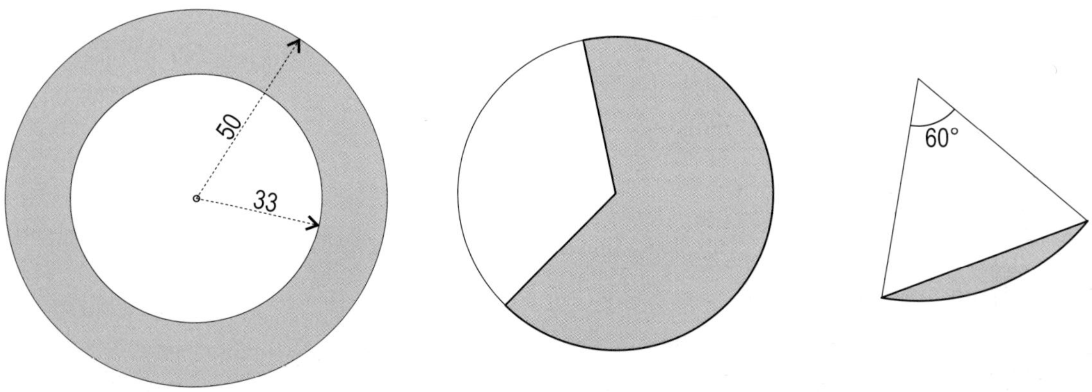

179 2263,40 €. Man muss mit Holzkosten von ca. 2300 € rechnen.

180 **a)** 2,04 cm **b)** 6 m

181 A = 1,59 m^2; P = 14,787 €. Vermutlich wird man aber eher eine rechteckige Platte mit 1,80 m × 1,00 m kaufen müssen und daher werden die Kosten 16,74 € betragen.

182 Maße in m.

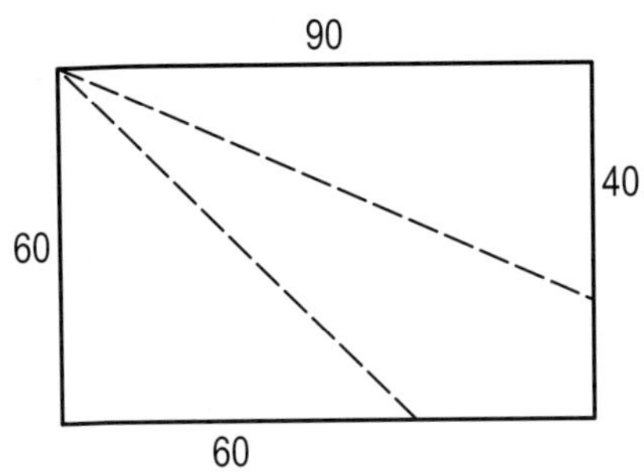

183 Siehe Nusslösung im Schüler/innenbuch

184 **a)** kgV(2, 4) = 4; ggT(2, 4) = 2
b) kgV(7, 11) = 77; ggT(7, 11) = 1
c) kgV(13, 69) = 897; ggT(13, 69) = 1
d) kgV(18, 21) = 126; ggT(18, 21) = 3
e) kgV(42, 63) = 126; ggT(42, 63) = 21
f) kgV(8, 12, 18) = 72; ggT(8, 12, 18) = 2

3.1.4 Vermischte Übungen

185 **a)** 3,63 m^2 und 2,43 m^2 **b)** Er benötigt 109 Tulpenzwiebeln und 85 Primelpflanzen. Gesamtkosten: 80 €

186 31,82 m^2

187 a) 448 dm^2 **b)** 320 m^2 **c)** 12,22 m^2 **d)** 30 cm^2

188 a) (10 cm; 32 cm); (5 cm; 64 cm); (40 cm; 8 cm) usw. **b)** 21 cm

189 a) Schatz: A = 6144 m^2, Jöbstl: A = 10 080 m^2 **b)** Herr Schatz muss 349 440 € aufzahlen.

190

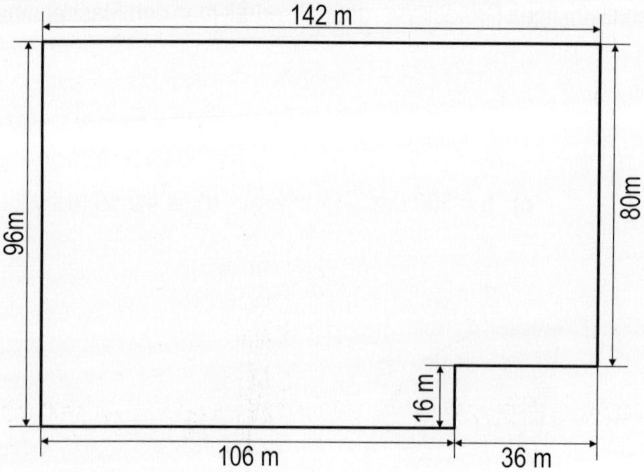

191 Richtige Lösung (E).
Das Dreieck MAB ist ein Viertel des Quadrats ABCD (siehe Skizze).

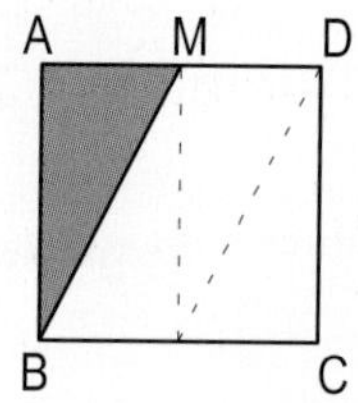

192 7600 cm^2 = 76 dm^2 = 0,76 m^2

193 a) $A = a \cdot a - b \cdot b$; $A = a \cdot (a - b) + b \cdot (a - b)$
b) **(1)** A = 375 m^2 **(2)** A = 580 m^2

194 **(1)**: 16 cm^2; **(2)** = **(4)**: 8 cm^2; **(3)**: 16 cm^2;
(5): 24 cm^2; **(6)** = 32 cm^2; **(7)**: 16 cm^2; **(8)**: 24 cm^2

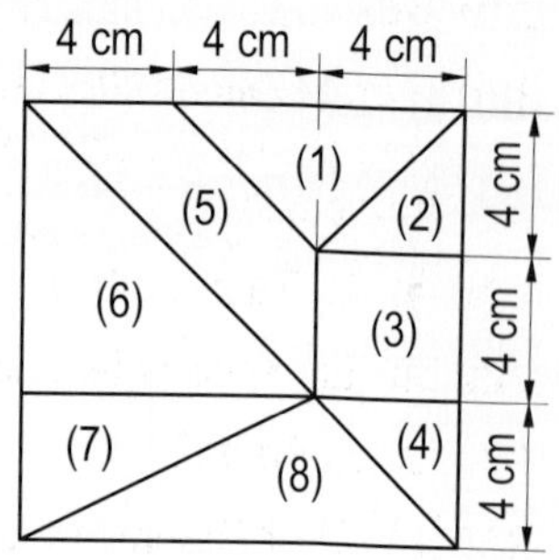

195 a) 2784 cm^2 **b)** 5175 cm^2

196 a) 72 cm^2 **b)** 64 cm^2

197 a) $\triangle UEX$: $12 = (3 \cdot b) : 2 \Rightarrow b = 8$ cm
$\triangle EVW$: $16 = (8 \cdot c) : 2 \Rightarrow c = 4$ cm
$F = 56 - (12 + 16)$
F = 28 cm^2

b) $\triangle XEZ$: $40 = (5 \cdot c) : 2 \Rightarrow c = 16$ cm
$\triangle XYZ$: $A_{XYZ} = (8 \cdot 16) : 2$
A_{XYZ} = 64 cm^2
$B = 64 - 40 = 24$
B = 24 cm^2

c) $\triangle EVW$: $15 = (3 \cdot c) : 2 \Rightarrow c = 10$ cm
$A = A_{FVWX}$. Daher $A = 5 \cdot 10 = 50$
A = 50 cm^2

198 a) Die Klasse 2 a unternimmt einen Ausflug in einen Erlebnispark und hat für Fahrt und Eintritt 672 € bezahlt. Jede(r) Schüler/in muss 28 € bezahlen.
Wie viele Schüler/innen nahmen am Ausflug teil? Antwort: 24 Schüler und Schülerinnen.

b) Papas alte Schallplattensammlung umfasst 90 Platten. Auf Flohmärkten kauft er noch weitere 40 Platten. Später will er die Platten zu gleichen Teilen an seine beiden Söhne verschenken.
Wie viele Platten erhält jeder Sohn? Antwort: 65 Platten

3.2 Volumen und Oberfläche

3.2.1 Bist du noch fit?

199 bis **210** Siehe Lösungen im Schüler/innenbuch

211 73,125 cm^3

212 6,072 t

213 8437,42 cm^2

214

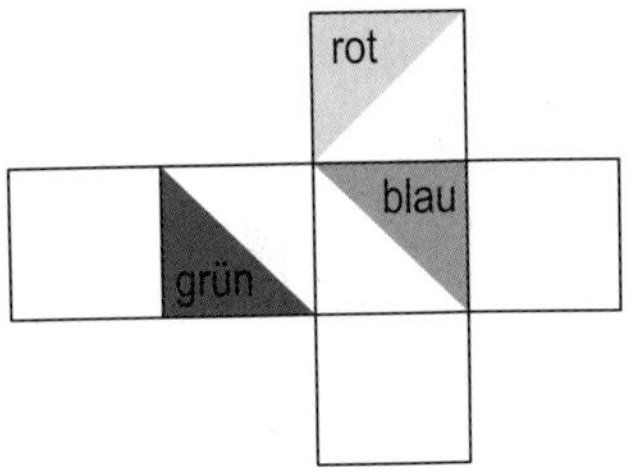

215 **a)** **(1)** 25 000 cm^3; 0,304 m^3; 13,145 m^3; 1,027 m^3; 13 000 cm^3; 127 009 dm^3
(2) 1200 *l*; 12 dm^3; 2000 ml; 13,4 *l*; 20 hl; 70,13 hl

b) 3 m^3 721 dm^3; 3 dm^3 410 cm^3; 20 m^3 345 dm^3; 12 hl 30 *l*; 2 *l* 456 ml; 42 dm^3 100 cm^3

3.2.2 Umkehraufgaben zu Quader und Würfel

216 –

217 **a)** 9 cm **b)** 11,5 dm **c)** 12,2 dm **d)** 10 cm

218 40 cm

219 5 dm

220 A und B haben gleiches Volumen.
A und C haben gleiche Masse. C muss aus Blei bestehen. Ein kleiner Bleiquader wiegt genauso viel wie ein großer Holzquader.

221 **a)** Im Raum befinden sich ca. 32 kg (genau 32,1984 kg) Luft. **b)** offene Aufgabenstellung

222 **a)** Ein Kubikmeter Federn. **b)** Beides ist gleich schwer.

223 39,6 *l* Benzin.

224 **a)** Eisen; Begründung: 38 ml = 38 cm^3
Da 38 cm^3 300 g wiegen. 300 : 38 = 7,89
1 cm^3 wiegt also 7,89 g.
1 dm^3 = 1000 cm^3 wiegen 7890 g = 7,89 kg

b) Aluminium. Begründung analog zu a)

225 1 g/cm^3 bedeutet:
1 cm^3 eines Stoffes wiegt 1g.
Daher wiegen 1000 cm^3 = 1 dm^3 genau 1000 g = 1 kg, d.h. 1 g/cm^3 = 1 kg/dm^3.
Dann wiegen aber 1000 dm^3 = 1m^3 genau 1000 kg = 1 t, d.h. 1 kg/dm^3 = 1 t/m^3.

3.2.3 Prisma mit rechtwinkligem Dreieck als Grundfläche

226 **a)** In jeder Ecke laufen 3 Kanten zusammen.
Auf jeder Oberfläche befindet sich eine zusammenhängende Kette von Rechtecken.

b) Alle braunen Körper haben dasselbe Volumen.
Das Volumen der Körper ist halb so groß wie das Volumen des Quaders.

227

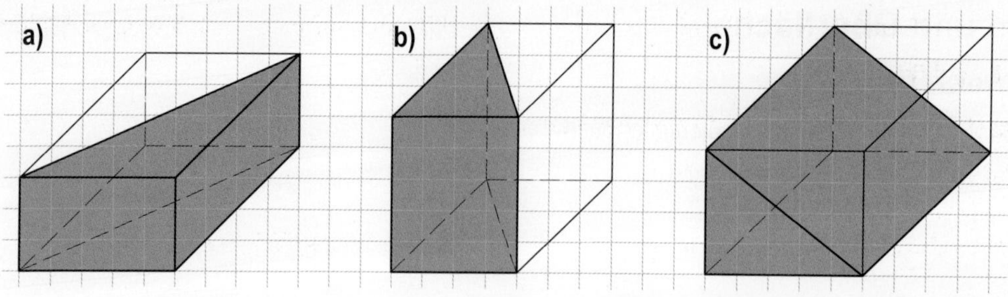

228 **a)** $V = (x \cdot y \cdot z) : 2$ **b)** $V = (a \cdot b \cdot c) : 2$ **c)** $V = (s \cdot r \cdot t) : 2$ **d)** $V = (x \cdot y \cdot z) : 2$

229 **a)** 64 cm^3 **b)** 21 cm^3 **c)** 12 cm^3 **d)** 96 cm^3

230 **a)** $V = 18\ cm^3$; $O = 48\ cm^2$ **b)** $V = 40{,}5\ dm^3$; $O = 81\ dm^2$

231 Die Formel darf verwendet werden. Man kann schreiben:
$(a \cdot b \cdot c) : 2 = \frac{a \cdot b \cdot c}{2} = \frac{a \cdot b}{2} \cdot c$. $\frac{a \cdot b}{2}$ ist aber genau der Flächeninhalt der Grundfläche.
z. B. **a)** $G = (8 \cdot 4) : 2 = 16$; $V = 16 \cdot 4\ cm^3 = 64\ cm^3$ **b)** $G = (7 \cdot 3) : 2 = 10{,}5$; $V = 10{,}5 \cdot 2\ cm^3 = 21\ cm^3$

232 Martin: $V = G \cdot h$
$h = V : G$
$h = 1000 : 200$
$h = 5$ Das Wasser steht 5 cm hoch.

Franziska: $h = V : G$
$G = \frac{20 \cdot 10}{2} = 100$
$h = 1000 : 100$
$h = 10$ Das Wasser steht 10 cm hoch.

233 Wenn man das Volumen des rechtwinkligen dreiseitigen Prismas verdoppelt, erhält man das Volumen des Quaders, der aus zwei solchen Prismen besteht.
Da das Volumen des Quaders mit der Formel $V_{Quader} = G \cdot h$ berechnet wird, gilt für die Höhe des Quaders $h = V_{Quader} : G$.
Die Höhe des Quaders stimmt mit der Höhe des Prismas überein – daher muss man jetzt noch rechnen:
$h = (2 \cdot V_{Prisma}) : G$.

234 **a)** h = 4 cm **b)** 8,2 cm **c)** 11 dm

235 **a)** $x = 4{,}875$ **b)** $x = \frac{1}{10} = 0{,}1$

3.2.4 Zusammengesetzte Körper

236 Mögliche Zerlegungen:
$V = 3 \cdot 3 \cdot 6\ cm^3 - 1{,}5 \cdot 1 \cdot 6\ cm^3 = 45\ cm^3$

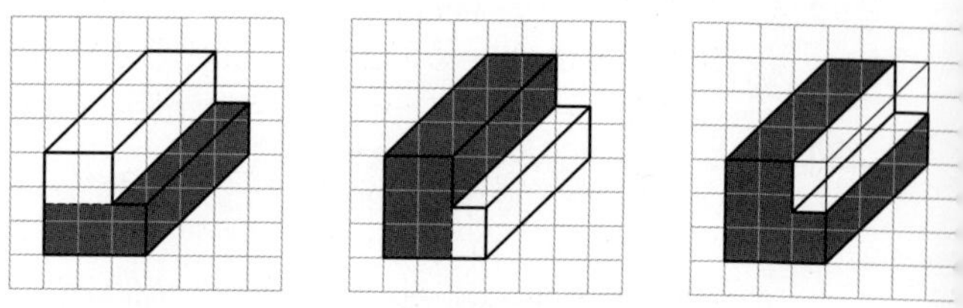

237 **a)** 22,572 cm^3
b) 119,808 cm^3
c) 127 924,224 cm^3

238 In den Abbildungen kannst du die Hilfslinien sehen, die die Objekte zerlegen.
a) v = 12 cm^3 **b)** 36 cm^3 **c)** 42 cm^3 **d)** 64 cm^3

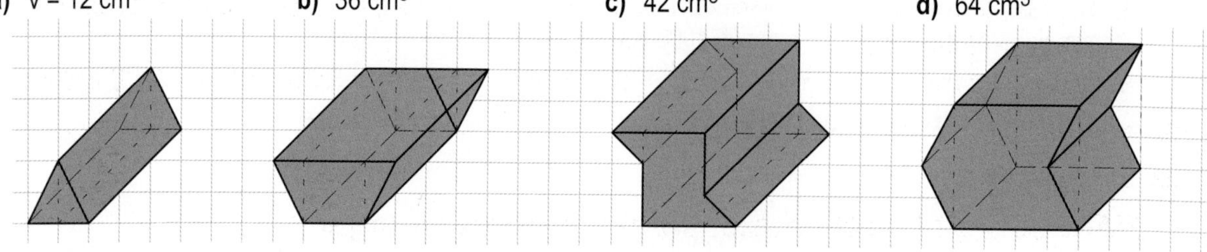

239 168 m^3 Erde

240 **a)** $V = 72\ cm^3$; $O = 108\ cm^2$ **b)** $V = 168\ cm^3$; $204\ cm^2$ **c)** $V = 126\ cm^3$; $147{,}6\ cm^2$ **d)** $V = 52\ cm^3$; $138\ cm^2$

3.2.5 Vermischte Übungen

241 **a)** Der Tank fasst 3240 *l*. Damit reicht der Tankinhalt knapp nicht aus. **b)** offen.

242 **a)** 7897,5 *l* Wasser
b) $25{,}8225\ m^2$ Fliesen. Kosten: 591,33 €.
Da man mindestens $26\ m^2$ Fliesen kaufen wird, werden die Kosten zumindest 595,40 € betragen.

243 4,10 cm = h

244 **a)** $357{,}14\ m^3$ **b)** $398{,}748\ m^3$ **c)** $484{,}416\ m^3$

245 Träger 1: 1817,97 kg ≈ 1818 kg Träger 2: 2115,456 kg ≈ 2115 kg Träger 3: 3167,675 kg ≈ 3168 kg

246 **a)** $V = 1800\ cm^3$; m = 13,14 kg **b)** $V = 352\ cm^3$; m = 2,57 kg **c)** $V = 756\ cm^3$; m = 5,52 kg

247 Wenn man die Vorderseite (Frontseite) der Figuren als Grundfläche verwendet, erkennt man, dass alle Figuren Prismen sind. Bei P_3, P_4, P_5, P_6, P_7 sind die schräg nach hinten laufenden Kanten gleich lang. Daher sind die Prismen volumsgleich, wenn die Flächeninhalte der Frontflächen übereinstimmen.
Der Vergleich ergibt:
P_3 : G = 5 Kästchen
P_4 : G = 8 Kästchen
P_5 : G = 8 Kästchen
P_6 : G = 5 Kästchen
P_7 : G = 8 Kästchen
Daher sind P_3 und P_6 volumsgleich und ebenso P_4, P_5 und P_7.
Für P_1 und P_2 gilt: G = 9 Kästchen, die schräg nach hinten laufenden Kanten sind gleich lang, halb so lang wie bei den anderen Prismen. Daher sind auch P_1 und P_2 volumsgleich, aber ihre Volumina stimmen mit keinem der übrigenPrismen überein.

248 **a)** Ja. 3 *l* = $3\ dm^3 = 3000\ cm^3$.
Fläche von $1\ m^2 = 10\,000\ cm^2$
h = 3000 : 10 000 = 0,3 cm
0,3 cm = 3 mm
b) 576 *l* Wasser **c)** 678 *l* Wasser

249 **a)** 19,3 kg **b)** $51{,}8\ cm^3$ **c)** $51{,}8\ dm^3$
d) Da ca. $10\ dm^3$ Gold Platz hat, wiegt eine Schultasche fast 200 kg, wenn sie mit Gold gefüllt wäre (193 kg).
e) Der Dieb hätte in seinem Rucksack über 500 kg Gold. Das kann er nicht tragen.

250 Die Summe der beiden größten Summanden ergibt ca. 400. Damit muss das Ergebnis falsch sein.

251 **a)** 0,11 mm
b) 2 909 090 Blatt Papier
c) Bei einer mittleren Entfernung von 384 400 km: ca. 3 500 000 000 000 Blatt Papier
d) Ca. 133 333 333 Blatt Papier, wenn man es in Längsrichtung auflegt, sonst sogar 190 476 190 Blätter.
e) Eiffelturm $20{,}16\ m^3$; Mond $24\,217\,200\ m^3$; Äquator: $924\ m^3$
f) Hängt von der Papiersorte ab ($700\ kg/m^3 - 1200\ kg/m^3$); im leichtesten Fall b) 14,1 t; c) 16 952 040 t; d) 646,8 t.

252 **a)** 22,5 cm **b)** 5,33 h = 5 h 20 min **c)** 2 h 20 min

253 $375\ cm^3$

THEMA: „So viel Mathematik steckt in Verpackungen"

254 offen

4 Brüche

4.1 Brüche als Teile eines Ganzen

255 a) $\frac{1}{3}$ $\frac{1}{4}$ $\frac{1}{5}$ $\frac{1}{6}$ **b)** 3, 4, 5, 6

256 a) $\frac{2}{4}=\frac{1}{2}$ **b)** $\frac{3}{5}$ **c)** $\frac{3}{7}$ **d)** $\frac{6}{12}=\frac{1}{2}$ **e)** $\frac{6}{9}=\frac{2}{3}$ **f)** $\frac{8}{18}=\frac{4}{9}$

257 a) **b)** **c)** **d)** **e)**

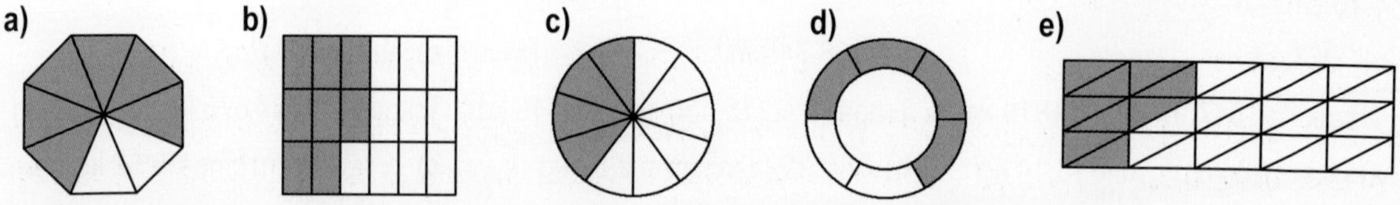

Es gibt zu jedem Beispiel mehrere Lösungsmöglichkeiten. So viele Teile musst du jeweils färben:
a) 6 Teile von 8 **b)** 8 Teile von 18 **c)** 4 Teile von 10 **d)** 4 Teile von 6 **e)** 9 Teile von 30.

258 a) $\frac{1}{2}>\frac{1}{3}$. Wenn man das Ganze in zwei gleiche Teile teilt, ist ein Teil größer als wenn man es in drei gleiche Teile teilt.

b) $\frac{1}{3}>\frac{1}{5}$. Wenn man das Ganze in drei gleiche Teile teilt, ist ein Teil größer als wenn man es in fünf gleiche Teile teilt.

c) $\frac{4}{5}>\frac{3}{4}$. Auf das Ganze fehlt ein Fünftel bzw. ein Viertel. Ein Fünftel ist aber kleiner als ein Viertel.

d) $\frac{7}{8}>\frac{6}{7}$. Auf das Ganze fehlt ein Achtel bzw. ein Siebentel. Ein Achtel ist aber kleiner als ein Siebentel.

259 Bernhard isst 16 Achtelspalten, Caroline 9 Achtelspalten.

260 a) $\frac{14}{10}=1\frac{4}{10}=1\frac{2}{5}$ **b)** $\frac{19}{8}=2\frac{3}{8}$ **c)** $\frac{12}{4}=3$ **d)** $\frac{30}{9}=3\frac{3}{9}=3\frac{1}{3}$

261 a) 1; $2\frac{2}{3}$; $6\frac{5}{6}$; $6\frac{1}{2}$; $2\frac{1}{12}$; 2 **c)** $1\frac{5}{50}=1\frac{1}{10}$; $7\frac{25}{50}=7\frac{1}{2}$; 20; $3\frac{2}{25}$; 10; $4\frac{333}{500}$

b) $2\frac{2}{5}$; 5; $3\frac{8}{10}$; 3; $3\frac{14}{15}$; $4\frac{7}{20}$ **d)** 7; $6\frac{5}{7}$; $4\frac{7}{8}$; 2; $8\frac{3}{9}=8\frac{1}{3}$; $3\frac{2}{13}$

262 a) $\frac{7}{2}$; $\frac{9}{4}$; $\frac{11}{8}$; $\frac{35}{16}$; $\frac{41}{32}$ **b)** $\frac{18}{5}$; $\frac{37}{6}$; $\frac{54}{7}$; $\frac{35}{8}$; $\frac{129}{20}$ **c)** $\frac{62}{11}$; $\frac{77}{12}$; $\frac{99}{10}$; $\frac{727}{100}$; $\frac{411}{50}$

4.2 Der Bruch als Quotient natürlicher Zahlen

263 Lösungsvorschlag im Schüler/innenbuch

264 a) $3\frac{2}{7}$ **b)** $3\frac{5}{8}$ **c)** $14\frac{1}{3}$ **d)** $8\frac{7}{11}$ **e)** $11\frac{11}{12}$ **f)** $11\frac{3}{17}$ **g)** $5\frac{8}{25}$ **h)** $11\frac{38}{43}$

265 a) $\frac{3}{4}$ Äpfel **b)** $1\frac{1}{3}=\frac{4}{3}$ Pizzas **c)** $\frac{15}{6}=2\frac{3}{6}=2\frac{1}{2}$ Birnen **d)** $\frac{2}{12}=\frac{1}{6}$ Torten

266 a) Von einem Ganzen 4 Fünftel. Von 4 Ganzen je 1 Fünftel.
b) Von einem Ganzen 3 Siebentel. Von 3 Ganzen je 1 Siebentel.
c) Von einem Ganzen 3 Viertel. Von 3 Ganzen je 1 Viertel.
d) Von einem Ganzen 2 Drittel. Von 2 Ganzen je 1 Drittel.
e) Von einem Ganzen 5 Sechstel. Von 5 Ganzen je 1 Sechstel.
f) Von einem Ganzen 5 Achtel. Von 5 Ganzen je 1 Achtel.
g) Von einem Ganzen 7 Neuntel. Von 7 Ganzen je 1 Neuntel.
h) Von einem Ganzen 7 Zehntel. Von 7 Ganzen je 1 Zehntel.

267 **a)** $\frac{5}{8}$; $\frac{8}{5} = 1\frac{3}{5}$ **b)** $\frac{2}{6} = \frac{1}{3}$; $\frac{6}{2} = 3$ **c)** $\frac{20}{3} = 6\frac{2}{3}$; $\frac{3}{20}$ **d)** 9; $\frac{1}{9}$ **e)** 0; 0 **f)** $\frac{1}{7}$; 7

268 **a)** $\frac{5}{12}\,l$ **b)** $\frac{7}{20}\,l$

269 **a)** 1 : 4 = 0,25; 0,8333... = $0,8\dot{3}$. 5 : 6 lässt sich nicht auf 0 Rest dividieren.
b) **(1)** 0,75 endliche Dezimalzahl
(2) 0,5 endliche Dezimalzahl
(3) 0,7 endliche Dezimalzahl
(4) 0,13 endliche Dezimalzahl
(5) $3,\dot{3}33$... periodische Dezimalzahl
(6) 0,454545... periodische Dezimalzahl

270 1. Zeile: 0,2; 0,1; $0,\dot{3}$; $0,\dot{6}$ 2. Zeile: 0,25; 0,4; 0,01; 0,001 3. Zeile: 0,5; 0,75; 0,07; 0,8

271 **a)** 0,9; 0,09; 0,009
b) 3,4; 0,34; 0,034
c) $0,\dot{5}$; $0,\dot{8}$; $0,\dot{2}8571\dot{4}$; $0,1\dot{6}$
d) $0,\dot{1}$; $0,\dot{1}4285\dot{7}$; $0,\dot{2}3076\dot{9}$; $0,8\dot{3}$
e) 0,25; 2,75; 1,25
f) 1,125; 3,6; $5,\dot{3}$
g) 5,48; 1,82; 2,35
h) 7,7; 11,825; 3,045

272 Spiel

273 **a)** $2\frac{3}{10}$; $2\frac{3}{100}$; $2\frac{3}{1000}$
b) $\frac{1}{5}$; $\frac{1}{500} = \frac{2}{1000}$; $\frac{1}{5} = \frac{20}{100}$
c) $\frac{1}{4}$; $\frac{1}{2}$; $\frac{3}{4}$
d) $\frac{27}{100}$; $2\frac{7}{100}$; $\frac{207}{1000}$
e) $6\frac{1}{5}$; $60\frac{20}{100} = 60\frac{1}{5}$; $\frac{62}{1000} = \frac{31}{500}$
f) $1\frac{9}{25} = 1\frac{36}{100}$; $2\frac{25}{1000}$; $2\frac{1}{40}$; $5\frac{4}{100} = 5\frac{1}{25}$

274 0,28; 0,9; 3,15; 0,524; 0,68; 5,2; 0,9; 1,2

275 r; r; r; r; r; r

276 **a)** $0,6 < 0,\dot{6}$; $0,\dot{7} > 0,75$
b) $0,4 > 0,3\dot{5}$; $0,\dot{3} < 0,35$
c) $1,3\dot{7} > 1,375$; $3,125 > 3,\dot{1}\dot{2}$
d) $0,2\dot{5} > 0,25$; $0,625 < 0,6\dot{2}\dot{5}$
e) $4,1875 > 4,\dot{1}$; $0,\dot{2}\dot{3} < 0,375$

277 Bei Division durch 7 sind nur 6 verschiedene Reste ungleich Null möglich, d. h. nach spätestens 6 verschiedenen Resten tritt derselbe Rest wieder auf und damit wird die Dezimalzahl periodisch.

278 **b)** $\frac{7}{9}$ **c)** $\frac{6}{9}$ **d)** $\frac{3}{9}$ **e)** $1\frac{5}{9}$

279 **a)** $\frac{12}{99} = \frac{4}{33}$ **b)** $3\frac{45}{99} = 3\frac{5}{11}$ **c)** $\frac{3}{99} = \frac{1}{33}$ **d)** $10\frac{137}{999}$ **e)** $0,\dot{3}\dot{7}$ **f)** $0,\dot{1}0\dot{5}$

4.3 Anteile bei beliebigen Größen

4.3.1 Bestimmen eines Teils von einer Größe

280 Lösungsvorschlag im Schüler/innenbuch.

281 **a)** Laura berechnet zuerst ein Drittel von 6 m^2. Zwei Drittel sind dann 4 m^2.
Daniel verdoppelt zuerst 6 m^2 und berechnet vom Ergebnis ein Drittel.
Beide Wege führen zum richtigen Ergebnis.
b) Lauras Weg (LW), Daniels Weg (DW)
(1) 24 km (LW) **(2)** 20 min (LW) **(3)** 8 € (LW) **(4)** $\frac{38}{3}$ dm^2 = $12\frac{2}{3}$ dm^2 (DW) **(5)** 672 cm^2 (DW)

282 **a)** 18 m; 21 dm; 48 km **b)** 40 m^2; 36 ha; 28 cm^2 **c)** 3 m; 4 kg; 10 l **d)** 4,2 dm; 1,875 l; 6,75 €

283 **(1)** 0,12 cm [6 cm; 1,2 cm; 0,6 cm; 7,2 cm] **(2)** 0,24 cm [12 cm; 2,4 cm; 1,2 cm; 14,4 cm]

284 6 m, 12 m, 30 m, 60 m, 120 m, 600 m

285 **a)** 28 l **b)** 52 a **c)** 24 kg **d)** 80 ha **e)** 72 m **f)** 46 m **g)** 34 € **h)** 20 h

286 **a)** Sie hat statt durch 5 durch 4 dividiert. 6,40 € **b)** $\frac{1}{8}$ sind 4 cm, $\frac{3}{8}$ sind daher 12 cm **c)** richtig

287 35 Eier

288 **a)** 1,60 €; 9,60 €; 1,82 €; 3,36 € **b)** offen

289 Erster Bauabschnitt 18 km, zweiter Bauabschnitt 45 km, dritter Bauabschnitt 27 km.

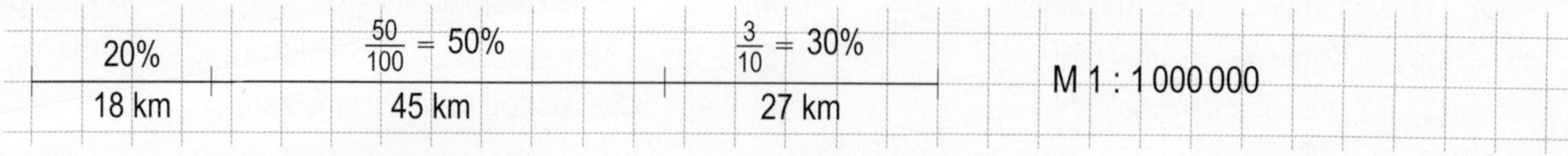

4.3.2 Bestimmen des Ganzen

290 Lösungsvorschlag im Schüler/innenbuch

291 32 km

292 **a)** 65 kg; 84 *l* **b)** 130 m; 124 ha **c)** 200 *l*; 528 m^3

293 **a)** 45 min **b)** 84 kg **c)** 28 *l* **d)** 600 g **e)** 495 € **f)** 105 kg **g)** 50 m **h)** 500 € **i)** 150 g

294 $1{,}50 \cdot x + 190 = 430 \Leftrightarrow x = 160$. Es wurden 160 km gefahren.

295 **a)** 12 kg; 15 kg; 20 km **b)** 12 kg; 32 t; 64 km **c)** 35 *l*; 50 m^3; 30 min **d)** 60 dag; 60 €; 64 km

296 Es wurden 20 Stimmen abgegeben.

297 96 €

298 Es werden 140 Kinder teilnehmen. Es gibt 14 Langläufer/innen und 28 Snowboarder/innen.

4.3.3 Bestimmen des Anteils

299 Lösungsvorschlag im Schüler/innenbuch

300 a) $\frac{5}{12}$ b) $1\frac{1}{4}$ Stunden, weil: $\frac{7}{12} \mathrel{\hat{=}} 1\frac{3}{4}$ h, d. h. $\frac{1}{12} \mathrel{\hat{=}} \frac{1}{4}$ h

301 **a)** $\frac{7}{15}$ **b)** $\frac{2}{3} = \frac{14}{21}$ **c)** $\frac{15}{60} = \frac{1}{4}$ **d)** $\frac{27}{54} = \frac{1}{2}$ **e)** $\frac{4}{12} = \frac{1}{3}$ **f)** $\frac{10}{8} = \frac{5}{4} = 1\frac{1}{4}$ **g)** $\frac{8}{20} = \frac{2}{5}$ **h)** $\frac{45}{60} = \frac{3}{4}$ **i)** $\frac{27}{18} = 1\frac{1}{2}$ **j)** $\frac{3}{8}$ **k)** $\frac{7}{54}$ **l)** $\frac{36}{24} = \frac{3}{2} = 1\frac{1}{2}$

302 Dennis: $\frac{10}{32} = \frac{5}{16}$; Anne: $\frac{8}{32} = \frac{1}{4}$; Markus: $\frac{2}{32} = \frac{1}{16}$

303 $\frac{1}{4}$

304 $\frac{1}{4}$

4.4 Erweitern und Kürzen von Brüchen

305 **a)** $\frac{4}{12}$ der Torte ist mit Himbeeren, $\frac{8}{12}$ mit Kiwis belegt. **b)** Vor dem Bestreuen: $\frac{6}{12}$; nach dem Bestreuen: $\frac{1}{2}$

306 **a)** $\frac{2}{3} = \frac{4}{6} = \frac{8}{12}$ **b)** $\frac{3}{5} = \frac{6}{10} = \frac{12}{20}$

307 **a)** grün: $\frac{12}{16} = \frac{6}{8} = \frac{3}{4}$; gelb: $\frac{4}{16} = \frac{2}{8} = \frac{1}{4}$ **b)** grün: $\frac{8}{12} = \frac{4}{6} = \frac{2}{3}$; gelb: $\frac{4}{12} = \frac{2}{6} = \frac{1}{3}$ **c)** grün: $\frac{8}{20} = \frac{4}{10} = \frac{2}{5}$; gelb: $\frac{12}{20} = \frac{6}{10} = \frac{3}{5}$ **d)** grün: $\frac{2}{4} = \frac{1}{2}$ gelb: $\frac{2}{4} = \frac{1}{2}$

308 a) grün: 24 Teile   gelb: 8 Teile   b) 60 Teile

309 a) (1) $\frac{4}{6}$ (2) $\frac{2}{8}$ (3) $\frac{4}{10}$ b) (1) $\frac{6}{12}$ (2) $\frac{3}{9}$ (3) $\frac{15}{18}$

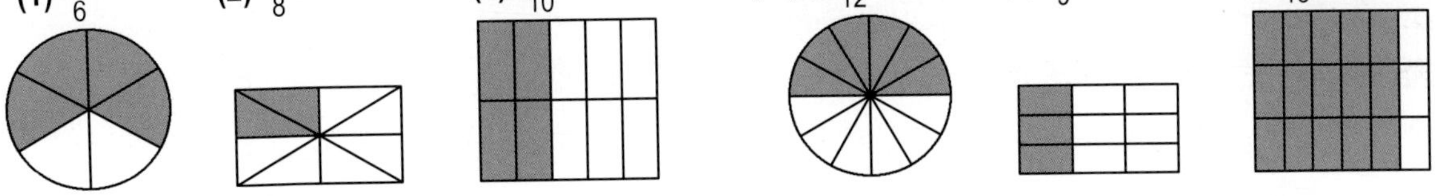

310 $\frac{1}{2}$ $\frac{2}{4}$ $\frac{4}{8}$ $\frac{8}{16}$

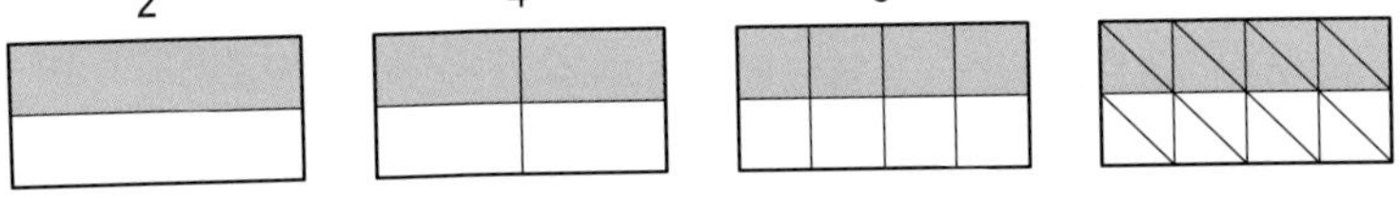

311 Milchschokolade: $\frac{3}{6} = \frac{1}{2}$; Nussschokolade: $\frac{8}{24} = \frac{4}{12} = \frac{2}{6} = \frac{1}{3}$; Zartbitterschokolade: $\frac{9}{24} = \frac{3}{8}$

312 a) 7   b) 8   c) 5   d) 7   e) 9

313 a) $\frac{3}{6} = \frac{6}{12}$; $\frac{4}{6} = \frac{8}{12}$
b) $\frac{8}{20} = \frac{16}{40}$; $\frac{15}{20} = \frac{30}{40}$
c) $\frac{7}{12} = \frac{14}{24}$; $\frac{10}{12} = \frac{20}{24}$
d) $\frac{2}{12} = \frac{4}{24}$; $\frac{3}{12} = \frac{6}{24}$
e) $\frac{25}{60} = \frac{50}{120}$; $\frac{18}{60} = \frac{36}{120}$
f) $\frac{16}{30} = \frac{32}{60}$; $\frac{21}{30} = \frac{42}{60}$

314 a) $\frac{9}{8}$; $\frac{9}{12}$; $\frac{45}{20}$; $\frac{18}{12}$; $\frac{18}{16}$; $\frac{27}{36}$
b) (1) $\frac{18}{16}$; $\frac{12}{16}$; $\frac{36}{16}$; $\frac{24}{16}$; $\frac{18}{16}$; $\frac{12}{16}$ (2) $\frac{9}{8}$; $\frac{9}{12}$; $\frac{9}{4}$; $\frac{9}{6}$; $\frac{9}{8}$; $\frac{9}{12}$

315 a) $\frac{2}{3}$; $\frac{3}{4}$; $\frac{3}{5}$; $\frac{4}{5}$
b) Zähler und Nenner sind teilerfremd. $\frac{3}{5}$; $\frac{16}{25}$; $\frac{9}{35}$; $\frac{4}{11}$; $\frac{13}{17}$ usw.

316 a) $\frac{30}{40} = \frac{15}{20}$; $\frac{30}{40} = \frac{6}{8}$; $\frac{30}{40} = \frac{3}{4}$
b) $\frac{20}{16} = \frac{10}{8}$; $\frac{20}{16} = \frac{5}{4}$
c) $\frac{18}{12} = \frac{9}{6}$; $\frac{18}{12} = \frac{6}{4}$; $\frac{18}{12} = \frac{3}{2}$
d) $\frac{45}{30} = \frac{15}{10}$; $\frac{45}{30} = \frac{9}{6}$; $\frac{45}{30} = \frac{3}{2}$
e) $\frac{34}{36} = \frac{17}{18}$
f) $\frac{16}{40} = \frac{8}{20}$; $\frac{16}{40} = \frac{4}{10}$; $\frac{16}{40} = \frac{2}{5}$
g) $\frac{40}{60} = \frac{20}{30}$; $\frac{40}{60} = \frac{10}{15}$; $\frac{40}{60} = \frac{8}{12}$; $\frac{40}{60} = \frac{4}{6}$; $\frac{40}{60} = \frac{2}{3}$
h) $\frac{20}{10} = \frac{10}{5}$; $\frac{20}{10} = \frac{4}{2}$; $\frac{20}{10} = \frac{2}{1} = 2$
i) $\frac{80}{120} = \frac{40}{60}$; $\frac{80}{120} = \frac{20}{30}$; $\frac{80}{120} = \frac{10}{15}$; $\frac{80}{120} = \frac{8}{12}$; $\frac{80}{120} = \frac{4}{6}$; $\frac{80}{120} = \frac{2}{3}$
j) $\frac{144}{60} = \frac{72}{30}$; $\frac{144}{60} = \frac{48}{20}$; $\frac{144}{60} = \frac{36}{15}$; $\frac{144}{60} = \frac{24}{10}$; $\frac{144}{60} = \frac{12}{5}$

317 a) $\frac{2}{3}$ (K.Z.: 15)   b) $\frac{3}{4}$ (KZ.: 6)   c) $\frac{3}{5}$ (K.Z.: 20)   d) $\frac{3}{4}$ (K.Z.: 100)   e) $\frac{5}{3}$ (K.Z.: 30)   f) 5 (K.Z.: 24)   g) $\frac{3}{32}$ (K.Z.: 25)

318 $24 = 2 \cdot 2 \cdot 2 \cdot 3$. Die Zähler der gesuchten Brüche dürfen weder 2 noch 3 als Teiler besitzen.
$\frac{5}{24}$, $\frac{11}{24}$, $\frac{7}{24}$, $\frac{19}{24}$, $\frac{23}{24}$, $\frac{13}{24}$, $\frac{25}{24}$ usw.

319 a) $\frac{4}{6}, \frac{6}{9}, \frac{10}{15}, \frac{16}{24}, \frac{20}{30}, \frac{2 \cdot a}{3 \cdot a}, \frac{2 \cdot x}{3 \cdot x}$
b) $\frac{2}{16}, \frac{3}{24}, \frac{5}{40}, \frac{8}{64}, \frac{10}{80}, \frac{a}{8 \cdot a}, \frac{x}{8 \cdot x}$
c) $\frac{6}{10}, \frac{9}{15}, \frac{15}{25}, \frac{24}{40}, \frac{30}{50}, \frac{3 \cdot a}{5 \cdot a}, \frac{3 \cdot x}{5 \cdot x}$
d) $\frac{8}{14}, \frac{12}{21}, \frac{20}{35}, \frac{32}{56}, \frac{40}{70}, \frac{4 \cdot a}{7 \cdot a}, \frac{4 \cdot x}{7 \cdot x}$
e) $\frac{10}{24}, \frac{15}{36}, \frac{25}{60}, \frac{40}{96}, \frac{50}{120}, \frac{5 \cdot a}{12 \cdot a}, \frac{5 \cdot x}{12 \cdot x}$
f) $\frac{11}{1}, \frac{22}{2}, \frac{33}{3}, \frac{55}{5}, \frac{88}{8}, \frac{110}{10}, \frac{11a}{a}, \frac{11x}{x}$
g) $\frac{16}{30}, \frac{24}{45}, \frac{40}{75}, \frac{64}{120}, \frac{80}{150}, \frac{8 \cdot a}{15 \cdot a}, \frac{8 \cdot x}{15 \cdot x}$
h) $\frac{14}{24}, \frac{21}{36}, \frac{35}{60}, \frac{56}{96}, \frac{70}{120}, \frac{7 \cdot a}{12 \cdot a}, \frac{7 \cdot x}{12 \cdot x}$
i) $\frac{36}{50}, \frac{54}{75}, \frac{90}{125}, \frac{144}{200}, \frac{180}{250}, \frac{18 \cdot a}{25 \cdot a}, \frac{18 \cdot x}{25 \cdot x}$

320 a) $\frac{22}{10}$; $\frac{125}{100}$; $\frac{45}{10}$; $\frac{12}{100}$; $\frac{45}{100}$; $\frac{28}{100}$
b) $\frac{325}{1000}$; $\frac{195}{1000}$; $\frac{84}{1000}$; $\frac{416}{1000}$; $\frac{625}{1000}$; $\frac{655}{1000}$
c) $\frac{12}{10}$; $\frac{72}{100}$; nicht möglich, da 6 kein Teiler von 10, 100, 1000 etc. ist; $\frac{225}{1000}$; nicht möglich, da 3 kein Teiler von 10, 100, 1000 etc. ist; $\frac{6}{100}$

321 a) $\frac{2}{5} = \frac{4}{10} = 0{,}4$; $\frac{7}{20} = \frac{35}{100} = 0{,}5$; 0,74; 0,75; 0,44; 0,85 **c)** 0,26; 0,025; 0,164; 0,024; 0,375; 0,152

b) $\frac{14}{25} = \frac{56}{100} = 0{,}56$; 0,98; 0,65; 0,155; 0,484; 0,12

322 a) $0{,}4 = \frac{2}{5}$; $0{,}25 = \frac{2}{8} = \frac{1}{4}$; $0{,}5 = \frac{4}{8} = \frac{1}{2}$ **c)** $\frac{6}{10} = 0{,}6 = \frac{3}{5}$; $0{,}3 = \frac{3}{10}$; $\frac{8}{10} = \frac{4}{5} = 0{,}8$

b) $\frac{1}{5} = 0{,}2 = \frac{7}{35} = \frac{3}{15}$; $0{,}5 = \frac{3}{6}$; $0{,}1 = \frac{10}{100}$ **d)** $0{,}10 = \frac{1}{10} = 0{,}1$; $0{,}05 = \frac{5}{100} = \frac{1}{20}$; $\frac{1}{5} = 0{,}20$

323 a) r **b)** r **c)** r **d)** $\frac{110}{90}$ **e)** $\frac{51}{69}$ **f)** $\frac{256}{240}$

324 a) 25; 8; 3 **b)** 36; 25; 3 **c)** 21; 50; 8 **d)** 100; 56; 4 **e)** 55; 99; 5

325 a) r, r **b)** r, r **c)** $\frac{7}{9}$; r **d)** r; r **e)** r; r **f)** r; $\frac{9}{12}$

326 a) $\frac{3}{4}$; $\frac{3}{5}$; $\frac{2}{3}$; $\frac{7}{8}$ **b)** $\frac{6}{5}$; $\frac{3}{5}$; $\frac{5}{3}$; $\frac{2}{3}$

327 a) $\frac{2}{5}$ **b)** $\frac{2}{5}$ **c)** $\frac{3}{4}$ **d)** $\frac{5}{8}$ **e)** $\frac{2}{3}$ **f)** $\frac{3}{4}$

328 a) Zähler und Nenner sind gerade.

b) Endziffern von Zähler und Nenner sind 5 bzw. 0.

c) Ziffernsummen von Zähler und Nenner sind durch 3 teilbar.

d) Ziffernsummen von Zähler und Nenner sind durch 9 teilbar.

e) Die letzten beiden Stellen von Zähler und Nenner sind durch 25 teilbar.

f) Die letzten beiden Stellen von Zähler und Nenner sind durch 4 teilbar.

329 $\frac{5}{6} = \frac{5 \cdot 4}{6 \cdot 4} = \frac{20}{24}$; $\frac{45}{72} = \frac{5}{8} = \frac{5 \cdot 6}{8 \cdot 6} = \frac{30}{48}$; $\frac{9}{15} = \frac{9 \cdot 3}{15 \cdot 3} = \frac{27}{45}$; $\frac{32}{48} = \frac{8 \cdot 4}{12 \cdot 4} = \frac{8}{12}$

330 a) $1\frac{27}{54} = 1\frac{1}{2}$; $\frac{30}{7} = 4\frac{2}{7}$; $2\frac{8}{96} = 2\frac{1}{12}$ **b)** $1\frac{60}{72} = 1\frac{5}{6}$; $2\frac{14}{21} = 2\frac{2}{3}$; $3\frac{30}{40} = 3\frac{3}{4}$

331 Wenn Zähler und Nenner keinen gemeinsamen (von 1 verschiedenen) Teiler haben, kann man nicht kürzen z. B. $\frac{8}{49}$, $\frac{3}{5}$ usw.

Erweitern lässt sich hingegen jeder Bruch z. B. $\frac{3}{5} = \frac{6}{10}$ usw.

332 a) $\frac{10}{7}$ **b)** $\frac{33}{4}$ **c)** $\frac{3}{35}$ **d)** $\frac{18 \cdot \cancel{21}^{3}}{_{5}\cancel{35} \cdot 27} = \frac{18 \cdot \cancel{3}^{1}}{5 \cdot \cancel{27}_{9}} = \frac{\cancel{18}^{2} \cdot 1}{5 \cdot \cancel{9}_{1}} = \frac{2 \cdot 1}{5 \cdot 1} = \frac{2}{5}$ **e)** $\frac{a}{1} = a$ **f)** $\frac{5}{7}$ **g)** $\frac{x}{3}$ **h)** y

333 a) $\frac{36}{48} = \frac{\cancel{2} \cdot \cancel{2} \cdot \cancel{3} \cdot 3}{\cancel{2} \cdot \cancel{2} \cdot 2 \cdot 2 \cdot \cancel{3}} = \frac{3}{2 \cdot 2} = \frac{3}{4}$ **b)** $\frac{4}{5}$ **c)** $\frac{3}{5}$ **d)** $\frac{7}{10}$ **e)** $\frac{5}{2} = 2\frac{1}{2}$

334 Spiel

335 a) $16 \cdot b = 64 \Leftrightarrow b = \frac{64}{16} = 4$; Antwort: b = 4 m; u = 40 m **c)** b = 3 km; u = 7 km

b) a = 10,8 cm; u = 121,6 m **d)** 108 m; u = 216,5 m

4.5 Ordnen und Vergleichen von Brüchen

336 a) Brüche lassen sich auch als Dezimalzahlen darstellen. **b), c)** Lösungsvorschlag im Schüler/innenbuch

337 a) $\frac{1}{16} \triangleq$ 0,5 cm (1 Kästchen), also 8 cm Einheitsstrecke

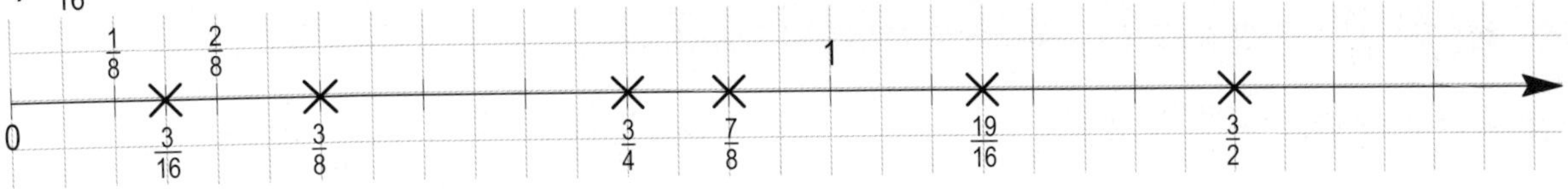

b) $\frac{1}{24} \triangleq$ 0,5 cm (1 Kästchen), also 12 cm Einheitsstrecke

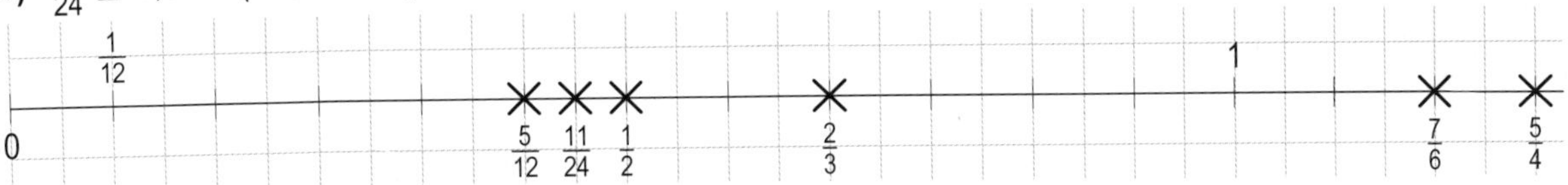

c) $\frac{1}{15} \triangleq$ 0,5 cm (1 Kästchen), also 7,5 cm Einheitsstrecke

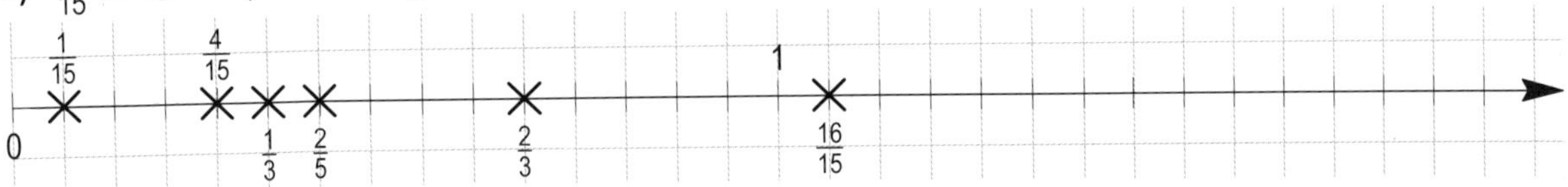

338 a) $4\frac{1}{2}$ b) $2\frac{3}{4}$ c) $3\frac{3}{4}$ d) 4 e) $3\frac{8}{9}$ f) $3\frac{6}{9} = 3\frac{2}{3}$ g) $\frac{9}{7} = 1\frac{2}{7}$ h) $\frac{5}{10} = \frac{1}{2}$ i) $2\frac{3}{8}$ j) $2\frac{5}{12}$

339 Lösungsvorschlag im Schüler/innenbuch

340 a) >, weil $\frac{6}{8} > \frac{5}{8}$; <, weil $\frac{4}{6} < \frac{5}{6}$

b) weder noch, weil $\frac{4}{10} = \frac{2}{5}$; <, weil $\frac{10}{12} = \frac{11}{12}$

c) >, weil $\frac{10}{15} > \frac{9}{15}$; >, weil $\frac{42}{35} > \frac{40}{35}$ bzw. $\frac{1}{5} > \frac{1}{7}$ $(1\frac{1}{5} > 1\frac{1}{7})$

d) >, weil $\frac{3}{4} > \frac{1}{2}$ und $\frac{2}{5} < \frac{1}{2}$ bzw. $\frac{15}{20} > \frac{8}{20}$; >, weil $\frac{1}{5} > \frac{1}{6}$ $(1 - \frac{1}{5}, \ldots)$

e) >, weil $1\frac{5}{6} > 1\frac{5}{8}$; <, weil $\frac{42}{60} < \frac{55}{60}$ bzw. $\frac{3}{10} > \frac{1}{12}$ $(1 - \frac{3}{10}, \ldots)$

341 a) $\frac{7}{12} < \frac{3}{4} < \frac{5}{6}$, weil $\frac{7}{12} < \frac{9}{12} < \frac{10}{12}$ b) $\frac{13}{20} < 0{,}7 < \frac{4}{5}$ c) $\frac{3}{4} < \frac{5}{6} < 0{,}875$ d) $\frac{3}{10} < \frac{5}{12} < \frac{7}{15}$ e) $\frac{8}{15} < \frac{7}{12} < \frac{5}{3}$ f) $\frac{2}{3} < \frac{6}{7} < \frac{13}{14}$ g) $\frac{5}{8} < \frac{7}{10} < \frac{3}{4}$ h) $\frac{2}{3} < \frac{5}{6} < \frac{11}{12}$

342 a) $4 < 4\frac{1}{4}$ b) $4\frac{3}{5} < 6\frac{1}{3}$ c) $1\frac{2}{5} < 4\frac{1}{2}$ d) $5\frac{7}{9} < 6\frac{3}{8}$ e) $9\frac{5}{7} < 10\frac{2}{5} < 11\frac{1}{4}$ f) $8\frac{6}{7} < 8\frac{7}{8} < 8\frac{9}{10}$

343 a) $\frac{5}{8}$ b) $\frac{1}{4}$ c) $\frac{1}{2}$ d) $\frac{41}{70}$

344 $\frac{56}{49} = 1\frac{1}{7}$; $1\frac{7}{35} = 1\frac{1}{5}$; $1\frac{1}{7} < 1\frac{3}{16} < 1\frac{1}{5} < 1\frac{12}{25}$

345 Siehe Nusslösungen im Schüler/innenbuch

346 Tanja: $\frac{7}{20}$ Trefferquote, Thomas: $\frac{11}{30}$ Trefferquote, Maria: $\frac{17}{40}$ Trefferquote

$\frac{7}{20} = \frac{42}{120}$; $\frac{11}{30} = \frac{44}{120}$; $\frac{17}{40} = \frac{51}{120}$ Am besten ist Maria, am schlechtesten Tanja.

347 4 Regentage bei 14 Tagen entspricht 20 Regentagen bei 70 Tagen.
3 Regentage bei 10 Tagen entspricht 21 Regentagen bei 70 Tagen.
Tim hatte das bessere Wetter!

348 Siehe Nusslösungen im Schüler/innenbuch

4.6 Addieren und Subtrahieren von Brüchen

349 a) $\frac{1}{4}+\frac{1}{4}+\frac{1}{8}=\frac{2}{8}+\frac{2}{8}+\frac{1}{8}=\frac{5}{8}$; Karin nimmt $\frac{5}{8}$ Tafel Schokolade.

b) Die Grafik verdeutlicht die Situation. $\frac{1}{6}+\frac{1}{4}+\frac{1}{3}=\frac{4}{24}+\frac{6}{24}+\frac{8}{24}=\frac{18}{24}=\frac{3}{4}$

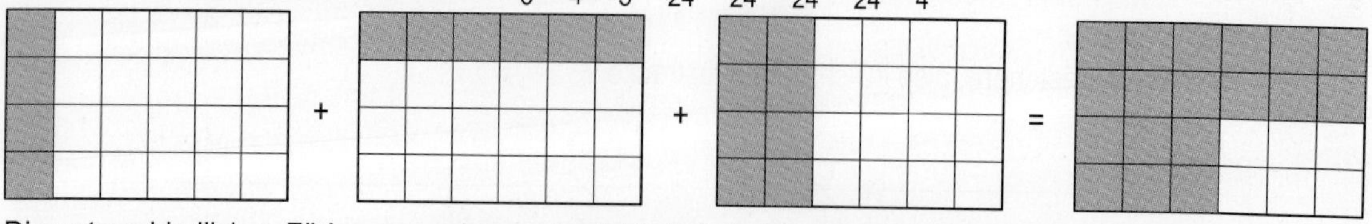

c) Die unterschiedlichen Färbungen zeigen, wie viel Schokolade jeder genommen hat.

Milchschokolade — Nussschokolade — Zartbitterschokolade

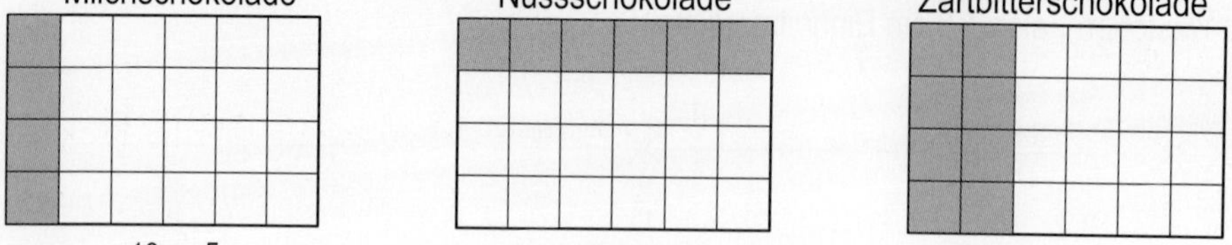

Anteile: $\frac{10}{24}=\frac{5}{12}$ — $\frac{12}{24}=\frac{1}{2}$ — $\frac{11}{24}$

d) $\frac{7}{12}$; $\frac{1}{2}$; $\frac{13}{24}$

350 a) $\frac{7}{12}+\frac{2}{12}=\frac{9}{12}=\frac{3}{4}$ **b)** $\frac{2}{5}+\frac{1}{5}=\frac{3}{5}$ **c)** $\frac{4}{10}+\frac{3}{10}=\frac{7}{10}$ **d)** $\frac{3}{8}+\frac{2}{8}=\frac{5}{8}$

351 a) $\frac{5}{8}$ Torten **b)** $\frac{6}{8}=\frac{3}{4}$ Torten **c)** $\frac{29}{40}$ **d)** $\frac{37}{60}$

352 a) $\frac{5}{6}-\frac{3}{6}=\frac{2}{6}=\frac{1}{3}$ **b)** $\frac{5}{8}-\frac{1}{8}=\frac{4}{8}=\frac{1}{2}$ **c)** $\frac{8}{12}-\frac{2}{12}=\frac{6}{12}=\frac{1}{2}$ **d)** $\frac{4}{5}-\frac{2}{5}=\frac{2}{5}$

353 (1) Zuerst werden die beiden Brüche auf gemeinsamen Nenner gebracht, dann werden die Ganzen und danach die echten Brüche addiert.

$1\frac{7}{8}+2\frac{4}{8}=3\frac{11}{8}$

Da $\frac{11}{8}=1\frac{3}{8}$ muss das eine Ganze zu 3 noch addiert werden: $3\frac{11}{8}=3+1\frac{3}{8}=4\frac{3}{8}$

(2) Zuerst werden die beiden Brüche auf gemeinsamen Nenner gebracht, dann werden die Ganzen und danach die echten Brüche subtrahiert.

(3) Zuerst werden die beiden Brüche auf gemeinsamen Nenner gebracht. Weil $\frac{3}{8}$ von $\frac{2}{8}$ nicht subtrahiert werden können, verwandelt man ein Ganzes der 3 Ganzen in $\frac{8}{8}$ und rechnet dann wie in (2).

354 a) $\frac{9}{10}$; $\frac{1}{2}$ **b)** $\frac{20}{25}=\frac{4}{5}$; $\frac{23}{40}$ **c)** $\frac{20}{17}=1\frac{3}{17}$; $\frac{8}{60}=\frac{2}{15}$ **d)** $\frac{15}{20}=\frac{3}{4}$; 0 **e)** $\frac{80}{100}=\frac{4}{5}$; $\frac{31}{90}$

355 a) (1) $x-\frac{7}{11}=\frac{3}{11}\Leftrightarrow x=\frac{10}{11}$ **(2)** $x-\frac{4}{7}=\frac{3}{14}\Leftrightarrow x=\frac{11}{14}$ oder $\frac{4}{7}-x=\frac{13}{14}\Leftrightarrow x=\frac{5}{14}$ **(3)** $\frac{3}{8}+x=\frac{7}{12}\Leftrightarrow\frac{9}{24}+x=\frac{14}{24}\Leftrightarrow x=\frac{5}{12}$

b) $\frac{7}{17}$; $\frac{7}{12}$; $\frac{1}{6}$

356 a) $\frac{7}{15}$; $\frac{67}{70}$ **b)** $\frac{43}{78}$; $\frac{7}{33}$ **c)** $\frac{50}{63}$; $\frac{4}{35}$ **d)** $1\frac{3}{20}$; $1\frac{1}{4}$ **e)** $\frac{13}{24}$; $\frac{5}{8}$

357 $\frac{3}{8}+x=\frac{7}{10}\Leftrightarrow\frac{15}{40}+x=\frac{28}{40}\Leftrightarrow x=\frac{13}{40}$; Man muss $\frac{13}{40}$ *l* Wasser dazugießen.

358 $\frac{9}{10}-x=\frac{1}{4}\Leftrightarrow x=\frac{13}{20}$; Die Füllung wiegt $\frac{13}{20}$ kg.

359 a) Der erste Teil ist länger. Er dauert um $\frac{1}{6}$ Minuten (= 10 Sekunden) länger.

b) Die gesamte Werbesendung dauert $\frac{2}{3}$ Minuten, das sind 40 Sekunden.

360 a) $3\frac{4}{5}$; $1\frac{7}{8}$ **b)** $5\frac{3}{4}$; $6\frac{5}{14}$ **c)** $6\frac{1}{5}$; $7\frac{4}{7}$ **d)** 10; 6 **e)** $2\frac{1}{3}$; $12\frac{3}{4}$ **f)** $6\frac{5}{6}$; $19\frac{1}{3}$

361 a) $19\frac{5}{7}$ **b)** $20\frac{16}{12} = 21\frac{4}{12} = 21\frac{1}{3}$ **c)** $6\frac{7}{12}$ **d)** $18\frac{1}{4}$

362 a) $5\frac{2}{3}$; $2\frac{3}{8}$; $1\frac{9}{14}$ **b)** $8\frac{2}{9}$; $5\frac{3}{4}$; $5\frac{7}{20}$ **c)** $2\frac{3}{4}$; $4\frac{5}{8}$; $1\frac{1}{21}$ **d)** $2\frac{2}{5}$; $6\frac{1}{8}$; $9\frac{41}{60}$

363 a) $5\frac{1}{2}$ **b)** $2\frac{11}{15}$ **c)** $8\frac{3}{4}$ **d)** $4\frac{2}{3}$

364 a) 48,17; 37,81 + 1,37 + 8,99
b) 53,5; 98,2 – 81,4 + 63,7
c) 3,6992; $3{,}2 \cdot 6{,}8 \cdot 0{,}17$
d) 4,42; $8{,}84 : 4{,}42 \cdot 2{,}21$

365 a) Kleinster gemeinsamer Nenner: 90; $1\frac{2}{3}$ **b)** Kleinster gemeinsamer Nenner: 120; $\frac{1}{2}$

366 $16\frac{1}{8}$ ha

367 a) Falsch. $\frac{2}{5} + \frac{1}{2} = \frac{4}{10} + \frac{5}{10} = \frac{9}{10}$
b) Falsch. $\frac{5}{6} - \frac{3}{5} = \frac{25}{30} - \frac{18}{30} = \frac{7}{30}$
c) Falsch. $\frac{3}{8} - \frac{1}{3} = \frac{9}{24} - \frac{8}{24} = \frac{1}{24}$
d) Richtig. Es fehlt das Kürzen. $\frac{14}{16} = \frac{7}{8}$

368 Der beladene Waggon wiegt $33\frac{21}{40}$ t.

369 $17\frac{1}{4}$ m

370 Wie schwer muss Frau Huber tragen? $4\frac{1}{2}$ kg Um wie viel kg muss Herr Kohlbacher mehr tragen? $2\frac{3}{8}$ kg

371 $3\frac{5}{6} + 4\frac{1}{2} + 3\frac{3}{4} = 3\frac{7}{12} + 4\frac{1}{8} + 4\frac{3}{8} \Leftrightarrow 12\frac{1}{12}\text{ kg} = 12\frac{1}{12}\text{ kg}$

372 a) Bruchgarten West: größte Summe $2\frac{3}{4}$; kleinste Summe: $1\frac{17}{24}$
Bruchgarten Ost: größte Summe: $3\frac{1}{5}$; kleinste Summe: $2\frac{3}{20}$
b) Bruchgarten Ost: $\frac{3}{10} + \frac{2}{5} + \frac{1}{20} + \frac{3}{5} + \frac{3}{4} + \frac{13}{20} + \frac{1}{4} = 3$
Bruchgarten West: $\frac{1}{2} + \frac{1}{3} + \frac{1}{4} + \frac{1}{8} + \frac{2}{3} + \frac{1}{2} + \frac{10}{16} = 3$

373 a)

$\frac{2}{5}$	$\frac{1}{2}$	$\frac{1}{4}$	$1\frac{1}{2}$
$\frac{9}{10}$	$\frac{3}{4}$	$-1\frac{3}{4}$	
$1\frac{13}{20}$	$2\frac{1}{2}$		
$4\frac{3}{20}$			

b)

$1\frac{3}{4}$	$\frac{1}{2}$	$\frac{1}{3}$	$\frac{1}{4}$
$2\frac{1}{4}$	$\frac{5}{6}$	$\frac{7}{12}$	
$3\frac{1}{12}$	$1\frac{5}{12}$		
$4\frac{1}{2}$			

374 $\frac{1}{6}\left[\frac{5}{6}\right]$; $\frac{1}{12}\left[\frac{7}{12}\right]$; $\frac{1}{20}\left[\frac{9}{20}\right]$; $\frac{1}{30}\left[\frac{11}{30}\right]$
Die Summe der beiden Nenner ergibt den Zähler, der Nenner ist das Produkt der beiden Nenner.
(Die Differenz der beiden Nenner ergibt den Zähler.)
Allgemein: Gegeben sind die Brüche $\frac{1}{a}$ und $\frac{1}{b}$, wobei a und b teilerfremd sind. Daher ist der gemeinsame Nenner $a \cdot b$.
Man erweitert $\frac{1}{a}$ mit b also $\frac{1 \cdot b}{a \cdot b} = \frac{b}{a \cdot b}$
Man erweitert $\frac{1}{b}$ mit a also $\frac{1 \cdot a}{b \cdot a} = \frac{a}{b \cdot a} = \frac{a}{a \cdot b}$
$\frac{1}{a} + \frac{1}{b} = \frac{b}{a \cdot b} + \frac{a}{a \cdot b} = \frac{b + a}{a \cdot b}$; $\frac{1}{a} - \frac{1}{b} = \frac{b}{a \cdot b} - \frac{a}{a \cdot b} = \frac{b - a}{a \cdot b}$

375 $\frac{1}{3} + \frac{1}{5} = \frac{8}{15}$. Nein, Julia hat nicht recht, das ist mehr als die Hälfte.

376 $5\frac{3}{20}$ m = 5,15 m

377 **(5) < (1) < (3) < (2) < (4)** [$13\frac{17}{36} < 14 < 14\frac{47}{100} < 14\frac{23}{30} < 14\frac{5}{6}$]

378 **a)** $\frac{33}{40}$ **b)** $\frac{1}{8}$ **c)** $\frac{29}{60}$ **d)** 5 **e)** $\frac{25}{27}$ **f)** $\frac{5}{16}$

379 **a)** $\frac{9}{10} - (\frac{1}{3} + \frac{2}{5}) = \frac{1}{6}$ **b)** $\frac{3}{8} + (\frac{5}{6} - \frac{3}{4}) = \frac{11}{24}$ **c)** $5 - (4\frac{1}{9} - 3\frac{1}{2}) = 4\frac{7}{18}$ **d)** $(2\frac{3}{4} + 5\frac{7}{20}) - (4\frac{14}{15} + 2\frac{1}{6}) = 1$

380 **a)** $\frac{9}{10}$; 90% **b)** $\frac{1}{10}$; 10% **c)** 135 g Gold, 27 g Silber, 18 g Kupfer

381 $\frac{1}{3} \triangleq 25$ m, $\frac{1}{5} \triangleq 15$ m Man sieht sogar weniger als die Hälfte nämlich $\frac{7}{15}$ des Leuchtturms.

382 z = 27 720
2|z, weil z ist gerade;
3|z, weil 3|(2 + 7 + 7 + 2 + 0);
4|z, weil 4|20;
5|z, weil letzte Ziffer ist 0;
6|z, weil 2|z und 3|z;
8|z, weil 8|720;
9|z, weil 9|(2 + 7 + 7 + 2 + 0);
10|z, weil letzte Ziffer ist 0.

383 Zu jedem Quadrat ist jeweils eine mögliche Lösung angegeben. Es gibt auch noch andere Lösungen.

a)

$2\frac{2}{3}$	$\frac{1}{3}$	2
1	$1\frac{2}{3}$	$2\frac{1}{3}$
$1\frac{1}{3}$	3	$\frac{2}{3}$

magische Zahl 5

b)

$2\frac{3}{7}$	$1\frac{3}{7}$	$\frac{15}{7}$
$1\frac{5}{7}$	2	$2\frac{2}{7}$
$\frac{26}{14}$	$2\frac{4}{7}$	$1\frac{4}{7}$

magische Zahl 6

c)

4	$\frac{1}{2}$	$\frac{3}{4}$	$3\frac{1}{4}$
$1\frac{1}{4}$	$2\frac{3}{4}$	$2\frac{1}{2}$	2
$2\frac{1}{4}$	$1\frac{3}{4}$	$1\frac{1}{2}$	$\frac{6}{2}$
1	$3\frac{1}{2}$	$3\frac{3}{4}$	$\frac{1}{4}$

magische Zahl $8\frac{1}{2}$

384 $\frac{1}{2} + \frac{1}{3} + \frac{1}{9} = \frac{17}{18}$
Das zusätzliche Kamel dient als das fehlende Achtzehntel. Dadurch wird der Fehler des Vaters im Testament (falls er alles an seine Söhne vererben will) korrigiert.
Der Älteste bekommt 9 Kamele, der zweite 6 und der jüngste 2 Kamele. Damit bleibt das geborgte Kamel übrig.

385 k = 114,6 cm; O = 533,1688 cm^2; V ≈ 802,59 cm^3

BLICKPUNKT: Rechnen mit Brüchen bei den alten Ägyptern

386 **(1)** $\frac{1}{7}$ **(2)** $\frac{1}{14}$ **(3)** $\frac{1}{20}$ **(4)** $\frac{1}{26}$ **(5)** $\frac{1}{200}$

387 $3 \cdot \frac{1}{6} = \frac{1}{2}$,  $4 \cdot \frac{1}{6} = \frac{2}{3} = \frac{1}{2} + \frac{1}{6}$,  $2 \cdot \frac{1}{6} = \frac{1}{3}$,  $5 \cdot \frac{1}{6} = \frac{5}{6} = \frac{1}{2} + \frac{1}{3}$, 

388 **(1)** 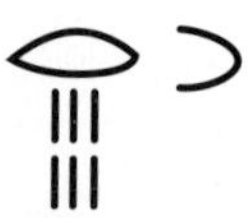 **(3)** 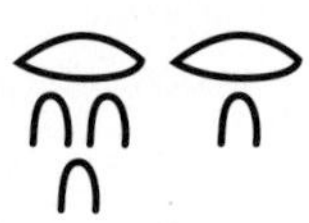 **(5)** 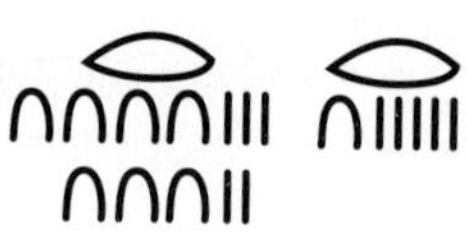 **(7)** 

(2) 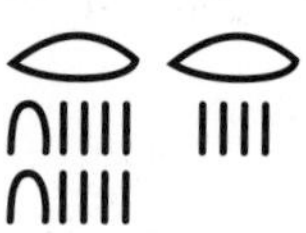 **(4)** 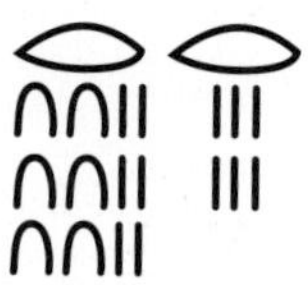 **(6)**  **(8)** 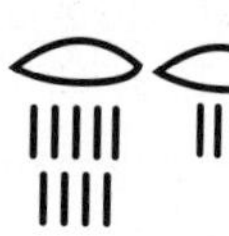

THEMA: Spiele mit Brüchen und Dezimalzahlen

389 Spielvorschläge im Schüler/innenbuch

4.7 Multiplizieren und Dividieren von Brüchen

4.7.1 Multiplikation eines Bruchs mit einer natürlichen Zahl

390 $\frac{3}{4}+\frac{3}{4}+\frac{3}{4}+\frac{3}{4}+\frac{3}{4}+\frac{3}{4}=\frac{18}{4}=4\frac{1}{2}$ oder $\frac{3}{4}\cdot 6=\frac{18}{4}=4\frac{1}{2}$ Das Bowlegefäß sollte mindestens $4\frac{1}{2}\,l$ Flüssigkeit fassen.

391 **a)** $\frac{21}{4}=5\frac{1}{4}$; $\frac{8}{9}$ **b)** $\frac{14}{5}=2\frac{4}{5}$; $\frac{8}{9}$ **c)** $\frac{24}{7}=3\frac{3}{7}$; $\frac{40}{8}=5$ **d)** $\frac{20}{9}=2\frac{2}{9}$; $\frac{21}{13}=1\frac{8}{13}$ **e)** $\frac{38}{17}=2\frac{4}{17}$; 1 **f)** 8; $\frac{10}{7}=1\frac{3}{7}$

392 **a)** $1\frac{1}{3}$ **b)** $3\frac{3}{4}$ **c)** 8 **d)** $5\frac{1}{3}$ **e)** 24 **f)** $4\frac{1}{2}$ **g)** $9\frac{1}{3}$

393 **a)** $\frac{3}{4}\,l=0{,}75\,l$ **b)** $\frac{4}{5}\,l=0{,}8\,l$ **c)** $\frac{66}{100}\,l=0{,}66\,l$

394 **a)** $1\frac{3}{4}$; $3\frac{1}{3}$ **b)** 14; $18\frac{2}{3}$ **c)** $11\frac{2}{3}$; $5\frac{2}{3}$ **d)** $10\frac{1}{2}$; $2\frac{1}{3}$ **e)** $6\frac{3}{4}$; $12\frac{1}{2}$ **f)** $4\frac{2}{3}$; $13\frac{1}{2}$

395 **a)** $x=4$ **b)** $x=4$ **c)** $y=3$ **d)** $x=2$ **e)** $y=5$ **f)** $x=2$ **g)** $x=3$ **h)** $y=2$ **i)** $y=2$ **j)** $y=9$

396 **a)** Maria: Ich verwandle zuerst in einen unechten Bruch. Dann multipliziere ich und verwandle zum Schluss wieder in eine gemischte Zahl.
Patrick: Ich multipliziere die Ganzen und den echten Bruch der gemischten Zahl mit 4. Dann addiere ich die beiden Ergebnisse und schreibe das Ergebnis als gemischte Zahl.

b) **(1)** $6\frac{3}{2}=7\frac{1}{2}$ **(2)** $18\frac{6}{5}=19\frac{1}{5}$ **(3)** $12\frac{6}{3}=14$ **(4)** $30\frac{6}{4}=31\frac{1}{2}$ **(5)** $9\frac{3}{4}$ **(6)** $8\frac{4}{5}$ **(7)** $12\frac{8}{9}$ **(8)** $9\frac{9}{4}=11\frac{1}{4}$ **(9)** $16\frac{12}{5}=18\frac{2}{5}$ **(10)** $40\frac{56}{9}=46\frac{2}{9}$

397 **a)** $5\frac{3}{5}$ kg **b)** $4\frac{2}{7}$ g **c)** $5\frac{5}{6}$ dm **d)** $1\frac{13}{15}\,l$

398 **a)** $\frac{5}{8}\,l$ **b)** $2\frac{2}{5}\,l$ **c)** $10\frac{1}{2}\,l$ **d)** $4\frac{1}{2}$ kg

399 Er verbringt $3\frac{3}{4}$ h wirklich in Vorlesungen.

4.7.2 Dividieren eines Bruchs durch eine natürliche Zahl

400 **a)** **b)** Lösungsvorschläge im Schüler/innenbuch

401 **a)** $\frac{6}{9}:3=\frac{2}{9}$; $\frac{\cancel{6}}{\cancel{9}}=\frac{2}{3}$
b) Beim Dividieren wird nur der Zähler durch den Divisor dividiert. Beim Kürzen werden Zähler und Nenner durch dieselbe Zahl dividiert.

402 **a)** $\frac{{}^{3}\cancel{6}}{13\cdot\cancel{4}_{2}}=\frac{3}{26}$ **b)** $\frac{{}^{4}\cancel{24}}{17\cdot\cancel{18}_{3}}=\frac{4}{51}$ **c)** $\frac{{}^{12}\cancel{36}}{25\cdot\cancel{15}_{5}}=\frac{12}{25}$ **d)** $\frac{{}^{2}\cancel{{}^{6}}\cancel{42}}{{}_{9}\cancel{27}\cdot\cancel{35}_{5}}=\frac{2}{45}$

403 **a)** Jedes Kind bekommt $\frac{1}{4}\,l$ Apfelsaft. **b)** Jedes Kind bekommt $\frac{7}{20}\,l$ Orangensaft.

404 **a)** $\frac{1}{6}$; $\frac{1}{6}$ **b)** $\frac{1}{20}$; $\frac{2}{9}$ **c)** $\frac{2}{9}$; $\frac{3}{8}$ **d)** $\frac{3}{25}$; $\frac{3}{10}$ **e)** $\frac{5}{24}$; $\frac{6}{13}$ **f)** $\frac{1}{21}$; $\frac{7}{72}$ **g)** $\frac{4}{13}$; $\frac{7}{32}$ **h)** $\frac{1}{20}$; $\frac{4}{63}$

405 **a)** David wandelt den Bruch in einen unechten Bruch um und führt die Division durch. Anschließend verwandelt er das Ergebnis wieder in eine gemischte Zahl.
Daniela dividiert den ganzzahligen Teil und den echten Bruch der gemischten Zahl durch 3. Dieses Verfahren ist günstig, wenn der ganzzahlige Teil durch den Divisor teilbar ist.

b) **(1)** $\frac{18}{7} : 3 = \frac{6}{7}$; $3\frac{4}{5} : 3 = 1\frac{4}{15}$; $\frac{12}{7} : 3 = \frac{4}{7}$

(2) $12\frac{3}{4} : 6 = 2\frac{3}{24} = 2\frac{1}{8}$; $27\frac{3}{5} : 9 = 3\frac{3}{45} = 3\frac{1}{15}$; $\frac{25}{3} : 5 = \frac{5}{3} = 1\frac{2}{3}$

(3) $24\frac{4}{5} : 8 = 3\frac{4}{40} = 3\frac{1}{10}$; $\frac{49}{8} : 7 = \frac{7}{8}$; $6\frac{9}{10} : 3 = 2\frac{3}{10}$

(4) $9\frac{3}{5} : 4 = \frac{48}{5} : 4 = \frac{12}{5} = 2\frac{2}{5}$; $12\frac{1}{3} : 6 = 2\frac{1}{18}$; $15\frac{3}{4} : 5 = 3\frac{3}{20}$

406 **a)** $x = 3$ **b)** $y = 4$ **c)** $x = 8$ **d)** $x = 3$ **e)** $y = 4$

407 **a)** $\frac{n}{6}$ **b)** $\frac{x}{20}$ **c)** $\frac{2}{3 \cdot m}$ **d)** $\frac{4}{7 \cdot s}$ **e)** $\frac{1}{7}$ **f)** $\frac{1}{t}$

408 $1\frac{3}{4}$ kg

409 **a)** $\frac{3}{8}\,l$ **b)** $3\frac{3}{4}$ Unzen

4.7.3 Multiplizieren von Brüchen

410 Lösungsvorschlag im Schüler/innenbuch

411 **a)**

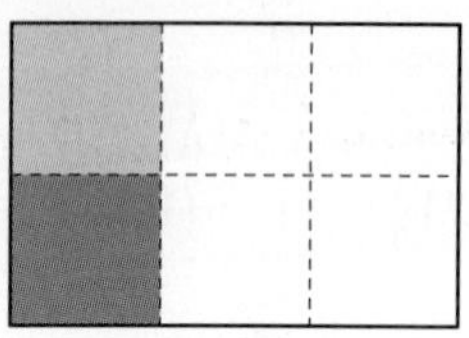

$\frac{1}{2}$ von $\frac{1}{3} = \frac{1}{6}$

b)

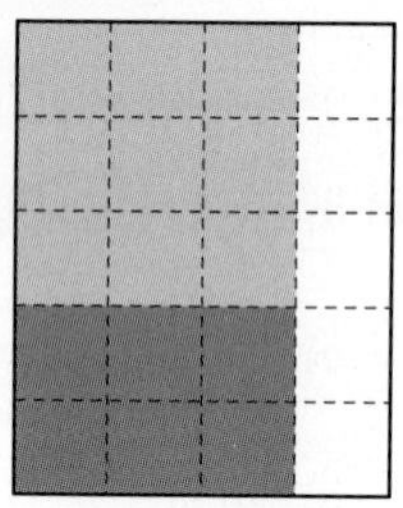

$\frac{2}{5}$ von $\frac{3}{4} = \frac{6}{20}$

c)

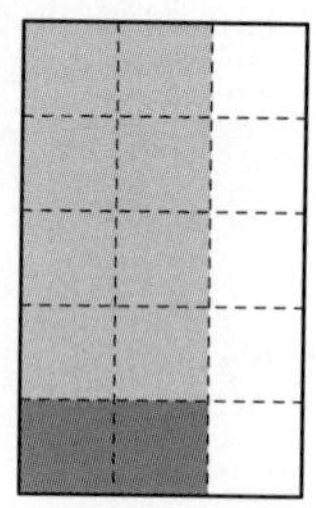

$\frac{1}{5}$ von $\frac{2}{3} = \frac{2}{15}$

d)

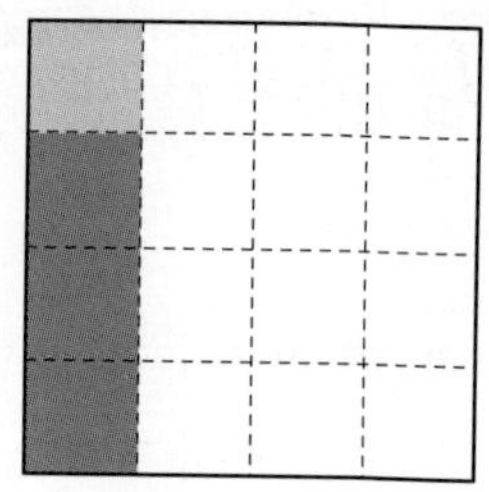

$\frac{3}{4}$ von $\frac{1}{4} = \frac{3}{16}$

412 **a)** $\frac{1}{6}$ Torte **b)** $\frac{1}{8}$ Liter **c)** $\frac{1}{8}$ Kilometer **d)** $\frac{1}{2}$ Stunde

413 **a)** $16\text{ cm} \cdot \frac{2}{3} = \frac{32}{3}\text{ cm} = 10\frac{2}{3}\text{ cm}$; $\frac{15}{8}\text{ cm} = 1\frac{7}{8}\text{ cm}$ **c)** $\frac{48}{5}\text{ kg} = 9\frac{3}{5}\text{ kg}$; $\frac{175}{6}\text{ kg} = 29\frac{1}{6}\text{ kg}$

b) $\frac{16}{5}\text{ km} = 3\frac{1}{5}\text{ km}$; $\frac{45}{4}\text{ km} = 11\frac{1}{4}\text{ km}$ **d)** $\frac{125}{8}\,l = 15\frac{5}{8}\,l$; $\frac{63}{10}\,l = 6\frac{3}{10}\,l$

414 **a)** $\frac{9}{35}$; $\frac{20}{63}$ **b)** $\frac{35}{72}$; $\frac{5}{24}$ **c)** $\frac{3}{4}$; $\frac{4}{9}$ **d)** $\frac{1}{8}$; $\frac{15}{28}$ **e)** $\frac{1}{4}$; $\frac{1}{6}$ **f)** $\frac{1}{12}$; $\frac{1}{15}$ **g)** $1\frac{31}{105}$; $1\frac{23}{112}$

415 **a)** 3; 5; 1 **b)** 5; 9; 4 **c)** $\frac{16}{45}$; $\frac{1}{3}$; $\frac{1}{2}$ **d)** $\frac{7}{9}$; $\frac{3}{5}$; $\frac{4}{5}$

416 **a)** $\frac{5}{6}$; $\frac{8}{21}$; $\frac{3}{20}$ **b)** $\frac{7}{9}$; $\frac{2}{3}$; $\frac{2}{5}$ **c)** $\frac{4}{9}$; $\frac{1}{2}$; $\frac{2}{3}$ **d)** $1\frac{1}{20}$; $2\frac{11}{35}$; $\frac{1}{6}$

417 a)

$\frac{2}{9}$	$\frac{3}{4}$	$\frac{8}{9}$	$\frac{15}{4}$
$\frac{1}{6}$	$\frac{2}{3}$	$\frac{10}{3}$	
$\frac{1}{9}$	$\frac{20}{9}$		
$\frac{20}{81}$			

b)

$\frac{4}{7}$	$\frac{21}{8}$	$\frac{4}{5}$	$\frac{25}{27}$
$\frac{3}{2}$	$\frac{21}{10}$	$\frac{20}{27}$	
$\frac{63}{20}$	$\frac{14}{9}$		
$\frac{49}{10}$			

c)

$\frac{7}{4}$	$\frac{8}{35}$	$\frac{25}{16}$	$\frac{56}{15}$
$\frac{2}{5}$	$\frac{5}{14}$	$\frac{35}{6}$	
$\frac{1}{7}$	$\frac{25}{12}$		
$\frac{25}{84}$			

418 a) $\frac{1}{2}l$ **b)** $\frac{7}{10}l$

419 a) $2\frac{5}{8}$; $1\frac{1}{2}$ **b)** $1\frac{1}{3}$; $1\frac{1}{2}$ **c)** $3\frac{1}{8}$; $2\frac{5}{8}$ **d)** 6; 3

420 a) $\frac{21}{64}$ **b)** $\frac{8}{3}$ **c)** $15\frac{5}{2} = 17\frac{1}{2}$ **d)** $2\frac{1}{5} \cdot 3\frac{2}{3} = \frac{11}{5} \cdot \frac{11}{3} = \frac{121}{15} = 8\frac{1}{15}$

421 a) $2\frac{1}{6}$; $2\frac{1}{2}$ **b)** 6; 4 **c)** $7\frac{1}{2}$; $5\frac{1}{3}$ **d)** $10\frac{2}{3}$; $12\frac{1}{4}$

422 a) $\frac{1}{2}$ kg **b)** $\frac{1}{3}$ kg **c)** $\frac{4}{5}$ kg **d)** $1\frac{2}{3}$ kg **e)** $\frac{5}{6}$ kg

423 a) $\frac{7}{30}$ **b)** $\frac{5}{14}$ **c)** $\frac{1}{3}$ **d)** $\frac{15}{28}$ **e)** $\frac{15}{46}$

424 a) $\frac{1}{3}$ h **b)** $\frac{7}{8}$ m **c)** $\frac{3}{4}$ m

425 a) $x = \frac{3}{5}$ **b)** $y = \frac{4}{3}$ **c)** $m = \frac{5}{6}$ **d)** $u = \frac{4}{5}$ **e)** $x = \frac{5}{2}$ **f)** $y = \frac{1}{3}$ **g)** $x = \frac{2}{3}$ **h)** $s = 0$

426 a) $\frac{2}{7} \cdot \frac{3}{5} = \frac{3}{7} \cdot \frac{2}{5} = \frac{1}{7} \cdot \frac{6}{5} = \frac{6}{7} \cdot \frac{1}{5}$

b) $\frac{3}{4} \cdot \frac{4}{3}$ oder $\frac{2}{5} \cdot \frac{5}{2}$ oder $\frac{13}{17} \cdot \frac{17}{13}$ oder $\frac{a}{b} \cdot \frac{b}{a}$ $(a, b \neq 0)$

c) Wenn man $\frac{5}{6}$ mit $\frac{6}{5}$ multipliziert, hat das Produkt den Wert 1. Wenn man das 6-Fache von $\frac{6}{5}$ nämlich $\frac{36}{5}$ nimmt, erhält man 6.

427 a) **(1)** Wie viel ha Land hat er mit Nelken, wie viel ha mit Rosen bepflanzt? Antwort: $\frac{1}{4}$ ha mit Nelken, $\frac{6}{25}$ ha mit Rosen.

(2) Wie viel ha Land hat er weder mit Nelken noch mit Rosen bepflanzt? Antwort: $\frac{31}{100}$ ha sind weder mit Nelken noch mit Rosen bepflanzt.

b) **(1)** Wie viel ha verwendet sie für Gemüse, wie viel für Blumen? Antwort: $1\frac{1}{5}$ ha für Blumen, $\frac{2}{25}$ ha für Gemüse.

(2) Wie viel ha verwendet sie weder für Blumen noch für Gemüse? Antwort: $\frac{8}{25}$ ha werden weder für Blumen noch für Gemüse verwendet.

428 a) Der Wert des Produkts verdoppelt sich.
b) Der Wert des Produkts wird halbiert.
c) Der Wert des Produkts bleibt unverändert.
d) Der Wert des Produkts wird vervierfacht.
e) Der Wert des Produkts wird geviertelt.

429 Siehe Nusslösungen im Schüler/innenbuch

430 a) Nahrungsmittel: 450 m^2; Kosmetika: 60 m^2; Waschmittel 120 m^2
b) Es werden dadurch 30 m^2 an Platz eingespart.

4.7.4 Dividieren von Brüchen

431 Lösungsvorschlag im Schüler/innenbuch

432 a) $\frac{5}{4}$; $\frac{7}{6}$ b) $\frac{32}{15}$; $\frac{25}{27}$ c) $\frac{8}{9}$; $\frac{7}{6}$ d) 2; $\frac{14}{9}$ e) $\frac{5}{8}$; $\frac{21}{10}$

433 a) Kehrwerte: $\frac{5}{3}$ $\frac{2}{5}$ $\frac{8}{9}$ $\frac{1}{7}$ 7 $\frac{b}{a}$ $\frac{n}{1}$ $\frac{1}{m}$

b) Die Divisionsregel kann immer verwendet werden, weil sich jede natürliche Zahl als Bruch schreiben lässt.

(1) $\frac{3}{20}$ (2) $\frac{8}{3}$ (3) $\frac{3}{5}$ (4) 0

c) Das Produkt hat immer den Wert 1.

(1) $\frac{3}{8}\cdot\frac{8}{3}=1$ (2) $\frac{1}{10}\cdot\frac{10}{1}=1$ (3) $\frac{4}{1}\cdot\frac{1}{4}=1$ (4) $\frac{13}{4}\cdot\frac{4}{13}=1$ (5) $\frac{6}{5}\cdot\frac{5}{6}=1$ (6) $\frac{4}{8}\cdot\frac{8}{4}=1$

434 a) $\frac{8}{9}:\frac{2}{9}=\frac{8:2}{9:9}=\frac{4}{1}=4$ b) $\frac{5}{7}:\frac{2}{3}=\frac{5}{7}\cdot\frac{3}{2}=\frac{15}{14}$ c) $\frac{4}{5}:7=\frac{4}{5}\cdot\frac{1}{7}=\frac{4}{35}$ d) $3:\frac{3}{4}=\frac{3}{1}\cdot\frac{4}{3}=4$

435 a) 15; 12; 60 b) $\frac{1}{2}$; 3; $\frac{1}{3}$ c) $13\frac{1}{3}$; $22\frac{1}{2}$; $\frac{4}{27}$ d) $\frac{5}{12}$; $2\frac{2}{5}$; 4 e) $1\frac{11}{21}=\frac{32}{21}$; $\frac{33}{14}=2\frac{5}{14}$; $\frac{6}{5}=1\frac{1}{5}$

436 (1) = (8) = $\frac{3}{8}$; (2) = (7) = $\frac{4}{9}$; (3) = (5) = $\frac{8}{9}$; (4) = (6) = $\frac{5}{12}$

437 a) $\frac{3}{8}$; $\frac{3}{20}$ c) $\frac{1}{28}$; $6\frac{2}{3}$ e) $5\frac{1}{4}$; 24 g) $\frac{2}{5}$; $\frac{3}{16}$ i) $\frac{11}{10}$; $6\frac{1}{2}$

b) $\frac{2}{15}$; $\frac{9}{100}$ d) $4\frac{2}{3}$; 6 f) $1\frac{1}{2}$; $4\frac{1}{2}$ h) 64; $\frac{5}{21}$ j) 0; $\frac{1}{24}$

438 a)

$\frac{1}{2}$ | $\frac{3}{4}$ | $\frac{3}{2}$ | 4

$\frac{2}{3}$ | $\frac{1}{2}$ | $\frac{3}{8}$

$\frac{4}{3}$ | $\frac{4}{3}$

1

b)

$\frac{2}{5}$ | $\frac{1}{4}$ | $\frac{1}{8}$ | $\frac{5}{32}$

$\frac{8}{5}$ | 2 | $\frac{4}{5}$

$\frac{4}{5}$ | $\frac{5}{2}$

$\frac{8}{25}$

c)

$\frac{21}{125}$ | $\frac{3}{5}$ | $\frac{6}{7}$ | $\frac{72}{49}$

$\frac{7}{25}$ | $\frac{7}{10}$ | $\frac{7}{12}$

$\frac{2}{5}$ | $\frac{6}{5}$

$\frac{1}{3}$

439 a) $1\frac{1}{14}$; $1\frac{1}{9}$ b) $1\frac{3}{7}$; $\frac{35}{64}$ c) $2\frac{17}{30}$; $1\frac{1}{15}$ d) $1\frac{1}{13}$; $3\frac{2}{3}$

440 a) 96 km/h b) 92 km/h

441 a) $2\frac{2}{3}$ kg b) $\frac{3}{8}$ m

442 $4\frac{1}{5}$

443 a)

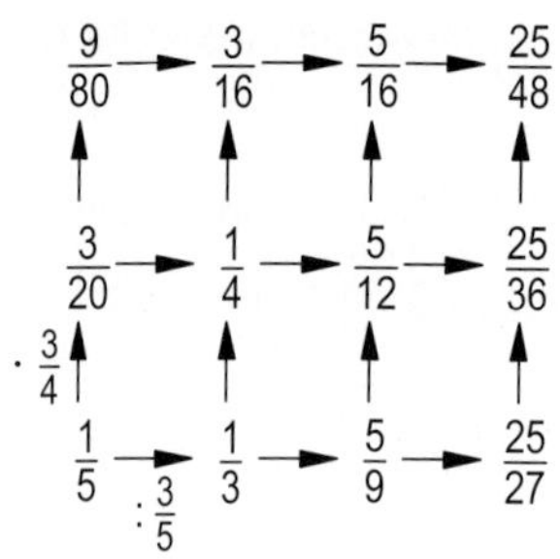

b) offene Aufgabenstellung

444 $\frac{2}{5}, \frac{4}{5}, \frac{8}{5}, \frac{16}{5}, \frac{32}{5}, \frac{64}{5}, \frac{128}{5}, \frac{256}{5}, \frac{512}{5}=102\frac{2}{5}$

Ab dem Divisor $\frac{1}{256}$ ist der Quotient größer als 100.

445 a) $4\frac{1}{2}$ b) $\frac{2}{3}$ c) $\frac{3}{10}$ d) 15 e) $\frac{1}{3}$ f) $\frac{1}{2}$ g) $13\frac{5}{7}$ h) $\frac{1}{75}$

446 a) $\frac{3}{10}$ b) $1\frac{1}{2}$ c) $1\frac{1}{4}$ d) $\frac{2}{3}$

447 a) $\frac{1}{3}$ b) $\frac{16}{15}$ c) $\frac{a \cdot d}{b \cdot c}$

448 a)

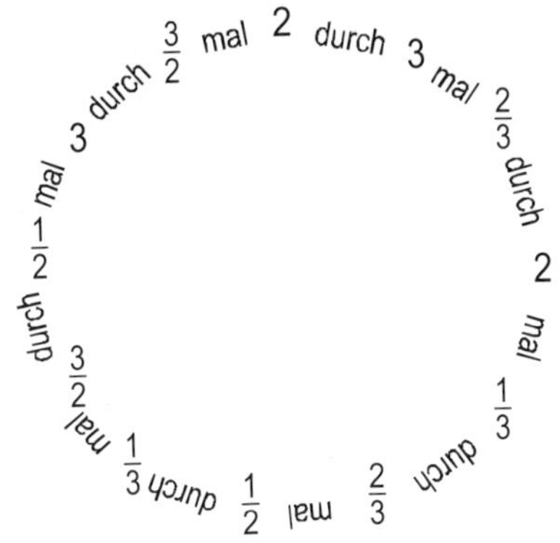

b) Sie kommen gleich oft, nämlich 8-mal vor.
c) Die Kehrwerte liegen gegenüber.
d) offene Aufgabenstellung

449 a) –
b) Der Wert des Quotienten, einer Division ändert sich nicht, wenn der Dividend und der Divisor mit derselben Zahl multipliziert werden. Verwendet man als Zahl den reziproken Wert des Divisors, ergibt sich als neuer Divisor 1. Es bleibt die Multiplikation des Dividenden mit dem Kehrwert des Divisors.

450 a) 12 Tassen b) 6 Tassen c) 9 Tassen

451 a) 10 Flaschen b) 5 Flaschen (letzte Flasche nur $\frac{2}{3}$ gefüllt). c) 20 Flaschen

452 a) $1\frac{1}{4}$; $\frac{16}{21}$ b) $6\frac{2}{5}$; $\frac{7}{6}$ c) 10; $\frac{1}{10}$ d) $\frac{1}{100}$; $\frac{1}{1000}$ e) $1\frac{1}{5}$; $1\frac{2}{3}$

453 (1) Wie viele Schalen mit Heidelbeeren und wie viele Schalen mit Steinpilzen erhält er? 64 Schalen Heidelbeeren, 12 Schalen Steinpilze.
(2) Wie viel Geld kann er einnehmen, wenn er alle Schalen verkauft? Er erhält 296 €.

454 a) $7 \cdot x$; Probe mit $x = 2$: $7 : \frac{1}{2} = 7 \cdot \frac{2}{1} = 14$ und $7 \cdot 2 = 14$ c) $\frac{5}{2}$ e) 5 g) 1
b) $\frac{3 \cdot a}{5}$; Probe mit $x = 3$: $\frac{6}{5} : \frac{2}{3} = \frac{{}^{3}\cancel{6}}{5} \cdot \frac{3}{\cancel{2}_{1}} = \frac{9}{5}$ und $\frac{3 \cdot 3}{5} = \frac{9}{5}$ d) m f) $\frac{1}{3}$

4.8 Vermischte Übungen

455 a) $3\frac{4}{7} + x = 5\frac{1}{2} \Leftrightarrow x = 5\frac{1}{2} - 3\frac{4}{7} \Leftrightarrow x = 1\frac{13}{14}$
b) $1\frac{2}{5} \cdot x = \frac{2}{5} \Leftrightarrow x = \frac{2}{5} : 1\frac{2}{5} \Leftrightarrow x = \frac{2}{7}$
c) $x : \frac{5}{8} = \frac{5}{8} \Leftrightarrow x = \frac{5}{8} \cdot \frac{5}{8} \Leftrightarrow x = \frac{25}{64}$

456 Alle bekommen gleich viel, nämlich $\frac{1}{3}$ der Süßigkeiten.

457 a) $y = 1$; $x = \frac{5}{3} = 1\frac{2}{3}$; $x = 3$ c) $y = \frac{3}{10}$; $y = 1\frac{1}{4}$; $x = \frac{2}{3}$
b) $x = 1\frac{1}{2}$; $x = \frac{4}{9}$; $y = \frac{1}{32}$ d) $x = \frac{6}{5} = 1\frac{1}{5}$; $x = 2\frac{10}{21}$; $1\frac{1}{2}$

458 Maikäfer: Vergrößerung mit Faktor $2\frac{1}{2}$ (Kopierereinstellung: 250%)
Ohrwurm: Verkleinerung mit Faktor $\frac{9}{20}$ (Kopierereinstellung: 45%)

459 Er atmet $\frac{3}{20}\,l$ (= 0,15 l) Sauerstoff ein.

460 Siehe Nusslösungen im Schüler/innenbuch

461 Omar behält $\frac{8}{15}$ des Vermögens, Saladin bekommt $\frac{2}{9}$ und Suleika $\frac{2}{45}$.

462 **a)** Sie bekommt 19,80 € heraus.

b) Die genaue Rechnung ergibt: $9 : 3\frac{1}{2} = 2\frac{4}{7}$. Nun verwende einen Nenner, der 4 enthält: $2\frac{4}{7} = 2\frac{16}{28}$.
Der zu $2\frac{16}{28}$ nächstkleinere Bruch mit Nenner 4 ist $2\frac{14}{28} = 2\frac{2}{4} = 2\frac{1}{2}$. Daher die Antwort: $2\frac{1}{2}$ kg Erdbeeren.
Andere Möglichkeit: $2\frac{4}{7} \approx 2{,}57$. 2,5 ist die nächstkleinere Dezimalzahl, die als gekürzter Bruch den Nenner 4 bzw. 2 besitzt.

463 **a)** 3 s **b)** 1,5 s = $1\frac{1}{2}$ s **c)** $22\frac{1}{2}$ s

464 Siehe Nusslösungen im Schüler/innenbuch

465 Mit dem Eimer werden jedes Mal $6\frac{3}{4}\,l$ Wasser transportiert. Deshalb muss man 16-mal gehen, um den Wasserbehälter zu füllen.

466 1. Rechnung Jonas, 2. Rechnung Maria

467 **a)** $6\frac{1}{5}$; $\frac{1}{8}$ **b)** $\frac{7}{18}$; $\frac{1}{8}$ **c)** $\frac{1}{6}$; $1\frac{1}{3}$ **d)** $2\frac{2}{5}$; $\frac{5}{9}$ **e)** 6; $9\frac{1}{2}$

468 **a)** $\frac{3}{4}$ **b)** $\frac{1}{2}$ **c)** $1\frac{3}{4}$ **d)** 8 **e)** $\frac{1}{5}$ **f)** $3\frac{1}{2}$ **g)** $\frac{1}{3}$ **h)** $1\frac{2}{5}$ **i)** $3\frac{1}{3}$ **j)** $2\frac{11}{30}$ **k)** 2 **l)** $\frac{4}{5}$ **m)** $12\frac{1}{3}$ **n)** $2\frac{3}{20}$ **o)** $2\frac{5}{6}$

469 **a)** $8\frac{3}{4}$ **b)** $1\frac{1}{3}$ **c)** $4\frac{1}{3}$ **d)** $1\frac{1}{2}$

470 **a)** $\frac{7}{16}$ **b)** $\frac{3}{14}$ **c)** $1\frac{4}{11}$ **d)** $2\frac{1}{8}$ **e)** $4\frac{5}{7}$ **f)** $10\frac{3}{4}$

471 **a)** $\left(\frac{3}{5} + \frac{2}{3}\right) \cdot \frac{12}{19}$ **b)** $\left(6 - \frac{3}{4}\right) : \frac{7}{8} = 6$ **c)** $\frac{1}{5} \cdot \left(\frac{1}{2} + \frac{1}{3}\right) \cdot \frac{6}{11} = \frac{1}{11}$ **d)** $\frac{1}{5} \cdot \left(\frac{1}{2} + \frac{1}{3} \cdot \frac{6}{11}\right) = \frac{3}{22}$ **e)** $\left(\frac{3}{5} + \frac{12}{5}\right) : \left(\frac{3}{8} : \frac{9}{4}\right) = 18$ **f)** $\left(\frac{3}{5} + \frac{12}{5}\right) : \frac{3}{8} : \frac{9}{4} = 3\frac{5}{9}$

472 **a)** $\left(\frac{2}{3} \cdot \frac{3}{4}\right) - \frac{1}{2} = 0$; $\frac{2}{3} \cdot \left(\frac{3}{4} - \frac{1}{2}\right) = \frac{1}{6}$; $\frac{2}{3} - \left(\frac{3}{4} \cdot \frac{1}{2}\right) = \frac{7}{24}$ Lisa hat recht.

b) $\left(\frac{3}{4} \cdot \frac{2}{3}\right) - \frac{1}{2} = 0$; $\left(\frac{3}{4} - \frac{2}{3}\right) \cdot \frac{1}{2} = \frac{1}{24}$; $\frac{3}{4} - \left(\frac{2}{3} \cdot \frac{1}{2}\right) = \frac{5}{12}$; $\frac{3}{4} \cdot \left(\frac{2}{3} - \frac{1}{2}\right) = \frac{1}{8}$

473 **a)** $\left(\frac{3}{4} + \frac{1}{2}\right) \cdot \frac{2}{5} = \frac{1}{2}$ **b)** $4 \cdot 1\frac{2}{3} + 3\frac{1}{5} = 9\frac{13}{15}$ **c)** $\left(\frac{2}{3} - \frac{1}{6}\right) : \frac{1}{3} = 1\frac{1}{2}$ **d)** $\left(5 - \frac{5}{8}\right) \cdot \left(\frac{5}{7} + \frac{1}{5}\right) = 4$ **e)** $\frac{1}{2} : \frac{2}{5} - \frac{1}{2} \cdot \frac{2}{5} = 1\frac{1}{20}$

474 Bild 1: $\frac{2}{7}$ des Filets wiegen $\frac{5}{7}$ kg. $\frac{1}{7}$ des Filets wiegt daher $\frac{5}{14}$ kg, das ganze Filet $2\frac{1}{2}$ kg.
Bild 2: $\frac{2}{23}$ kg von dem Filet kosten $\frac{21}{23}$ €. Daher kostet $\frac{1}{23}$ kg $\frac{21}{46}$ € und 1kg des Filets 10,50 €.
Bild 3: Die Frau bezahlt für das Filet 26,25 €. Sie benötigte 3 Sekunden, um den Preis auszurechnen ($\frac{1}{4}$ der Rechenzeit entspricht $\frac{3}{4}$ s, die gesamte Rechenzeit beträgt daher 3 s).

475 a) Das Aquarium ist $\frac{9}{10}$ m hoch. **b)** Es fasst $\frac{15}{8}\,l = 1\frac{7}{8}\,l$. **c)** Das Bowle-Gefäß fasst 4 l.

476 Im Folgenden eine Auswahl möglicher Lösungen. Es gibt noch viele weitere Lösungen.

a) $\frac{1}{6}$ As + $\frac{1}{6}$ As; $\frac{1}{4}$ As + $\frac{1}{12}$ As; $\frac{1}{3}$ As

b) $\frac{1}{2}$ As; $2 \cdot \frac{1}{4}$ As; $3 \cdot \frac{1}{6}$ As; $\frac{1}{3}$ As + $\frac{1}{6}$ As; $\frac{1}{4}$ As + $\frac{1}{6}$ As + $\frac{1}{12}$ As

c) $2 \cdot \frac{1}{3}$ As; $\frac{1}{2}$ As + $\frac{1}{6}$ As; $4 \cdot \frac{1}{6}$ As; $\frac{1}{3}$ As + $\frac{1}{4}$ As + $\frac{1}{12}$ As; $2 \cdot \frac{1}{4}$ As + $\frac{1}{6}$ As

d) $\frac{1}{2}$ As + $\frac{1}{3}$ As; $5 \cdot \frac{1}{6}$ As; $\frac{1}{2}$ As + $2 \cdot \frac{1}{6}$ As; $\frac{1}{3}$ As + $3 \cdot \frac{1}{6}$ As; $2 \cdot \frac{1}{3}$ As + $\frac{1}{6}$ As; $3 \cdot \frac{1}{4}$ As + $\frac{1}{12}$ As

e) 1 As + $\frac{1}{6}$ As; $2 \cdot \frac{1}{3}$ As + $2 \cdot \frac{1}{4}$ As; $3 \cdot \frac{1}{4}$ As + $\frac{1}{3}$ As + $\frac{1}{12}$ As; $7 \cdot \frac{1}{6}$ As; $4 \cdot \frac{1}{4}$ As + $\frac{1}{6}$ As; $\frac{1}{2}$ As + $\frac{1}{3}$ As + $\frac{1}{4}$ As + $\frac{1}{12}$ As

f) 1 As + $\frac{1}{4}$ As; $3 \cdot \frac{1}{4}$ As + $\frac{1}{2}$ As; $6 \cdot \frac{1}{6}$ As + $\frac{1}{4}$ As; $\frac{1}{2}$ As + $\frac{1}{3}$ As + $\frac{1}{4}$ As + $\frac{1}{6}$ As; $3 \cdot \frac{1}{3}$ As + $\frac{1}{4}$ As

477 Die Kinder sind schneller. Sie benötigen 1 h $52\frac{1}{2}$ min. Die Eltern brauchen 2 h 5 min. Die Wartezeit beträgt $12\frac{1}{2}$ min und sollte für eine kleine Erfrischung reichen.

478 x ist die Anzahl der gekochten Knödel.
Wanderbursche 1: $x \cdot \frac{1}{3}$ der Knödel. Es bleiben $\frac{2}{3}$ der Knödel.
Wanderbursche 2 isst $(x \cdot \frac{2}{3}) \cdot \frac{1}{3} = x \cdot \frac{2}{9}$ der Knödel. Es bleiben $\frac{4}{9}$ der Knödel.
Wanderbursche 3 isst $(x \cdot \frac{4}{9}) \cdot \frac{1}{3} = x \cdot \frac{4}{27}$ der Knödel.
Es bleiben noch $\frac{4}{9} - \frac{4}{27}$ also $\frac{8}{27}$ aller Knödel übrig. Da das 8 Knödel sind, hat die Förstersfrau 27 Knödel gekocht.
Ansatz als Gleichung: $x \cdot \frac{1}{3} + x \cdot (1 - \frac{1}{3}) \cdot \frac{1}{3} + x \cdot [1 - (1 - \frac{1}{3}) \cdot \frac{1}{3}] \cdot \frac{1}{3} + 8 = x$

479 Siehe Nusslösung im Schüler/innenbuch

480 a) 100 mm = 10 cm **b)** 1 cm ≙ 10 mm **c)** 3 cm ≙ 30 mm **d)** 1,6 cm ≙ 16 mm **e)** 3 mm

481 a) $\frac{3}{5}$ Gramm **b)** $\frac{2}{5}$ Gramm **c)** $\frac{8}{25}$ Gramm

THEMA: Mathematik im „Dreivierteltakt"

482 a) Zeile 1: **(1)** $\frac{1}{4} + \frac{1}{2}$ **(2)** $\frac{1}{4} + \frac{1}{2}$ **(3)** $\frac{1}{4} + 4 \cdot \frac{1}{8}$ **(4)** $\frac{1}{4} + 2 \cdot \frac{1}{8} + \frac{1}{4}$ **(5)** $2 \cdot \frac{1}{8} + 4 \cdot \frac{1}{16} + 4 \cdot \frac{1}{16}$
Zeile 2: Für alle Takte: $3 \cdot \frac{1}{4}$
Für jeden Takt ergibt sich der Wert $\frac{3}{4}$.

b) $\frac{1}{4}$ zwischen 1. und 2. Note, 2. und 3. Note, 3. und 4. Note, 4. und 5. Note der ersten Zeile.

c) $\frac{1}{2} - \frac{1}{16} = \frac{7}{16}$

483 a) b) c) offene Aufgabenstellungen

484 a) richtige Reihenfolge: **(1)**, **(6)**, **(5)**, **(7)**, **(4)**, **(2)**, **(3)** **b)** offene Aufgabenstellung

5 Ebene Geometrie

5.1 Das Koordinatensystem

485 a) Die Bankräuber haben einen festen Ort, den Jägerstand und zwei Richtungen (Ost und Nord) festgelegt. Dann geben sie an, wie viel m man vom Jägerstand ausgehend, in Richtung „Osten“ und anschließend in Richtung „Norden“ man gehen muss, um das Versteck zu finden.

b) Reh: 30 m O, 0 m N; Hase: 20 m O, 45 m N; Pilz: 40 m O, 20 m N

486 a) A(3|2), B(5|0), C(6|6), D(2|7), E(0|7), F(5|3), G(7|2), H(3|5), I(4|9), K(0|3), L(1|1), M(9|4), N(15|6), P(12|10), Q(10|1), R(13|2),

b)

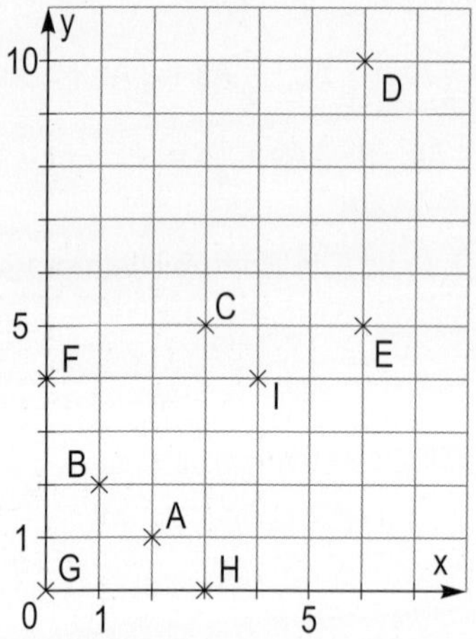

c) Die Punkte mit den geforderten Eigenschaften liegen jeweils auf einer Geraden z. B. A(3|1) bzw. P(3|3)

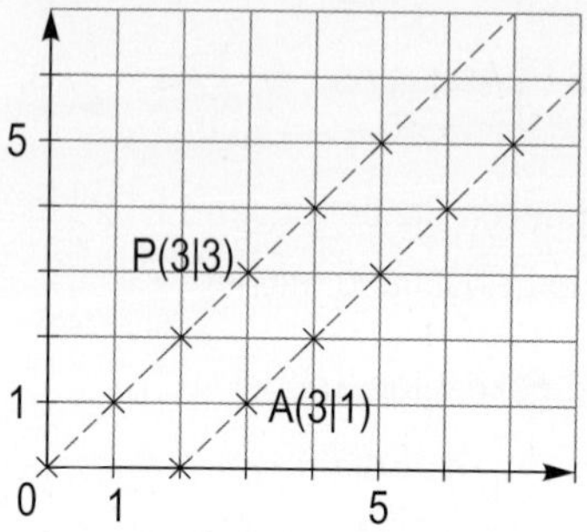

487 a) Der erste angegebene Punkt ist der am weitesten links liegende Eckpunkt der Figur. Die weiteren Punkte folgen entgegen dem Uhrzeigersinn. (1|1), (12|1), (9|4), (9|7), (8|7), (8|9), (9|9), (4|9), (5|9), (5|7), (4|7), (4|4).

488 a) Rohrdurchmesser: 100 mm; der Hydrant befindet sich 0,7 m rechts und 2 m vor dem Schild, der Schieber 0,2 m rechts und 2,1 m vor dem Schild.

b) Hydrant A: H | 6,0 | 2,6 Hydrant B: H | 1,8 | 4,4 Hydrant C: H | 5,2 | 0,0

489 a) 34th Street/5th Avenue

b) Es gibt viele interessante Gebäude, z. B. Lutheran Church in America 37th Street/Madison Avenue

c) In einer derart großen Stadt wie New York ist es sicher einfacher, die Straßen durchzunummerieren als jede Straße mit Namen zu versehen. Durch die Unterscheidung in „Streets“ und „Avenues“ ist ein weiteres klares Orientierungsmerkmal gegeben.

490

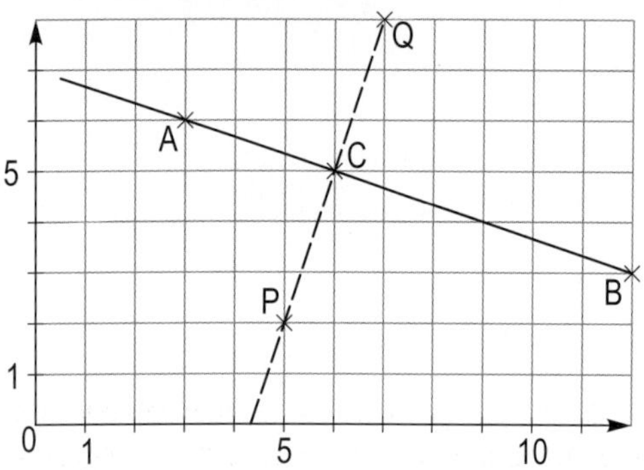

z. B. P(5|2), Q(7|8)

491 **a)** 40 mm

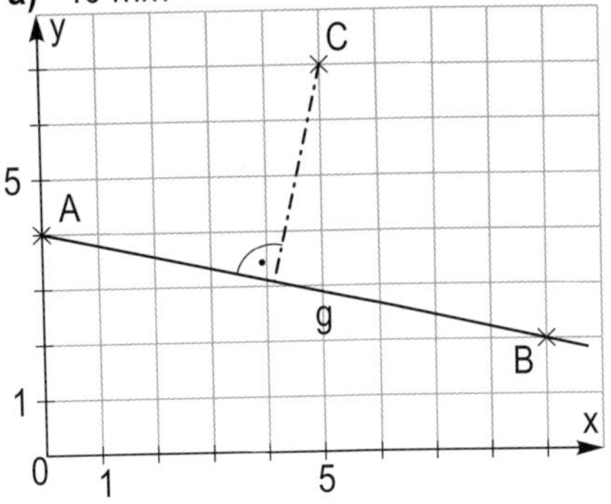

b) 0 mm

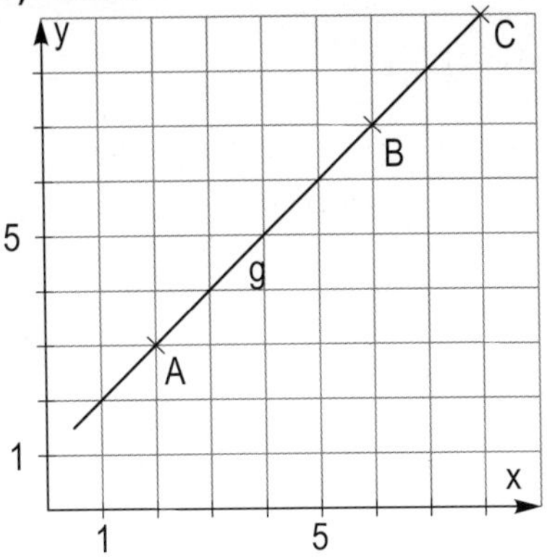

c) 19 mm

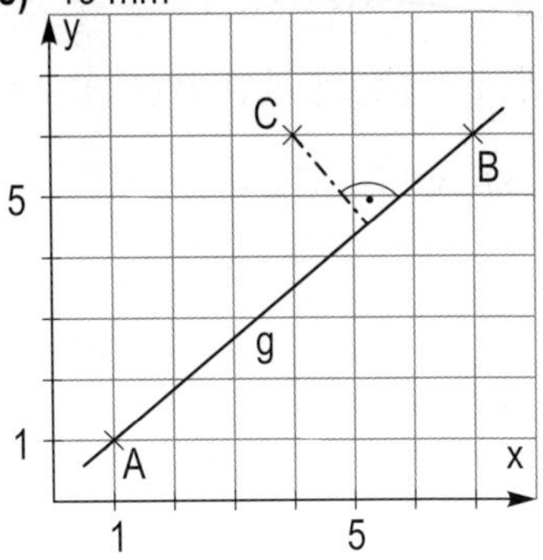

492 **a)**

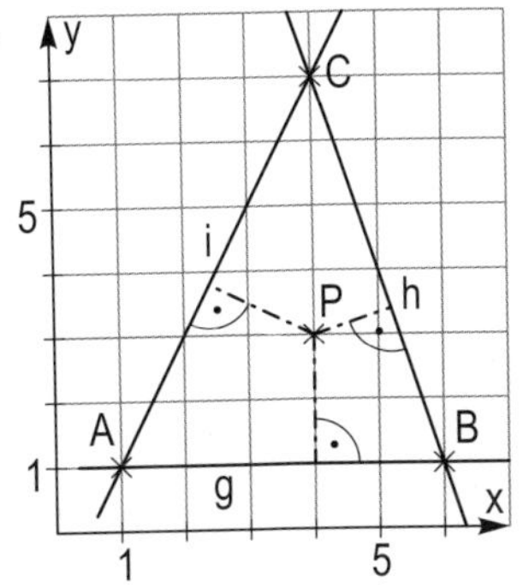

Geringster Abstand des Punktes P von h; ca. 12 mm

b)

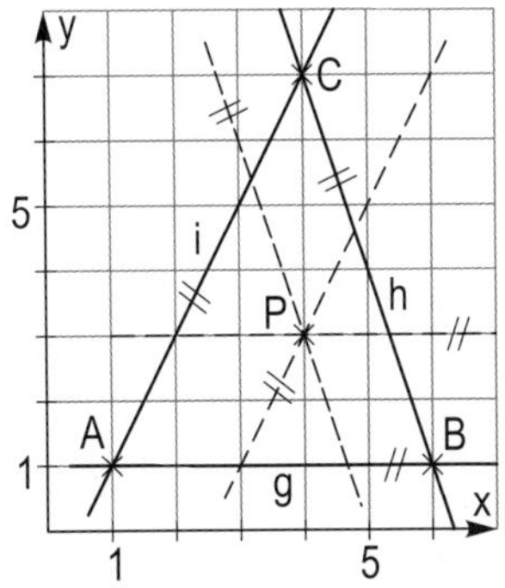

493 **a)**

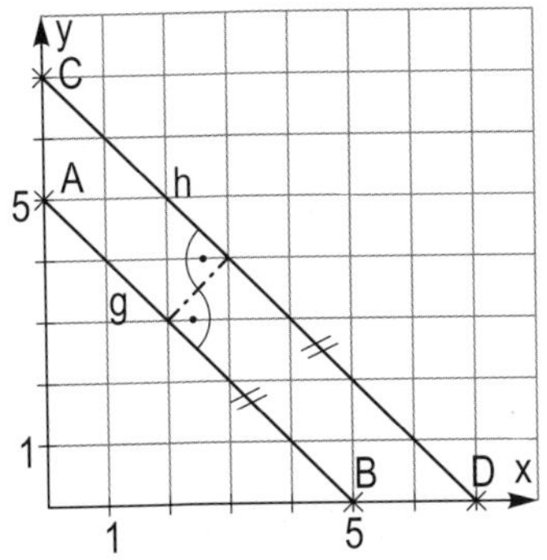

14 mm

b)

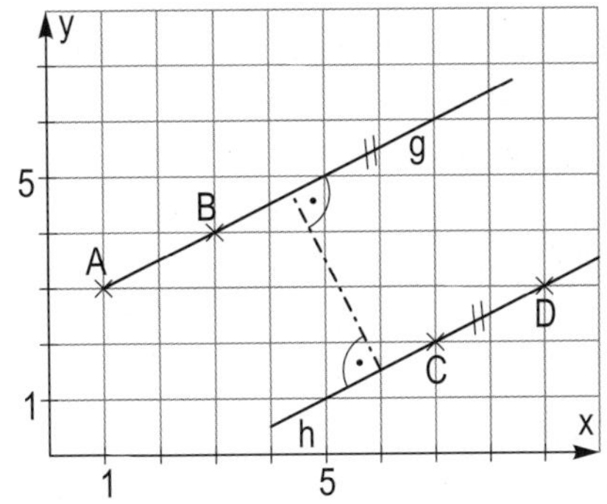

45 mm

494 Es gibt 2 Lösungen.
Lösung 1: A(6|2), B(7|5)
Lösung 2: R(1|7), S(0|4)

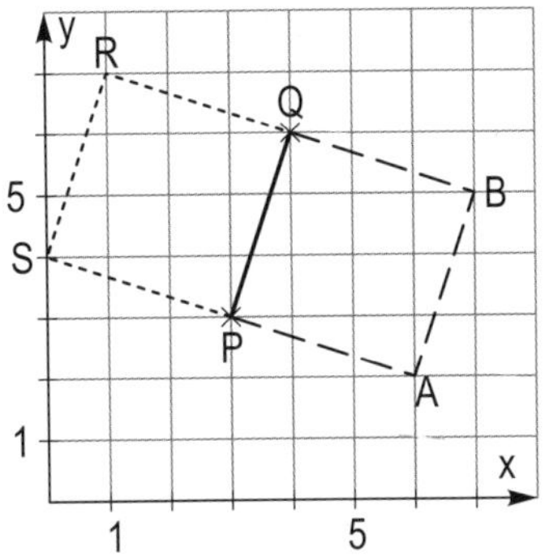

5.2 Winkel

495 **a)** offen **b)** offen **c)** Richtungsangaben, in der Technik, Geographie, Astronomie, bei der Beschreibung von Figuren, bei Messaufgaben, Steigungs- und Neigungsangaben.

496 $\alpha = 34°$; $\beta = 117°$; $\gamma = 153°$; $\delta = 37°$; $\varphi = 90°$; $\varepsilon = 18°$

497 **a)**

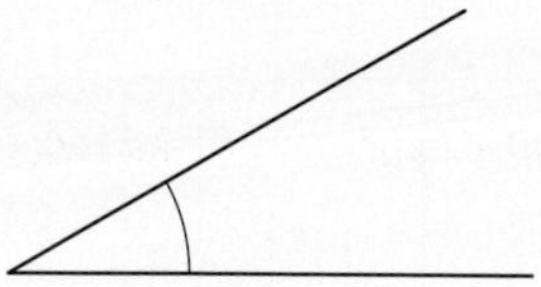

d)

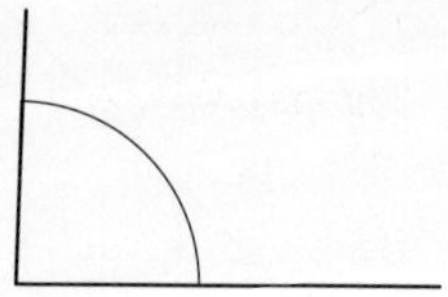

g)

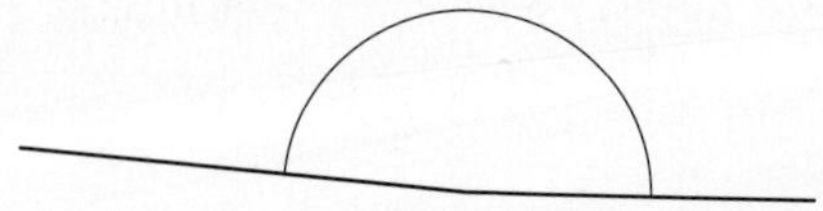

b)

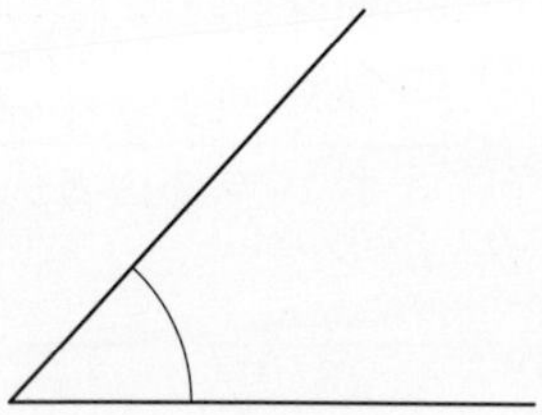

e)

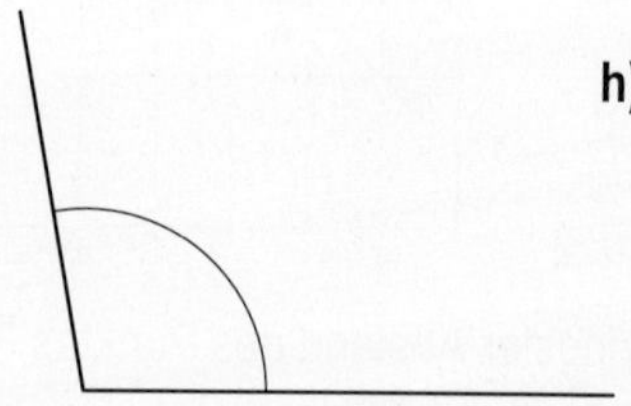

h)

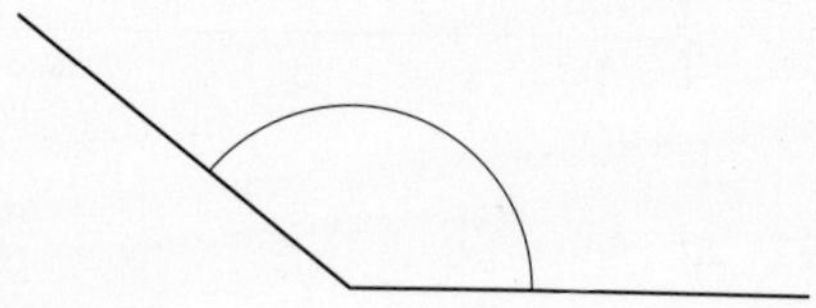

c)

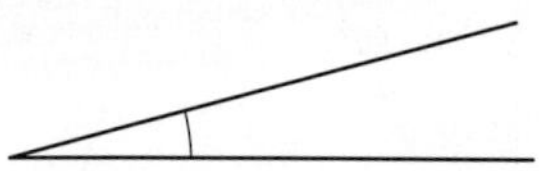

f)

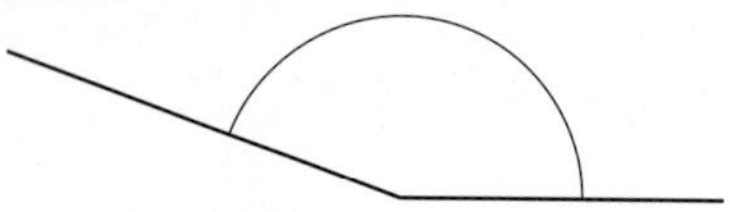

i)

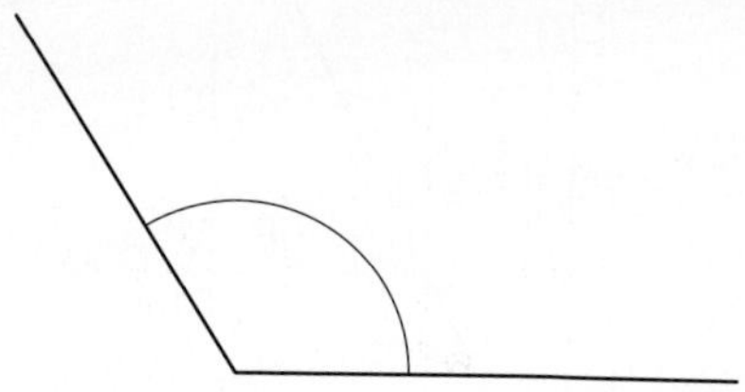

498 **a)** $\alpha = 5°$ **b)** 20°

499 Es gibt zwei günstige Möglichkeiten.
Möglichkeit 1: Unterteile den Winkel in 180° und den Restwinkel: $180° + 56° = 236° = \alpha$
Möglichkeit 2: Miss den Winkel β und ziehe ihn von 360° ab: $360° - 124° = 236° = \alpha$.
Die Abbildungen zu Lösung 500 zeigen dir die Möglichkeiten.

500 **a)** Siehe Lösung zu Aufgabe 499:
$235° = 180° + 55°$; daher zeichne zuerst 180° und füge dann 55° an.
$235° = 360° - 125°$; zeichne einen Winkel von 125° und bezeichne den außen liegenden Teil des Winkels.

b) **(1)**

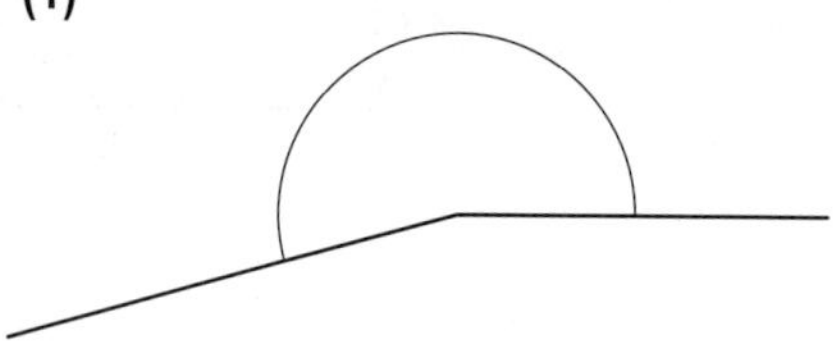

(2)

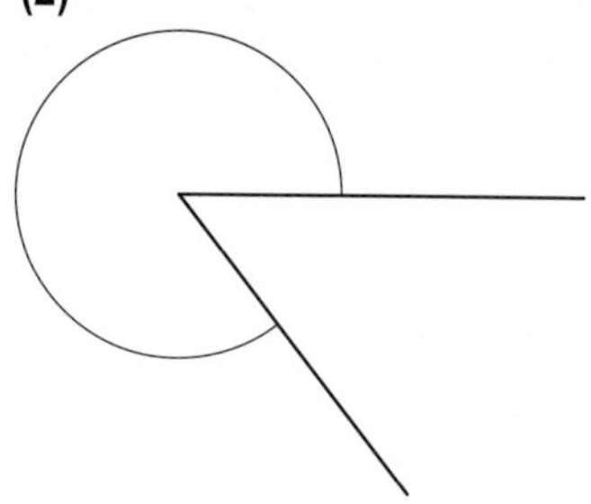

(3)

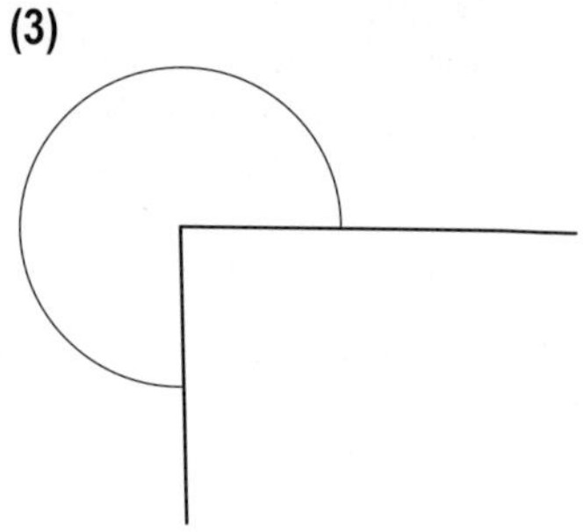

501 **a)** $\alpha = 256°$, $\beta = 85°$, $\gamma = 47°$ **b)** $\alpha = 198°$, $\beta = 19°$, $\gamma = 90°$

502

a) 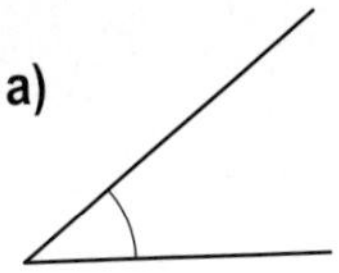
spitzer Winkel

b) 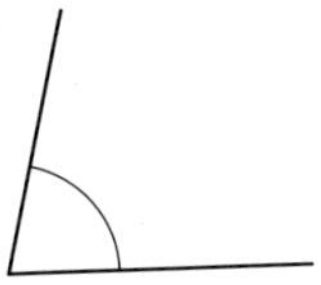
spitzer Winkel

c) 
Nullwinkel

d) 
gestreckter Winkel

e) 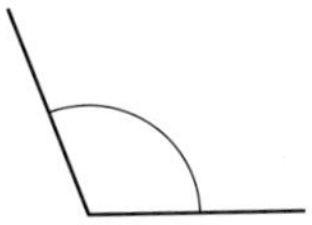
stumpfer Winkel

f) 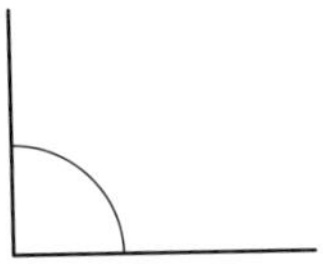
rechter Winkel

g) 
stumpfer Winkel

h) 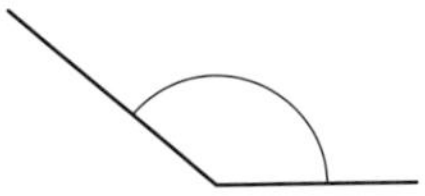
stumpfer Winkel

i) 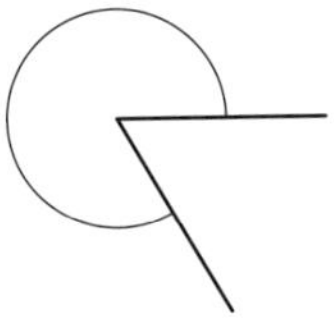
erhabener Winkel

j) 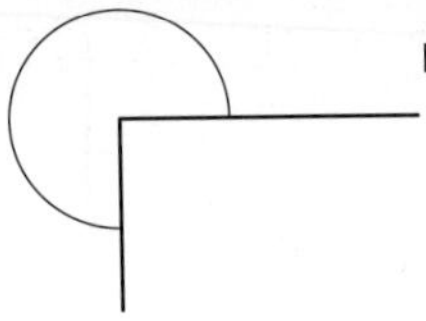
erhabener Winkel

k) 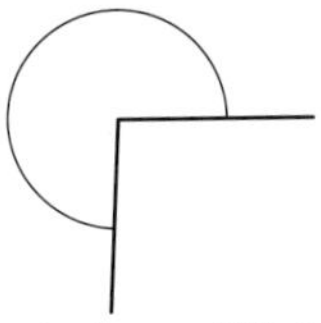
erhabener Winkel

l) 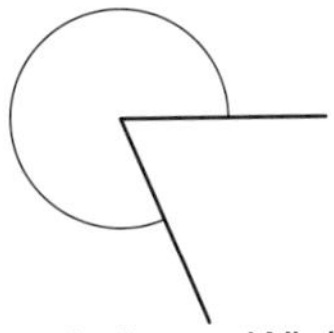
erhabener Winkel

m) 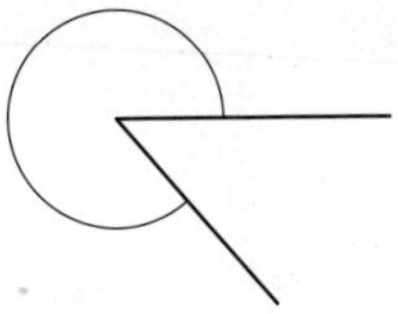
erhabener Winkel

n) 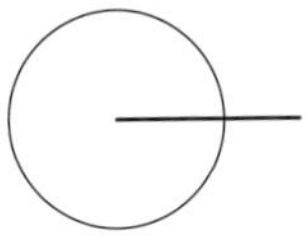
Vollwinkel

503 **a)** Winkel des Dreiecks im Punkt B. **b)** ∢ACB oder ∢BCA

504 ∢BAC = 90°; ∢CBA = 39°; ∢ACB = 51°

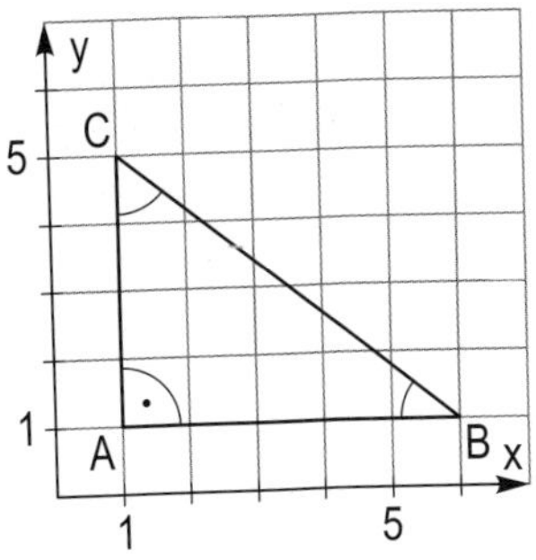

505 ∢FAB = 76°; ∢FAE = 20°; ∢FBC = 93°; ∢DCB = 124°; ∢FED = 113°; ∢AED = 90°
spitze Winkel: ∢FAB; ∢FAE
stumpfe Winkel: ∢FBC; ∢DCB; ∢FED
rechter Winkel: ∢AE

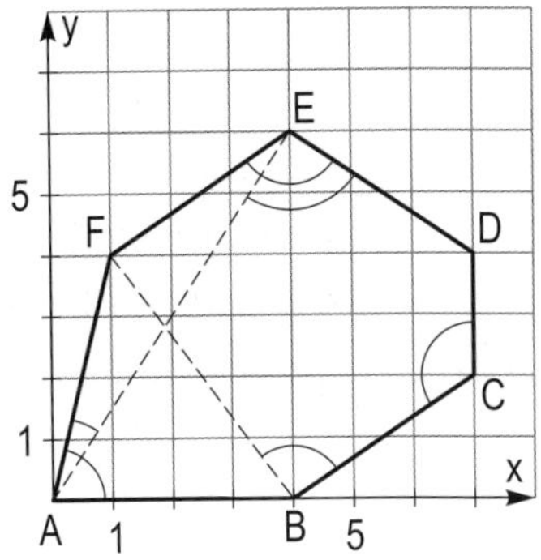

506 Zeichnung im Maßstab 1:2000, h = 40 mm

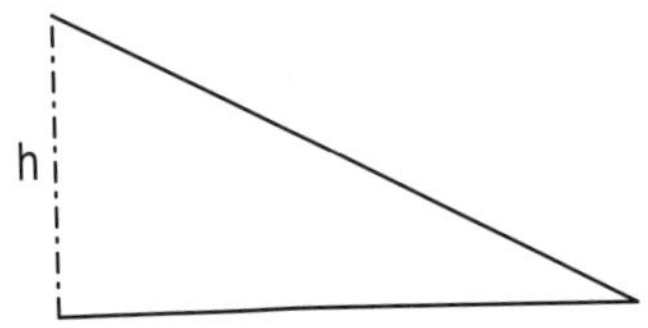

507

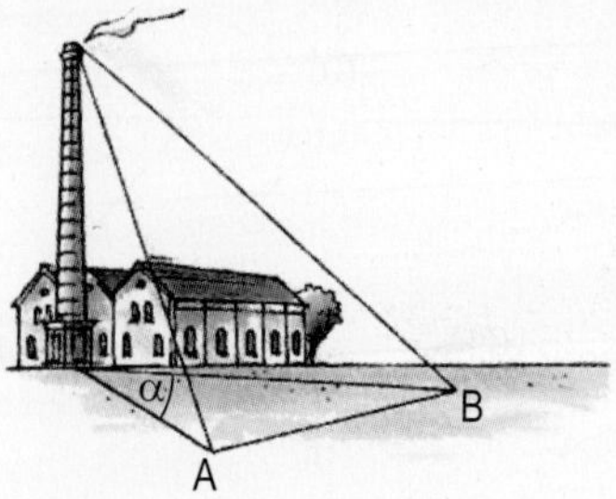

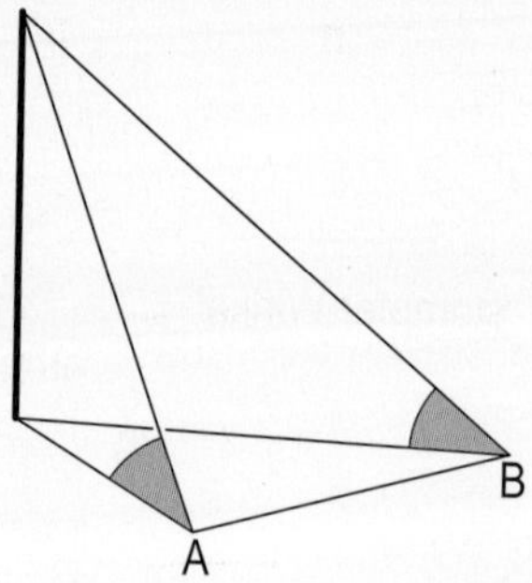

508 a) 180°; 135°; 270°; 45°; 315°; 90° b) (1) 35°; (2) 145°; (3) 330°; (4) 280°; (5) 215°; (6) 225°

509 Er hätte einfach nur ca. 1580 Schritte Richtung Osten gehen müssen. Die Zeichnung zeigt seinen Umweg.

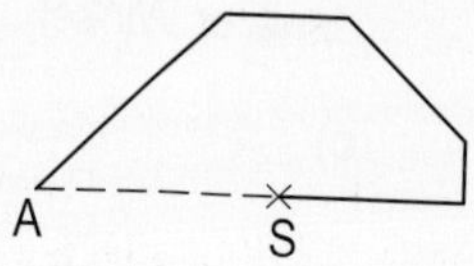

510 30° nach links.

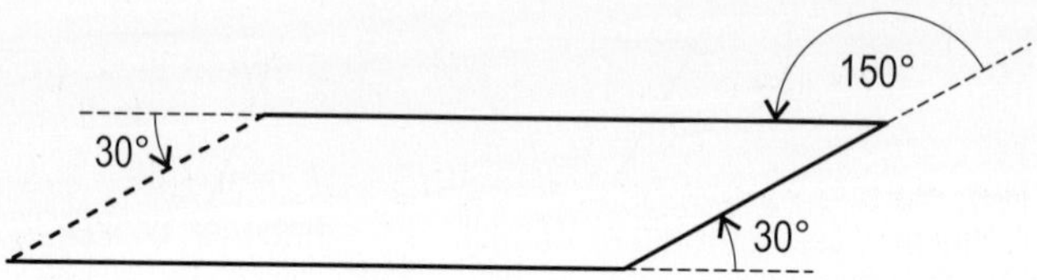

5.3 Winkelpaare

511 a) Gegenüberliegende Winkel sind gleich groß, die Summe anliegender Winkel beträgt 180°.
b) Die neu entstandenen Winkel sind gleich groß wie die bereits vorhandenen Winkel.
c) Es genügt einen Winkel zu kennen.

512 $\gamma = \alpha = 34°$; $\beta = 180° - \alpha = 146° = \delta$

513 $\alpha_1 = \gamma_1 = \gamma_2 = \alpha_2 = 46°$; $\beta_1 = \delta_1 = \beta_2 = \delta_2 = 180° - 46° = 134°$

514 a) 143° b) 168° c) 2° d) 41° e) 0°

515 a) α muss stumpf sein. b) Wenn es sich um rechte Winkel handelt.

516 a) $\delta = 37°$; $\varepsilon = 143°$; $\beta = 91°$
b) $\alpha = 63°$; $\varepsilon = 117°$; $\gamma = 98°$
c) $\delta = 84°$; $\alpha = 84°$; $\gamma = 62°$
d) $\alpha = 105°$; $\delta = 105°$; $\varepsilon = 75°$; $\beta = 45°$

517 a) $\alpha = 75°$; $\beta = 105°$ (Ansatz: $\alpha + 30° + \alpha = 180°$) b) $\alpha = 36°$; $\beta = 144°$ (Ansatz: $4\alpha + \alpha = 180°$)

518 a)

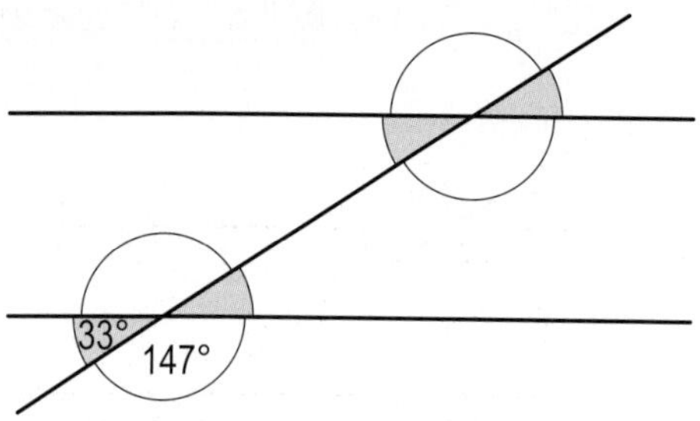

c)

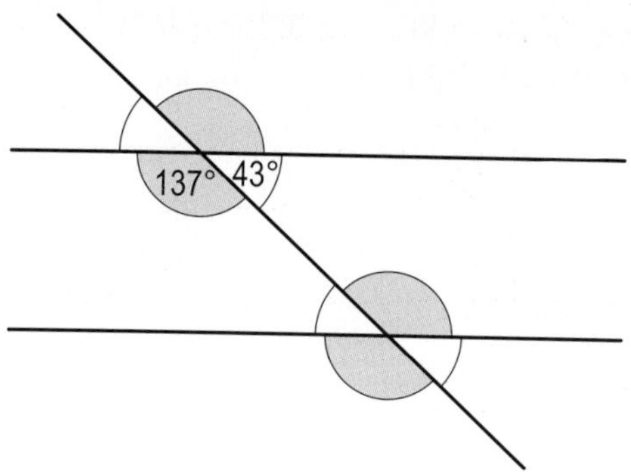

b)

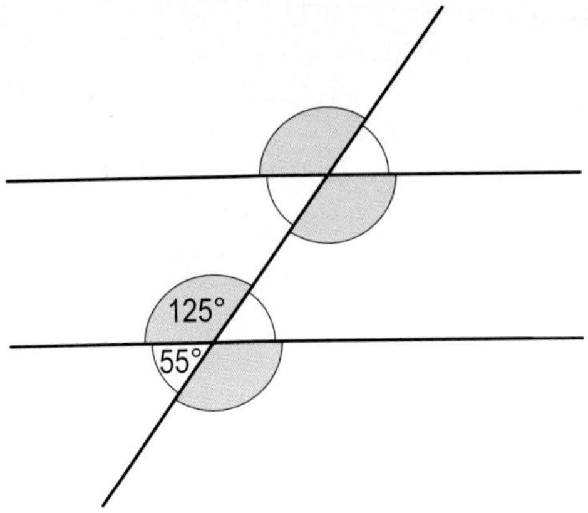

d)

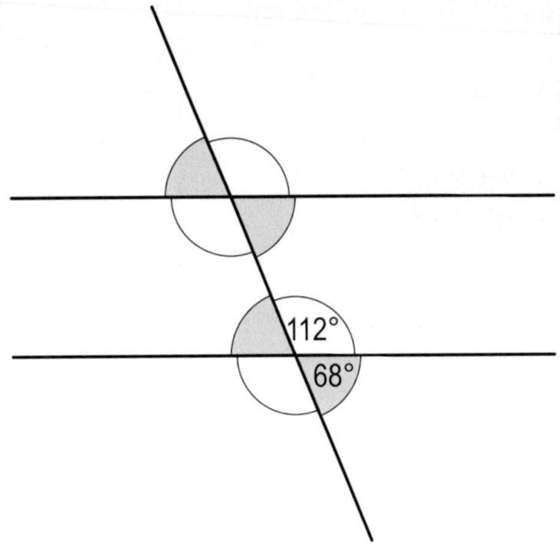

519 **a)** $\alpha = 62°$; $\beta = 118°$; $\delta = 28°$ **b)** $\gamma = \varepsilon = 112°$; $\delta = 68°$; $\alpha = \beta = 34°$ **c)** $\beta = 72°$; $\gamma = \delta = 108°$

520 α und β sind gleich groß. Die Figur, die sie bilden, sieht dem Buchstaben „Z" ähnlich.

521 **a)** $\gamma = 180° - 128° = 52°$; $\alpha = 128°$, $\beta = 52°$, da die beiden Winkel Parallelwinkel zu 128° und γ sind.
b) Der Winkel $(\alpha + 2\alpha)$ ist ein (supplementärer) Parallelwinkel zu 105°. Daher gilt: $\alpha + 2\alpha = 75°$ und deshalb $\alpha = 25°$.
c) α und 3α sind zueinander supplementäre Parallelwinkel. Daher: $\alpha + 3\alpha = 180°$ und deshalb $\alpha = 45°$

522 **a)**

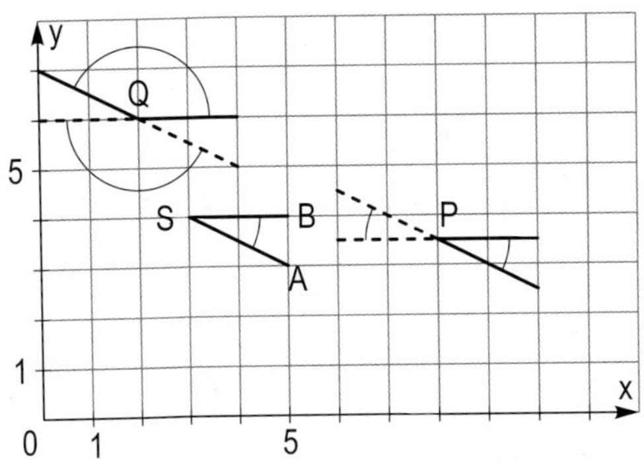

b)

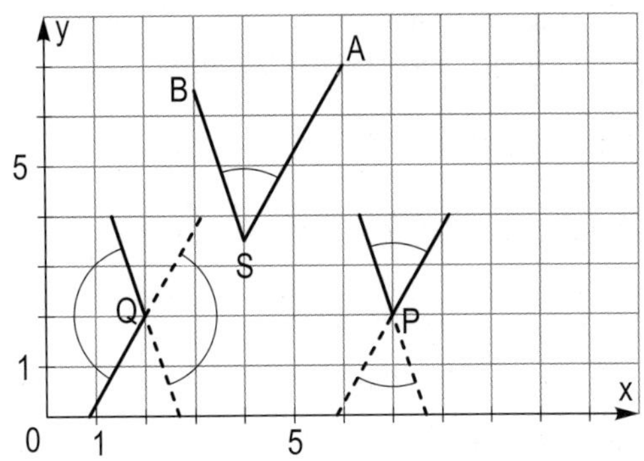

523 **a)** $\frac{1}{24}$ **b)** $\frac{3}{16}$

524 **a)** $\alpha = 62°$; $\beta = 118°$; $\gamma = 138°$; $\delta = 42°$

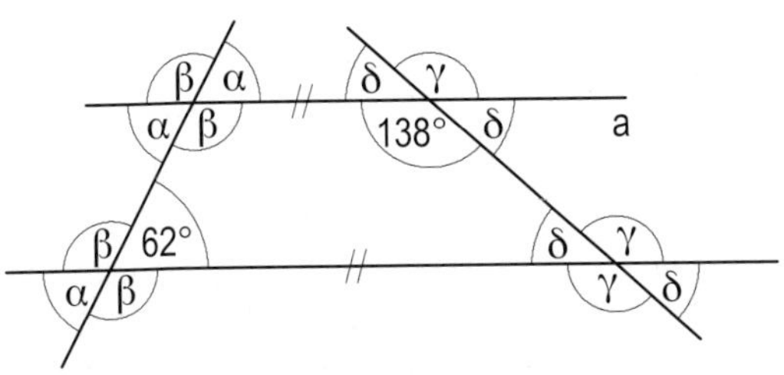

c) $\alpha = 58°$; $\beta = 33°$; $\gamma = 89°$; $\delta = 147°$, $\varepsilon = 91°$

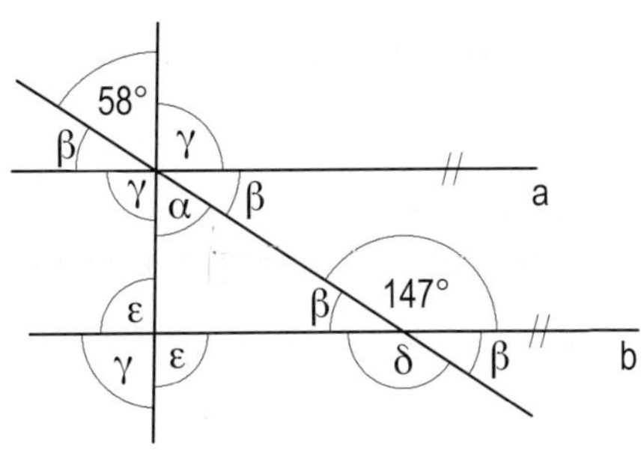

b) $\beta = 20°$; $\gamma = 110°$; $\delta = 80°$

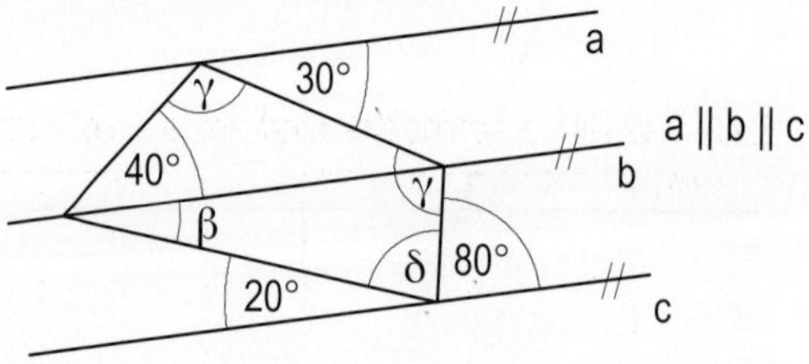

d) $\alpha = 77°$

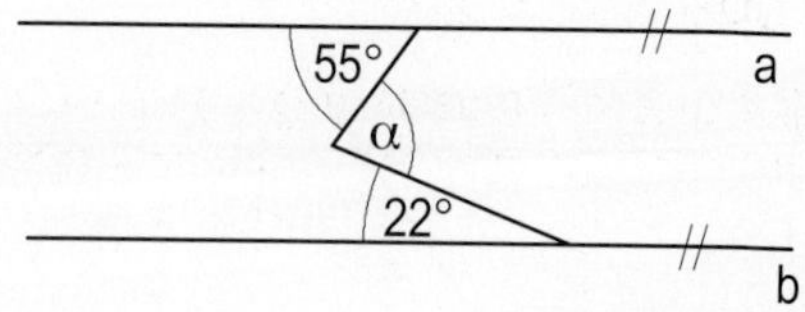

525 Man zeichnet eine zu a (zu b) parallele Gerade und schneidet sie mit b (mit a). Damit erhält man die gesuchten Schnittwinkel.

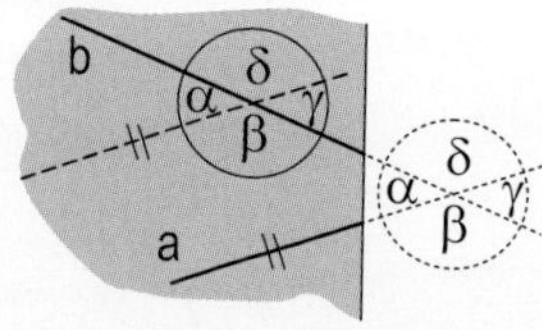

526

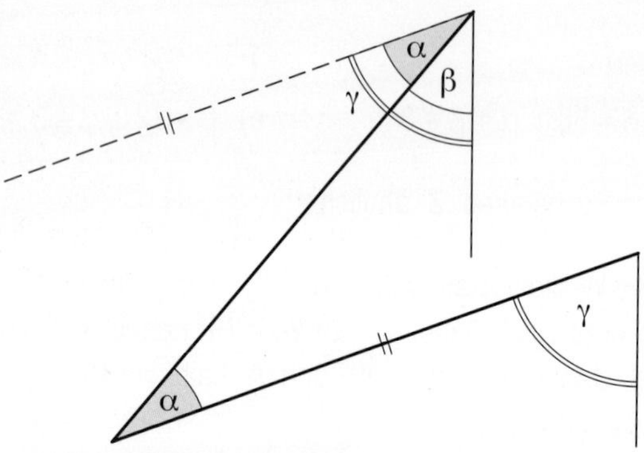

Die Skizze macht deutlich, dass sich durch das Heben des Kranarms und α der Winkel zwischen Kranarm und Lastenseil um α verringert. Beim Senken vergrößert sich der Winkel um α.

527 Siehe Nusslösungen im Schüler/innenbuch

BLICKPUNKT: Winkel in der Geographie

528 a) Im Erdmittelpunkt

b) Fehler im Schüler/innenbuch, 1. Auflage: Es muss heißen $\lambda = 16°$ öL.
Es könnte sich um Zagreb handeln (ca. 46° nB 16° öL)

c) Paris: 49° nB 2° öL Moskau: 56° nB 38° öL Hongkong: 22° nB 114° öL Sydney: 34° sB 151° öL
Buenos Aires: 35° sB 58° wL

d) Die Erde ist in 24 Zeitzonen eingeteilt. Eine Zeitzone umfasst 15 Längengrade. Wegen der Rotation der Erde um ihre eigene Achse ist der Sonnenstand je nach Ort auf der Erde verschieden. Wenn es bei uns 12 Uhr mittags ist, dann ist es an einem Ort 15 Längengrade östlich bereits 13 Uhr bzw. an einem Ort 15 Längengrade westlich erst 11 Uhr.

5.4 Kongruente Figuren

529 a) Im rechten Bild sind die Figuren deckungsgleich. Im linken Bild sind sie unterschiedlich. **b)** offen

530 $C \cong G \cong K$; $E \cong H \cong M$; $A \cong F$; $B \cong L$

531 Oskar Brummer, Edu Knästling; Susi Kittchen hat vier Streifen auf der Sohle.

532 a) Florian hat recht. Da sie auch in den Seitenlängen und Winkeln übereinstimmen, müssen sie kongruent sein.

b) Nein! Rechtecke mit gleicher Fläche können unterschiedliche Längen und Breiten haben.

c) Das muss nicht sein. Nimm z.B. zwei kongruente Rechtecke. Fügst du sie an einer Breitseite zusammen, entsteht eine andere Figur, als wenn du sie an einer Längsseite zusammenfügst.

533 Sie kaufen jeweils 3 Autos. Stefan besitzt nun 27 und Sarah 9 Autos.

534 **(1)** ABFE ≅ DCGH; ABCD ≅ EFGH; BCGF ≅ ADHE **(2)** Ein solcher Quader ist der Würfel.

535 ABS ≅ CDS; BCS ≅ ADS

536 **a)** Es gibt zu jeder Fragestellung mehrere Lösungsmöglichkeiten. Zwei verschiedene sind dazu jeweils dargestellt.

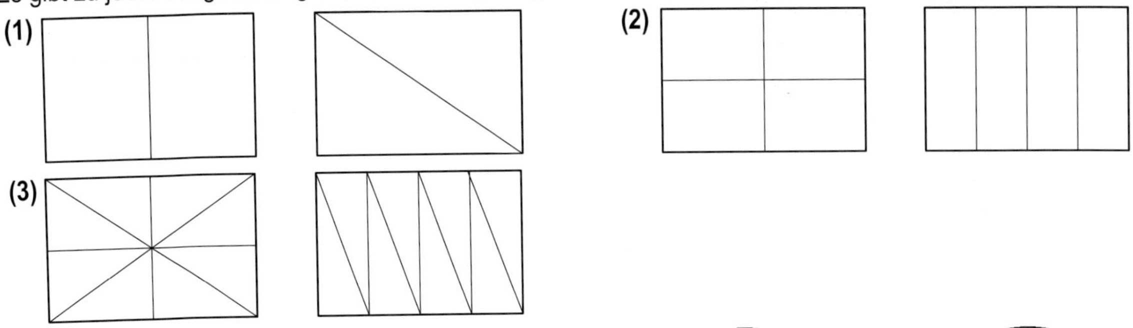

b)

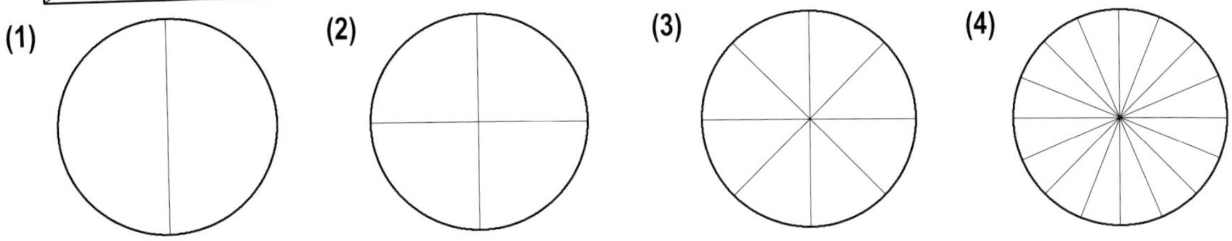

537 645 Schüler/innen besuchen die Schule.

5.5 Achsensymmetrie

538 Es klappt nicht bei Figur 3.

539 **a)** **(1)** Man zeichnet die Figur auf ein Blatt Papier. Dann faltet man das Papier längs der Geraden a. Durch Durchstechen mit einer Nadel erhält man auf der leeren Papierseite die symmetrisch liegenden Punkte (siehe Abbildung links im Schüler/innenbuch).

(2) Betrachte die Bildgeschichte zu Aufgabe 539 b) im Schüler/innenbuch.

b) Lösungsvorschlag im Schüler/innenbuch.

540

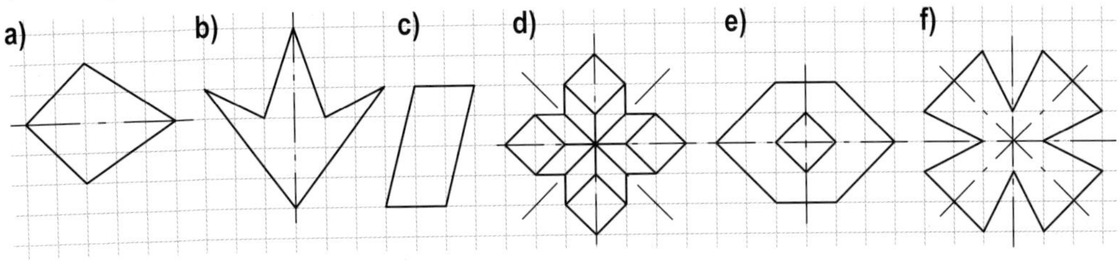

541 Die Kreuzchen kennzeichnen die Fehler.

a) **b)** **c)**

542 a) b) c)

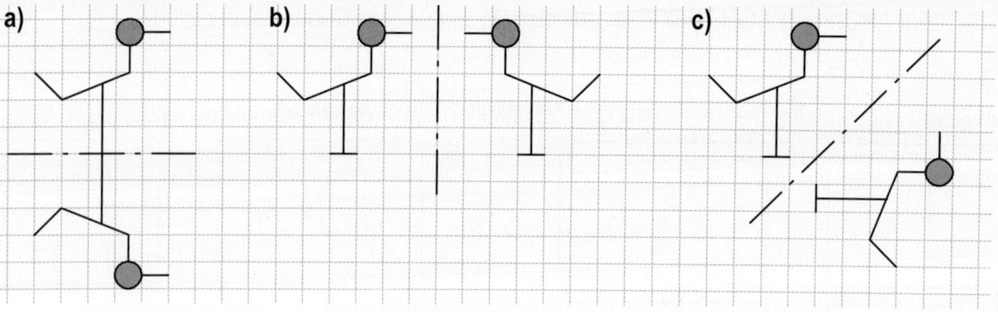

543 a)

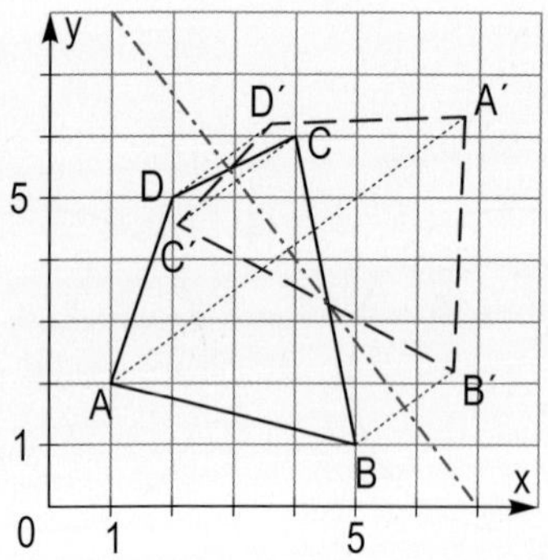

B'(6,6|2,2), A'(6,8|6,3), C'(2,1|4,6), D'(3,6|6,2)

c)

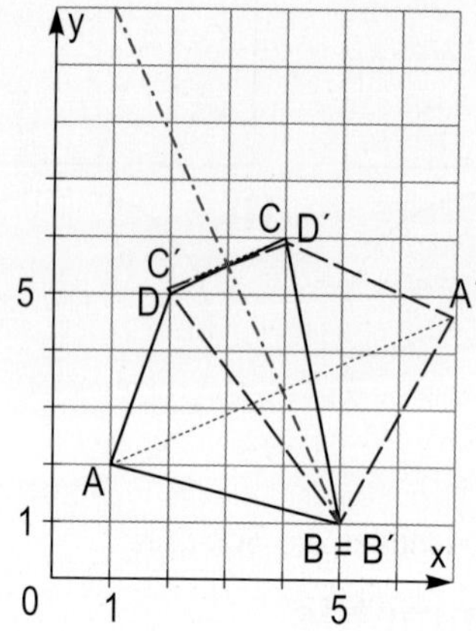

A'(6,9|4,6), B'(5|1), C'(2,0|5,1), D'(4,0|5,9),

b)

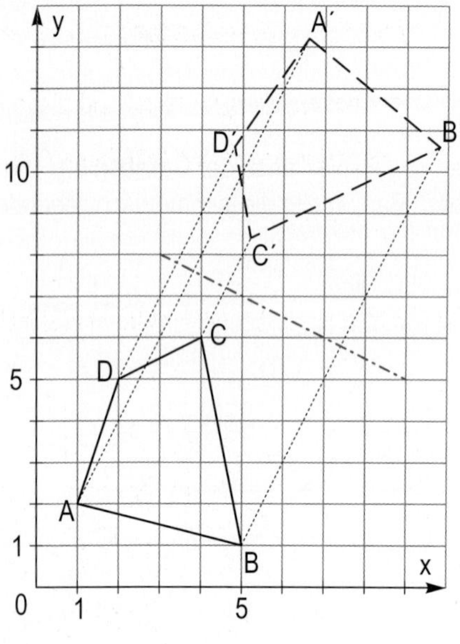

d)

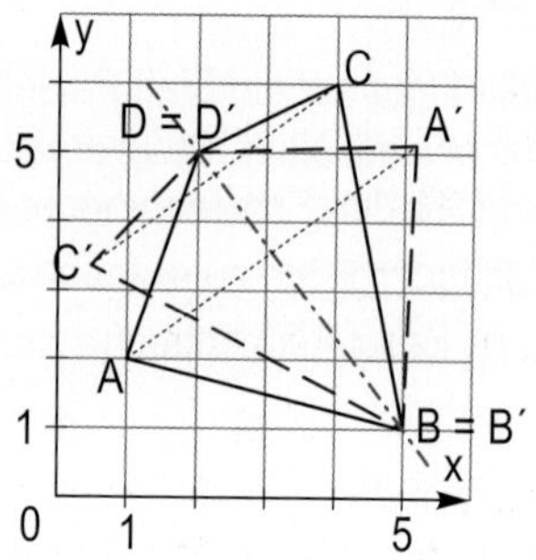

A'(5,2|5,1), B'(5|1), C'(0,5|3,4)

A'(6,6|13,2), B'(9,8|10,6), C'(5,2|8,4), D'(4,8|10,6)

544 a)

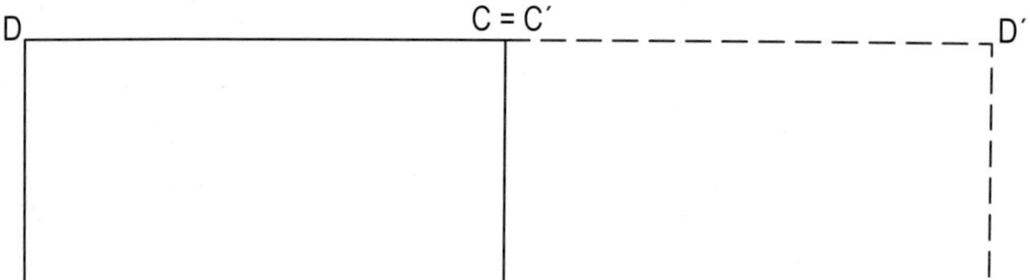

b)

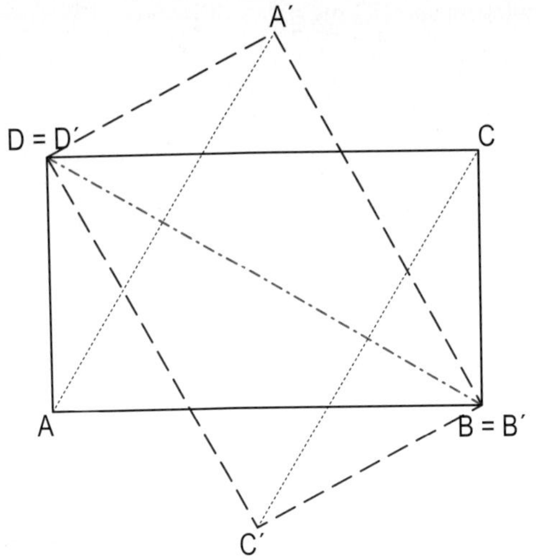

545 Er hat nicht richtig gezeichnet. g, g' und a müssen sich in einem Punkt schneiden.

546 **a)** offen
b) 0, 3, 8
c) 888, 333, 308 usw.

547 offen

548 **a)** 95 000 **b)** 7400 **c)** 400 **d)** 72 **e)** 240 **f)** 12 **g)** 107 **h)** 14 **i)** 480

5.6 Streckensymmetrale

549 Es gibt (theoretisch) unendlich viele Punkte.
Der Mittelpunkt der geradlinigen Verbindungen der beiden Startplätze hat den kleinsten Abstand von beiden Läuferinnen.
Die Punkte liegen auf einer Geraden, die normal zur Verbindungslinie der beiden Startplätze ist und diese halbiert.

550 **a)** Die Faltgerade schließt mit AB einen rechten Winkel ein. Sie geht außerdem durch den Mittelpunkt von AB.
b) Spiegelungsachse, Symmetrieachse
c) Die Messstrecken eines gewählten Punktes zu A und B sind immer gleich lang.

551 Siehe Abbildung zu Aufgabe 551 im Schüler/innenbuch.
Achtung: die gewählten Kreisbögen, müssen den gleichen Radius haben. Der Radius muss größer als die halbe Länge der Strecke AB sein.

552 Die Lösung **c)** ist dargestellt. Die Lösungen von **a)** und **b)** sind analog.
Beachte, dass die Kreisbögen mit den Mittelpunkten A und B denselben Radius r besitzen müssen. Der Radius muss größer als die halbe Länge der Strecke AB sein.

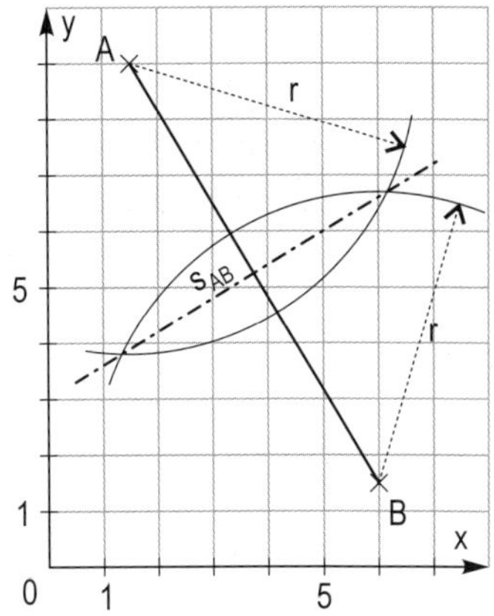

553

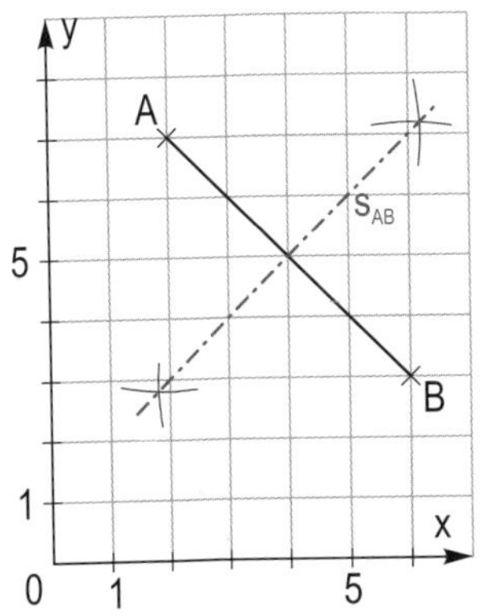

554 Der gesuchte Punkt L ist der Schnittpunkt der Streckensymmetralen von PQ mit g.

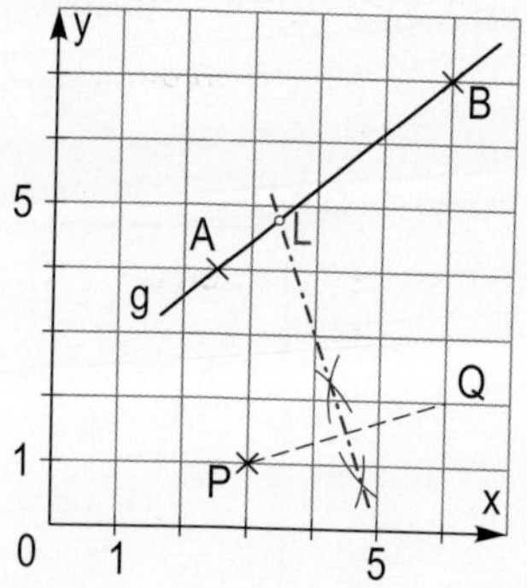

555 a)

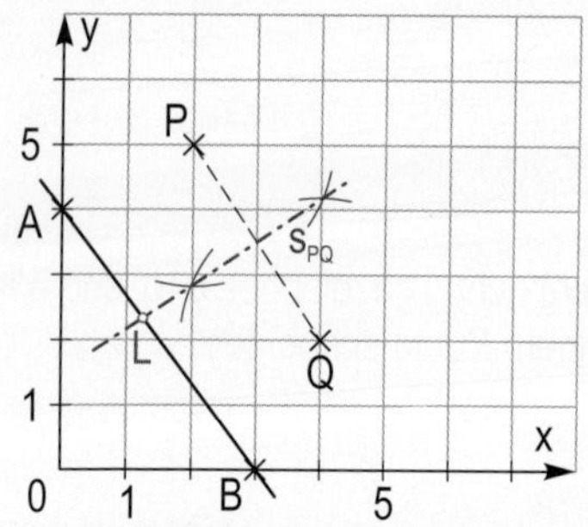

Lösungspunkt L

b)

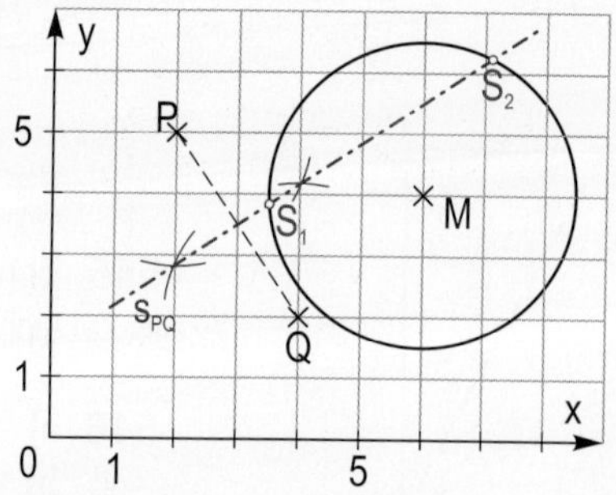

Lösungspunkte S_1, S_2

556 (1)

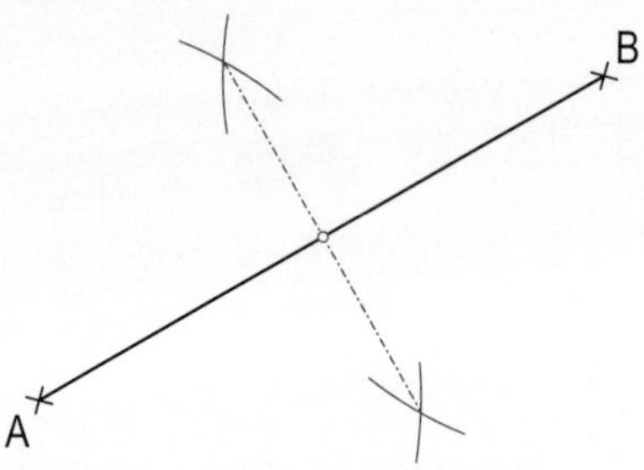

(2)

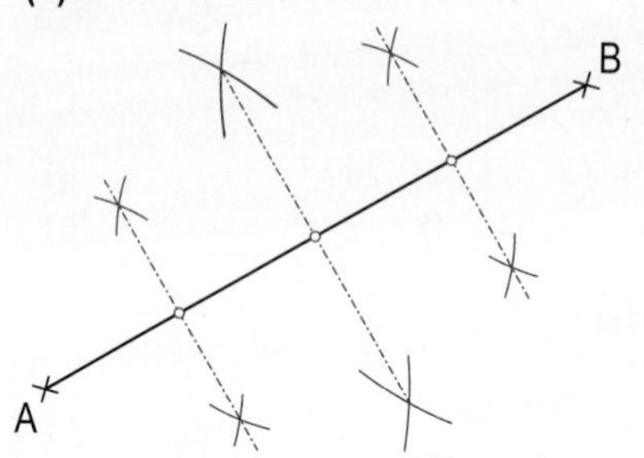

(3)

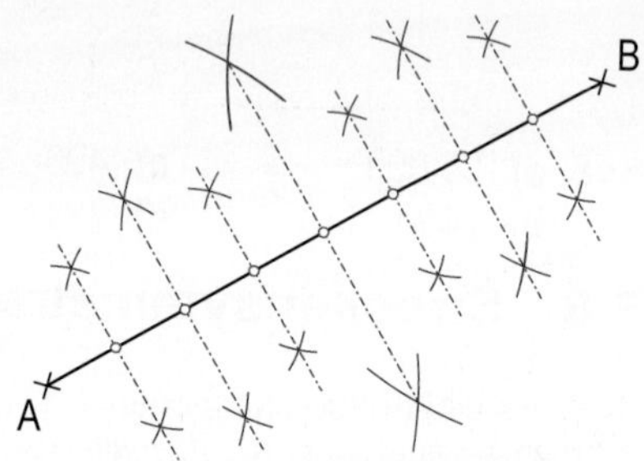

557 Konstruiere die Streckensymmetrale der Strecken AB, BC und AC.
Diese müssen sich in einem Punkt schneiden, wenn du genau gezeichnet hast.
Die Grenzen laufen entlang von s_{AB}, s_{BC}, s_{AC}.

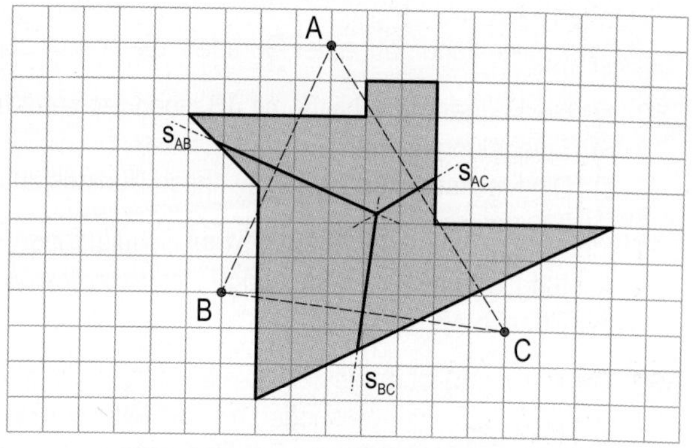

558 1 dm; 25 m; 350 m; 0,5 cm; 1 mm; 1:100; 2500:1

5.7 Winkelsymmetrale

559 a) Die Gerade halbiert den Winkel, der von a und b gebildet wird.
b) Winkelhalbierende (Winkelsymmetrale).
c) Die Punkte haben jeweils gleiche Abstände von a und b.

560 Lösungsvorschlag im Schüler/innenbuch

561 Lösungen von **c)** und **e)** dargestellt.
Bei erhabenem Winkel ist es günstiger, die Winkelsymmetrale des Ergänzungswinkels auf 360° zu konstruieren und dann zu verlängern (wie in der Lösung **e)** zu sehen).

c)

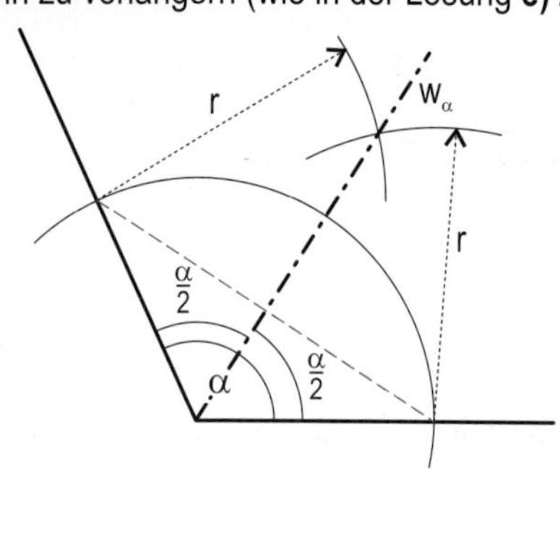

e)

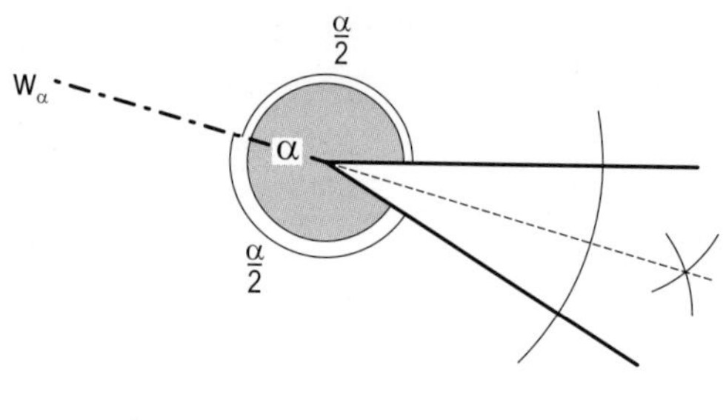

562 Es ist die Lösung zu **c)** dargestellt.

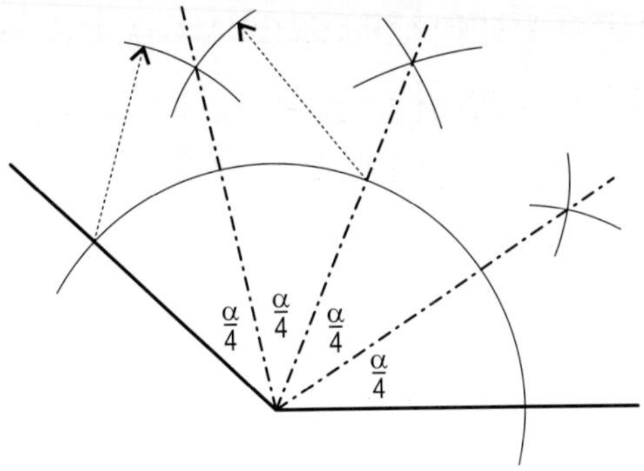

563 Die Laternenmasten sollten auf der Winkelsymmetrale des Winkels, der von beiden Loipen eingeschlossen wird, stehen.

564 a)

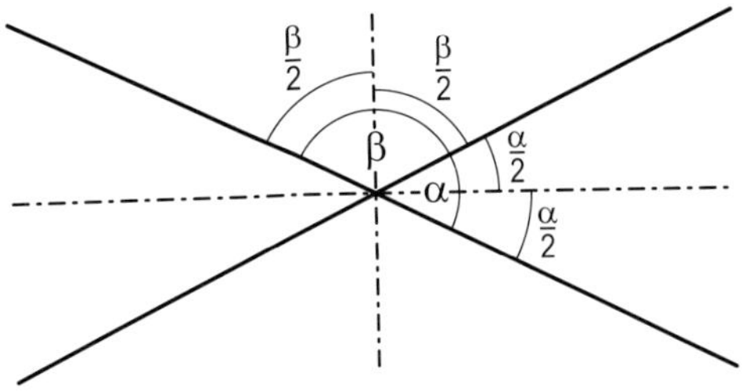

b) $\frac{\beta}{2} + \frac{\beta}{2} + \frac{\alpha}{2} + \frac{\alpha}{2} = 180°$. Daher $\frac{\alpha}{2} + \frac{\beta}{2} = 90°$

565 a) 16 mm **b)** 24 mm **c)** 40 mm

566

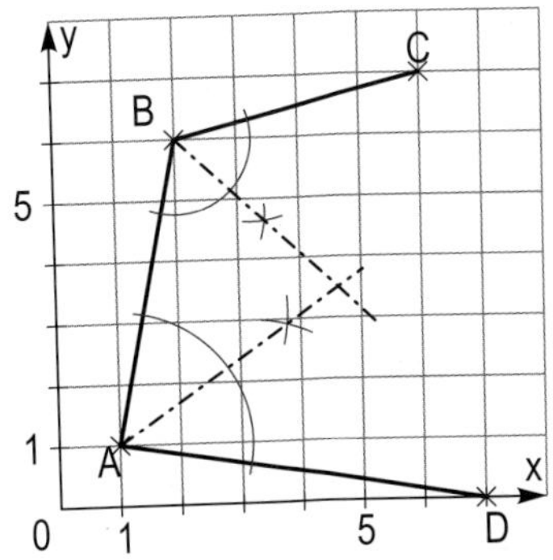

567 Der Mittelpunkt muss auf der Winkelsymmetralen liegen. Das Beet muss konzentrisch zu einem Kreis liegen, der die beiden Wege als Tangenten besitzt.

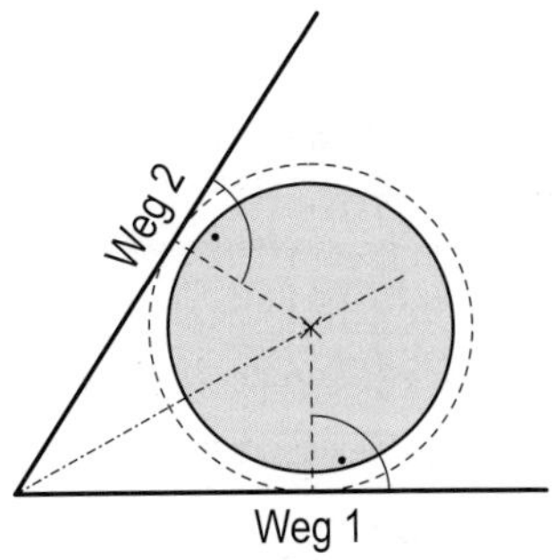

568 Auf einer Winkelsymmetralen liegen alle Punkte, die von den Schenkeln den gleichen Normalabstand besitzen. Zeichnet man nun zu jedem Winkelschenkel eine parallele Gerade im gleichen Abstand, dann schneiden sich diese in einem Punkt der Winkelsymmetralen.

569 V ist das Schatzversteck.

a)

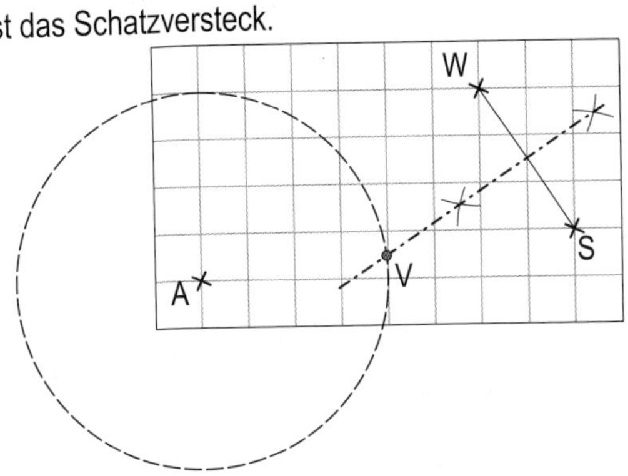

b)

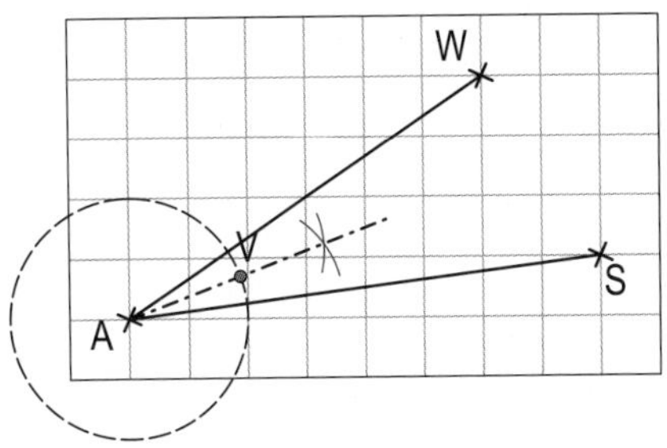

570 a) **(1)** $\frac{16}{4} - 1 = 3 \Leftrightarrow 3 = 3$; ja **(2)** $360 - 2 \cdot 16 = 338 \Leftrightarrow 328 = 338$; nein **(3)** $16 \cdot 16 - 16 \cdot 16 = 0$; ja **b)** 10

6 Zuordnungen und ihre Darstellung im Koordinatensystem

571 Grafik (1) beschreibt den Schulweg von Thomas. Die Grafik zeigt am Beginn einen steilen Anstieg, d.h. in kurzer Zeit wurden viele m Weg zurückgelegt. Das waagrechte Stück zeigt die Stelle wo Thomas an der Ampel wartete. Das flache Stück zeigt, dass Thomas dann gemütlich in die Schule gegangen ist, wo er um ca. 8.00 Uhr angekommen ist. Grafik (2) zeigt Paulas Schulweg. Man sieht deutlich, dass sie um 8.00 Uhr noch nicht in der Schule war, sondern noch in großer Eile unterwegs war.

572 a)

Uhrzeit	0	2	4	6	8	10	12	14	16	18	20	22	24 Uhr
Temperatur	9°	8°	7°	8°	10°	12°	13°	14°	13°	13°	11°	9°	8°

b) Um 10 Uhr

c) Um 14 Uhr hatte es 14°, um 4 Uhr 7°.

d) Gibt es eine Temperatur, die dreimal auftritt? Ja, 8° und 13°.
In welchem Zeitraum bleibt die Temperatur ungefähr konstant? Von 16 Uhr bis 18 Uhr.

573 (1) → (C): gleichmäßiger Anstieg in einem zylindrischen Gefäß.
(4) → (E): (5) besitzt größeren Durchmesser. Damit flacherer gleichmäßigerer Anstieg.
(2) → (A): Da der Durchmesser des Gefäßes zunimmt, steigt das Wasser immer langsamer an.
(5) → (D): Da sich das Gefäß nach oben verengt, steigt der Wasserstand immer schneller an.
(3) → (B): Zunächst steigt das Wasser immer langsamer an. Durch die Kugelform steigt in der oberen Kugelhälfte das Wasser dann wieder rascher an.

574 a)

Brenndauer b	0	$\frac{1}{2}$	1	$1\frac{1}{2}$	2	$2\frac{1}{2}$	3	$3\frac{1}{2}$	4	$4\frac{1}{2}$	5	t Stunden
Kerzenlänge l	30 cm	27 cm	24 cm	21 cm	18 cm	15 cm	12 cm	9 cm	6 cm	3 cm	0 cm	$30 - 6 \cdot t$

b) Es entsteht eine Strecke.

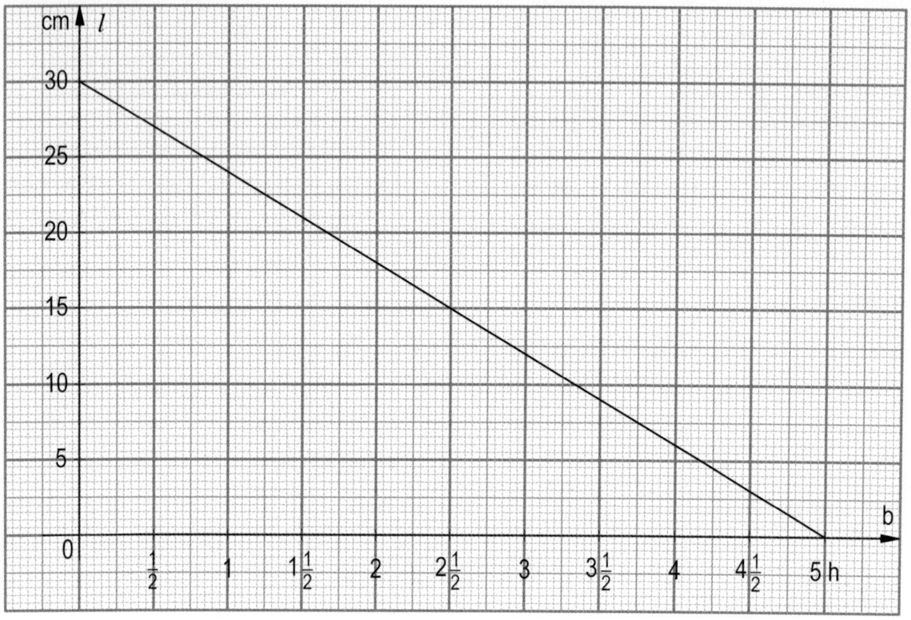

575 a)

Geschwindigkeit in km/h	50	60	70	80	90	100	110	120	130
Benzinverbrauch in *l* pro 100 km	7	7,1	7,2	7,3	7,5	7,7	8	8,3	8,6

b) **(1)** Er steigt um 0,2 *l* pro 100 km. **(2)** Er steigt um 0,9 *l* pro 100 km.

576 a)

Anzahl	Gesamtpreis
1	2 €
2	4 €
3	5 €
4	7 €
5	9 €
6	10 €

b)

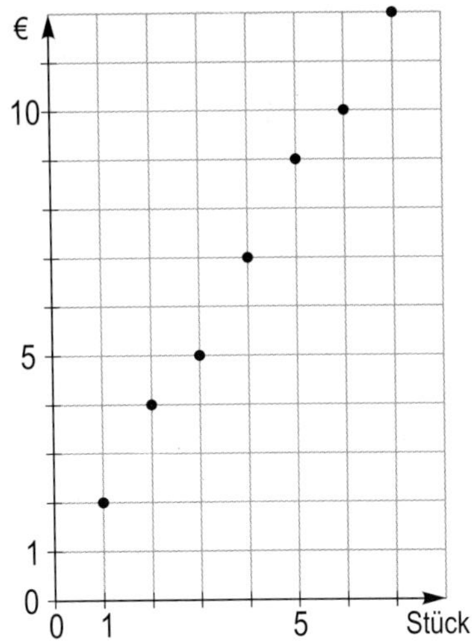

c) Es gibt nur „ganze" Collegeblöcke zu kaufen.

577 442,5 cm²

578 (1)

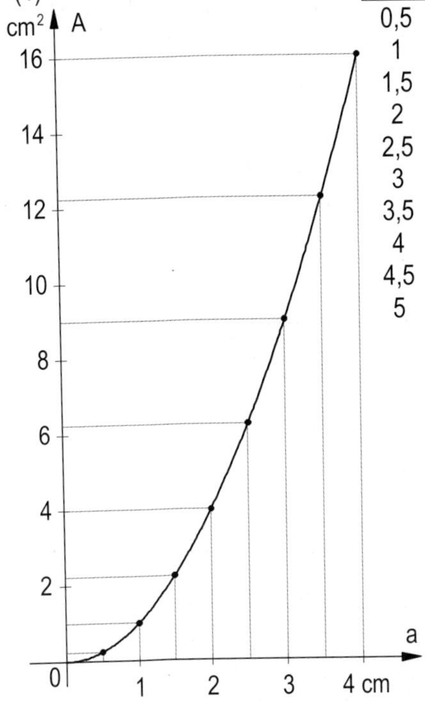

a in cm	A in cm²
0,5	$0{,}5 \cdot 0{,}5 = 0{,}25$
1	4
1,5	6
2	8
2,5	10
3	12
3,5	14
4	16
4,5	18
5	20

(2)

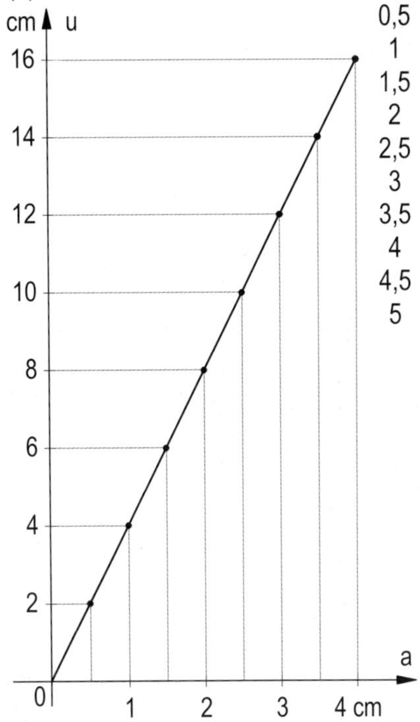

a in cm	u in cm
0,5	$0{,}5 \cdot 4 = 2$
1	4
1,5	6
2	8
2,5	10
3	12
3,5	14
4	16
4,5	18
5	20

b) Da alle denkbaren Zwischenwerte für die Seitenlängen a möglich sind, ist es sinnvoll, die Kurvenpunkte zu verbinden. Bei der Zuordnung Seitenlänge – Umfang ist die geradlinige Verbindung der Kurvenpunkte erlaubt, bei der Zuordnung Seitenlänge – Fläche nicht.

579 a)

Anzahl der Stunden	Arbeitslohn in €
10	110
15	165
20	220
25	275
30	330
35	385
40	440

5 € ≙ 1 mm
5 h ≙ 1 cm

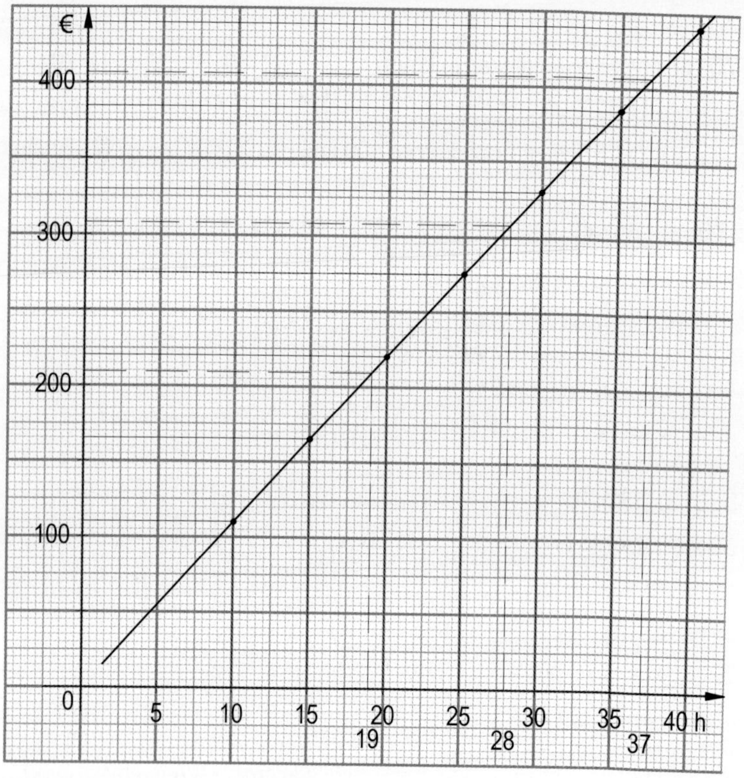

b) 19 h ≙ 209 €; 37 h ≙ 407 €; 28 h ≙ 308 €

580

Anzahl der Schüler/innen	Kosten in €
1	2,50
2	5,00
3	7,50
4	10,00
5	11,00
6	13,50
7	16,00
8	18,50
9	21,00
10	20,00
11	22,50
12	25,00
13	27,50
14	30,00
15	31,00

1 € ≙ 2 mm

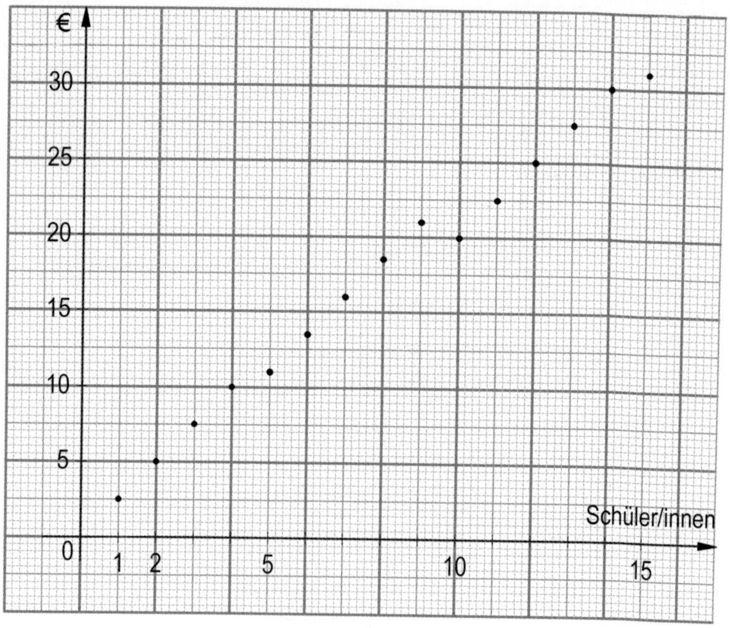

Für 9 Schüler/innen ist es billiger, eine Zehnerkarte zu kaufen.

581 a) Graph **(2)**
b)

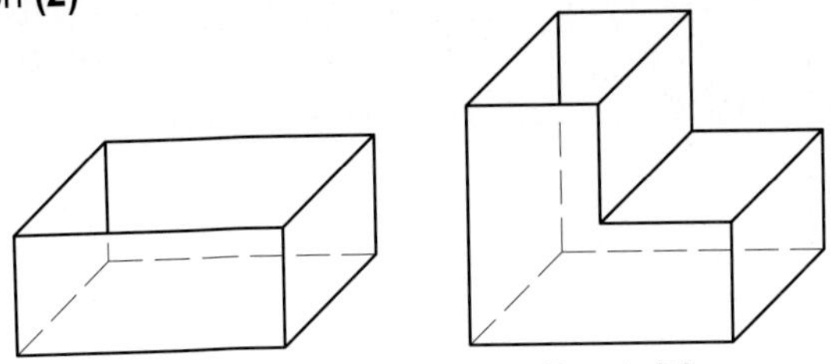

Dieses Becken würde man eher als Tank bezeichnen.

Zu Graph **(4)** gibt es kein passendes Becken, da das Wasser nicht ansteigt. Eventuell könnte man sich einen See oder einen Ozean vorstellen, wo die zugeführte Wassermenge verhältnismäßig gering ist, dass kein Ansteigen der Wasserhöhe feststellbar ist.

582 a) 0,35; 0,011; 0,06; 0,52; 2,75; 3,315 **b)** $\frac{3}{25}$; $\frac{3}{8}$; $4\frac{9}{125}$; $2\frac{1}{3}$; $1\frac{2}{3}$; $\frac{2}{11}$

583 a) Graph 2 **b)** offene Aufgabenstellung **c)** offene Aufgabenstellung

584

Gefäß (1)

Zeit	Füllhöhe
0 s	0 cm
1 s	10 cm
2 s	20 cm
3 s	30 cm
4 s	40 cm

Gefäß (2)

Zeit	Füllhöhe
0 s	10 cm
1 s	20 cm
2 s	30 cm
3 s	40 cm
4 s	50 cm

Gefäß (3)

Zeit	Füllhöhe
0 s	15 cm
1 s	25 cm
2 s	35 cm
3 s	45 cm
4 s	55 cm

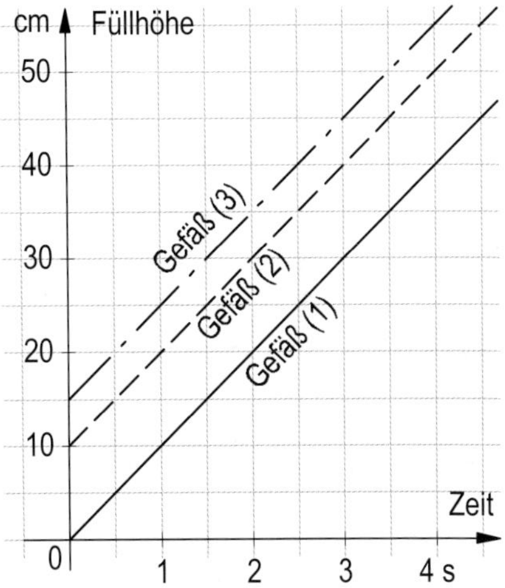

Die 3 Graphen verlaufen zueinander parallel.

585

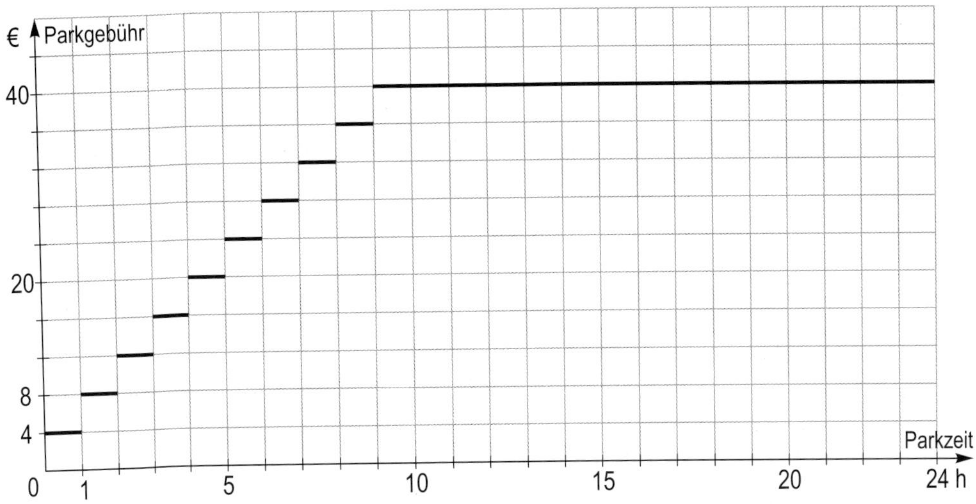

586 a) $2\frac{1}{4}$ *l* Wasser **b)** Sie werden wahrscheinlich 7 Packungen öffnen. Die Suppe ist dann etwas stärker eingekocht wie auf der Packung angegeben. Bei 6 Packungen ist die Suppe deutlich verdünnt.

7 Statistik

7.1 Absolut und relativ – Absolute und relative Häufigkeiten

587 Winkel im Kreisdiagramm: 216° (Bus), 86,4° (Fahrrad), 57,6° (zu Fuß)
Streifenlängen im Streifendiagramm: 24 mm (Fahrrad), 16 mm (zu Fuß)

588 Versuch 1: absolute Häufigkeit: 5; relative Häufigkeit: $\frac{5}{25} = \frac{1}{5}$
Versuch 2: absolute Häufigkeit: 4; relative Häufigkeit: $\frac{4}{16} = \frac{1}{4}$

589 a) Jahrgang 1: Fruchtsaft ($\frac{23}{77} \approx 0{,}299$)
Jahrgang 2: Limonade ($\frac{27}{81} = \frac{1}{3} \approx 0{,}333$)
Jahrgang 3: Limonade ($\frac{26}{85} \approx 0{,}306$)

b) Fruchtsaft: Jahrgang 1 mit $\frac{23}{77} \approx 0{,}299$
Milch: Jahrgang 1 mit $\frac{11}{77} = \frac{1}{7} \approx 0{,}143$
Kakao: Jahrgang 1 mit $\frac{17}{77} \approx 0{,}221$
Mineralwasser: Jahrgang 3 mit $\frac{11}{85} \approx 0{,}129$
Limonade: Jahrgang 2 mit $\frac{27}{81} = \frac{1}{3} \approx 0{,}333$

590 Betrachtet man die relative Häufigkeit, dann ist das Spiel unter Jugendlichen mehr als doppelt so bekannt:
Erwachsene: $h_e = \frac{75}{240} = \frac{5}{16} = 0{,}3125$
Jugendliche: $h_j = \frac{70}{100} = \frac{7}{10} = 0{,}7$

591 a) Geschwister: $\frac{14}{25} + \frac{8}{25} + \frac{2}{25} + \frac{1}{25} = \frac{25}{25} = 1$
Freizeit: $\frac{9}{25} + \frac{6}{25} + \frac{4}{25} + \frac{16}{25} + \frac{5}{25} = \frac{40}{25} = 1\frac{3}{5} = 1{,}6$
Bei der Freizeitgestaltung gibt es Schüler/innen, die mehrfache Interessen besitzen und diese auch angegeben haben. Bei 25 Schüler/innen gab es 40 Angaben zur Freizeitgestaltung.

b) Zur Geschwisterumfrage ist jedes Diagramm geeignet, wie hier z. B. ein Kreisdiagramm mit folgenden Winkeln:
201,6°; 115,2°; 28,8°; 14,4°
Bei der Umfrage zur Freizeitgestaltung lässt sich ein Kreisdiagramm nicht verwenden, da dabei überlappende Bereiche auftreten würden (Der Kreis gibt das Ganze an, aber in diesem Fall ist die Summe der relativen Häufigkeiten mehr als 1. Deshalb hier ein Säulendiagramm).

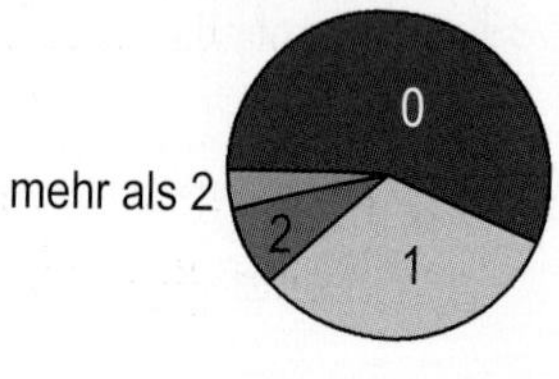

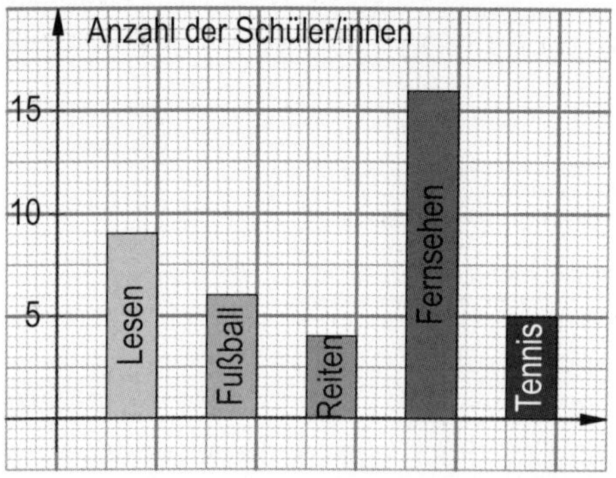

592 Michael bekam $\frac{12}{25} = 0{,}48$ der Stimmen, das ist weniger als die Hälfte der Stimmen. Er gewann mit „relativer" Mehrheit.
Nadja bekam $\frac{11}{21} \approx 0{,}52$ der Stimmen, das ist mehr als die Hälfte der Stimmen. Sie gewann mit „absoluter" Mehrheit.

593 **a)** Die Summe der relativen Mehrheiten ist mehr als 100% nämlich 110%. Damit muss es Befragte geben, die mehrere Lieblingsfarben angegeben haben oder Tobias hat sich verzählt.
b) offene Aufgabe

594

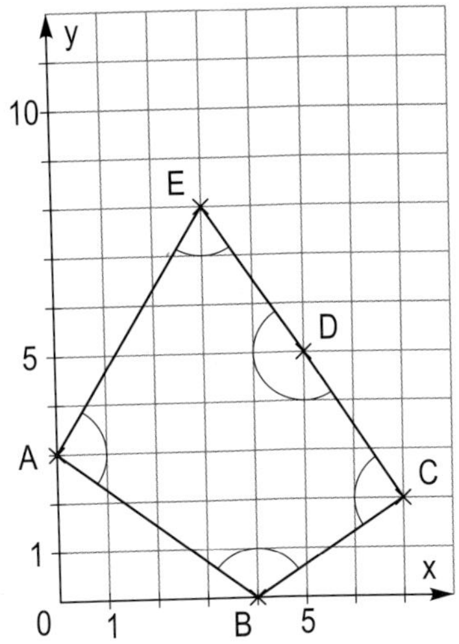

∢EAB = 96°, stumpfer Winkel
∢ABC = 109°, stumpfer Winkel
∢BCD = 90°, rechter Winkel
∢CDE = 180°, gestreckter Winkel
∢AED = 65°, spitzer Winkel

595 **a)** Bis 40: $\frac{5}{180} \approx 0{,}03$; über 40 bis 50: $\frac{92}{180} \approx 0{,}51$; über 50 bis 60: $\frac{66}{180} \approx 0{,}37$; über 60 bis 70: $\frac{13}{180} \approx 0{,}07$; über 70: $\frac{4}{180} \approx 0{,}02$

Streifendiagramm mit 10 cm Länge: 10 cm = 100 mm; $0{,}01 = \frac{1}{100} = 1\% \triangleq 1$ mm

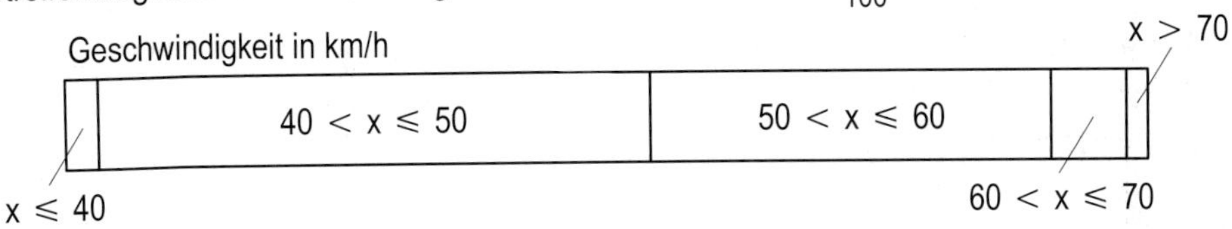

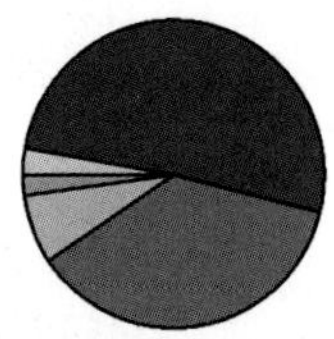

b) Die entsprechenden Winkel im Kreisdiagramm:
Bis 40: $\frac{5}{180} = \frac{10}{360} \triangleq 10°$; $2 \cdot 92° = 184°$; $2 \cdot 66° = 132°$; $2 \cdot 13° = 26°$; $2 \cdot 4° = 8°$

596 Ohne Kenntnis der Anzahl aller Schüler/innen der Schule sowie des anteilsmäßigen Verhältnisses zwischen Buben und Mädchen, ist diese Behauptung mit Vorsicht zu genießen. Auch der Schluss auf die Klugheit der Schüler/innen ist in jedem Fall problematisch.

597 **a)**

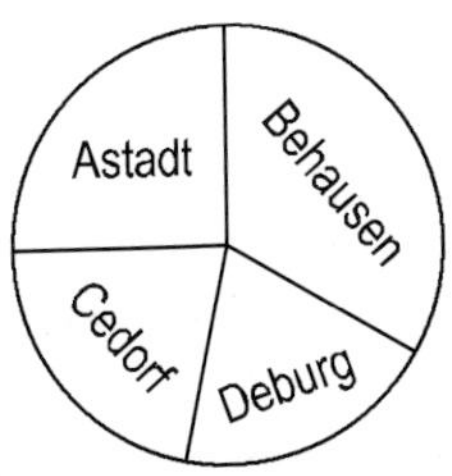

b) Astadt: 188 Schüler/innen;
Behausen: 251 Schüler/innen;
Cedorf: 163 Schüler/innen;
Deburg: 151 Schüler/innen

598 45 Fische sind nicht markiert, 5 sind markiert.
Da es aber 10-mal so viele markierte Fische gibt (nämlich 50) muss es auch 10-mal so viele nicht markierte Fische geben. Damit gibt es im Teich ungefähr 450 nicht markierte Fische, insgesamt also 500 Fische.

599 **a)** $\frac{5}{80} = \frac{1}{16} = 0{,}0625$ **b)** Der Händler vermutet $4000 \cdot \frac{1}{16} = 250$ faule Äpfel in der Lieferung.

600 **a)** **(1)** $A = a \cdot (a - b) + b \cdot b$ **(2)** $A = a \cdot a - (a - b) \cdot b$
b) **(1)** $A = 20 \cdot 15\ m^2 + 5 \cdot 5\ m^2 = 325\ m^2$ **(2)** $A = 20 \cdot 20\ m^2 - 15 \cdot 5\ m^2 = 325\ m^2$

7.2 Der Mittelwert

601 Lösungsvorschlag im Schüler/innenbuch

602 **a)** $\frac{11}{24}$ **b)** 9

603 **a)** In der 17. Woche fuhr er die längste, in der 19. Woche die kürzeste Strecke.
b) 492,5 km
c) 39,21 *l*

604 **a)** 8,6 *l*
b) Die beiden zusätzlichen Werte müssen ihrerseits selbst einen Mittelwert von 8,6 besitzen, d.h. ihre Summe muss 17,2 *l* betragen.
Z. B. 7,3 *l* und 9,9 *l* oder 8,1 *l* und 9,1 *l*

605 **a)** 8,74
b) Um eine Beeinflussung durch einen Wertungsrichter zu verhindern.

606 4,3 m

607 **a)** Die Summe der 5 Zahlen muss 60 betragen. Z. B. 1, 12, 15, 8, 24
b) 17
c) Die Summe der Zahlen dividiert durch 5 muss 12 sein. Daher $s : 5 = 12 \Rightarrow s = 60$

7.3 Kritisches Betrachten von Diagrammen

608 Durch Verändern der Einheit auf einer Achse entsteht der Eindruck eines viel steileren Anstiegs.

609 Dadurch, dass nur die Werte zwischen 690 und 720 betrachtet werden, scheint sich ein dramatischer Schülerrückgang zu ergeben.
In Wirklichkeit sinkt im Verhältnis zur Gesamtschülerzahl die Schülerzahl nur leicht von 722 auf 695 Schüler/innen.

610

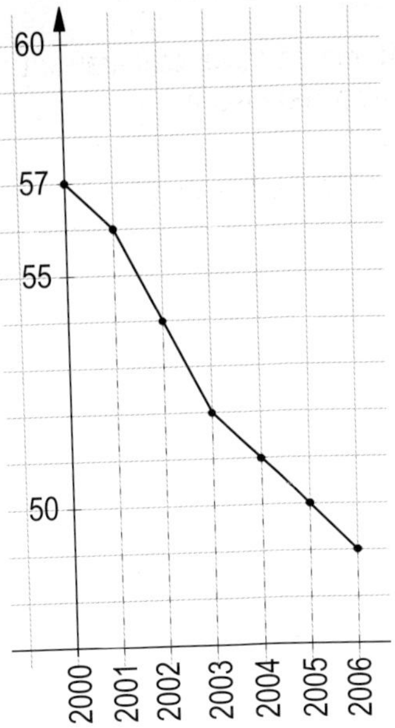

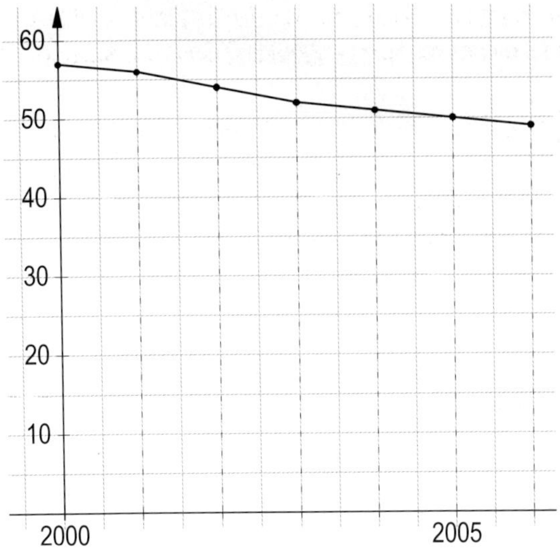

611 Die Darstellung ist nicht angemessen. Die Fläche der rechten Grafik im Schüler/innenbuch ist 16-mal so groß wie die linke.
Die passende Darstellung kannst du in der Abbildung rechts sehen.

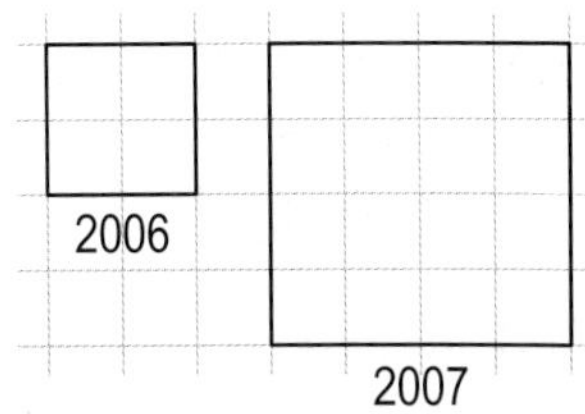

612 **a)** 16 t **b)** 1500 kg Weizenkörner

BLICKPUNKT: Geheime Botschaften – Verbergen und Verschlüsseln

613 Die geheime Botschaft ist erst verborgen, wenn die Haare nachgewachsen sind.

614 **a)** VERSCHLUESSELUNG **b)** offen

615 **a)** CODIERSCHLÜSSEL (Beachte: Es gibt kein „J"!)

Verschlüsselter Text																								
W	X	Y	Z	A	B	C	D	E	F	G	H	I	K	L	M	N	O	P	Q	R	S	T	U	V
A	B	C	D	E	F	G	H	I	K	L	M	N	O	P	Q	R	S	T	U	V	W	X	Y	Z

Entschlüsselter Text:
„WIR BEFINDEN UNS IM JAHRE FUENFZIG VOR CHRISTUS. GANZ GALLIEN IST VON DEN ROEMERN …"

b) offene Aufgabenstellung

616 offene Aufgabenstellung

8 Dreiecke

8.1 Grundlegendes zu Dreiecken

617 a) Wählt eine Amerika- bzw. Mittelamerikakarte.

b) M … Miami, S … San Juan, B … Bermuda
$\sphericalangle BMS = 55°$, $\sphericalangle MSB = 62°$, $\sphericalangle SBM = 63°$
$\overline{MS}$ ca. 1680 km, $\overline{MB}$ ca. 1670 km, $\overline{SB}$ = 1560 km

c) offene Aufgabe

618 a) Bastelaufgabe **b)** Die Vierecksmodelle lassen sich verformen, die Dreiecksmodelle sind stabil.

619 a)
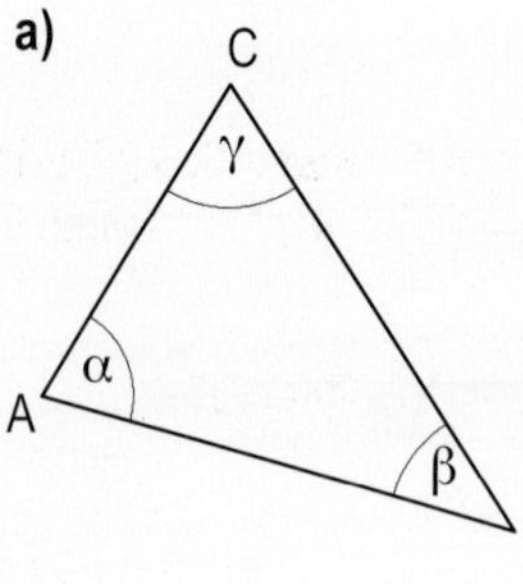

b)
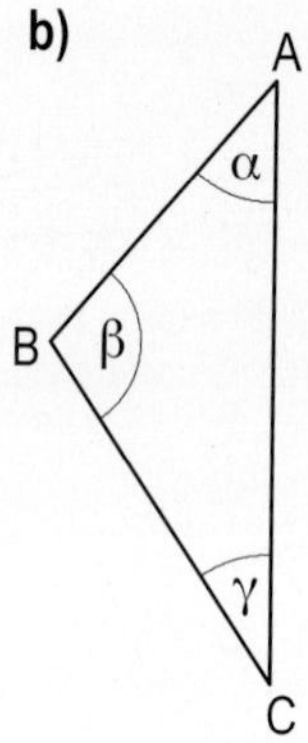

c)
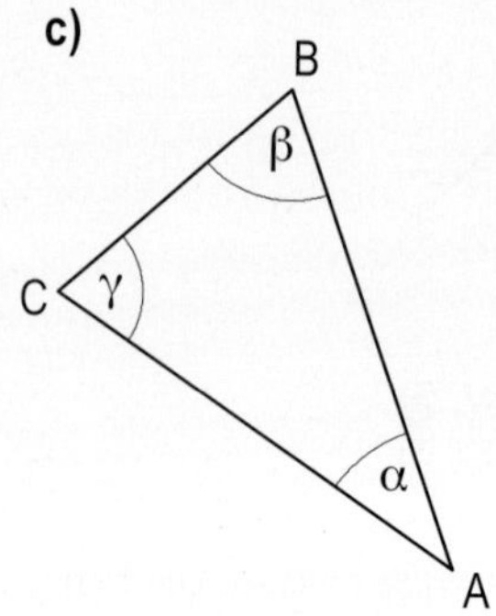

d)
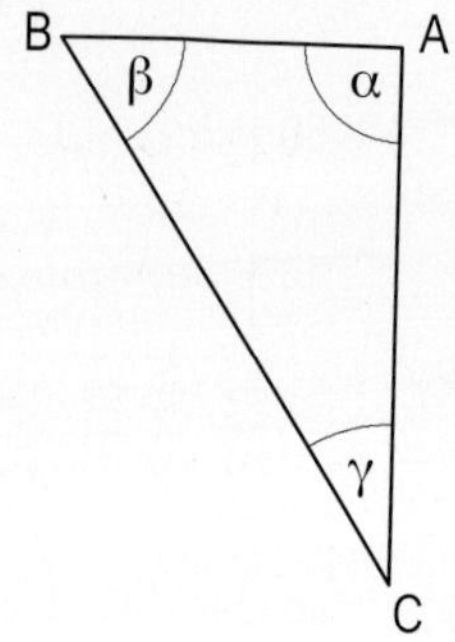

620 I → (1) a), (2) a); II → (1) b), (2) c); III → (1) b), (2) a); IV → (1) a), (2) b); V → (1) a), (2) c); VI → (1) c); VII → (1) b), (2) b)

621 offene Aufgabenstellung

622 a) spitzwinkliges Dreieck
b) gleichschenklig rechtwinkliges Dreieck
c) stumpfwinkliges Dreieck
d) gleichschenklig rechtwinkliges Dreieck

8.2 Gemeinsame Eigenschaften aller Dreiecke

8.2.1 Dreiecksungleichungen

623 a) Δ_1: 4 cm, 6 cm, 7 cm; **a)** Δ_2: 6 cm, 13 cm, 17 cm; **a)** Δ_3: 7 cm, 13 cm, 17 cm

b) Die Summe der Längen zweier Stäbchen muss jeweils größer als die Länge des dritten Stäbchens sein. Dabei ist es egal, welche zwei von den drei Stäbchen, die ein Dreieck bilden, man auswählt.

624 Lösungsvorschlag im Schüler/innenbuch

625 offene Aufgabe

626 a) Ist konstruierbar, weil: $3 + 6 > 5$; $3 + 5 > 6$; $6 + 5 > 3$
Konstruktion: Siehe Lösungsvorschlag zu Aufgabe 624 im Schüler/innenbuch

b) Ist nicht konstruierbar, weil $2{,}5 + 4 < 9{,}5$

c) Ist nicht konstruierbar, weil: $4{,}4 + 3{,}6 = 8{,}0$

d) Ist nicht konstruierbar, weil $47 + 23 < 71$

e) Ist nicht konstruierbar, weil $5{,}3 + 3{,}9 = 9{,}2$

f) Ist konstruierbar, weil: $1{,}9 + 6{,}8 > 5{,}6$; $1{,}9 + 5{,}6 > 6{,}8$; $5{,}6 + 6{,}8 > 1{,}9$
Konstruktion: Siehe Lösungsvorschlag zu Aufgabe 624 im Schüler/innenbuch

8.2.2 Winkelsumme in Dreiecken

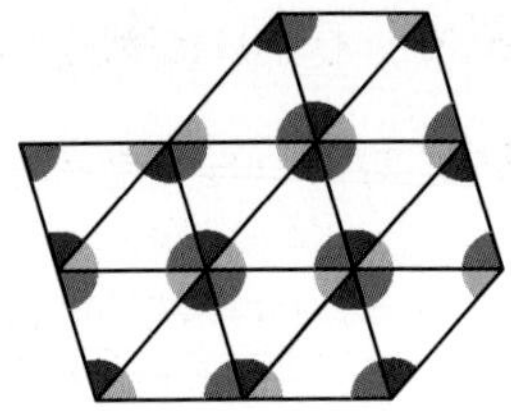

627 Die hier angedeutete mögliche Parkettierung könnte so aussehen. Die drei Winkel des Dreiecks scheinen sich immer auf 180° zu ergänzen.

628

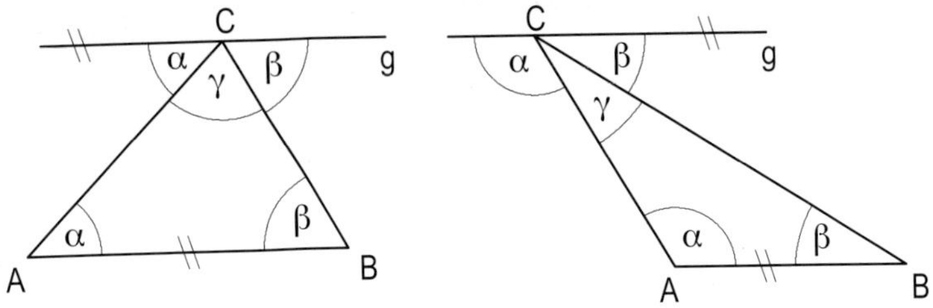

Durch das Einzeichnen der Parallelen zu einer Seite – hier z. B. zur Seite AB – entstehen Parallelwinkel („Z-Winkel"). Aus der Zeichnung ist es unmittelbar klar, dass diese beiden Z-Winkel – hier sind es α und β – mit dem dritten Winkel 180° bilden.

629 **a)** $\gamma = 56°$ **b)** $\alpha = 25°$ **c)** $\beta = 65°$, $\gamma = 50°$

630 **a)** $\gamma = 180° - \alpha - \beta$; $\beta = 180° - \alpha - \gamma$; $\alpha = 180° - \beta - \gamma$
b) **(1)** Ja. $\gamma = 2°$ **(2)** Nein. Die Summe der gegebenen Winkel beträgt bereits 180°. **(3)** Ja. $\alpha = 59°$

631 **a)** rechtwinklig **b)** stumpfwinklig **c)** spitzwinklig **d)** rechtwinklig **e)** stumpfwinklig **f)** rechtwinklig

632 **a)** $\beta = 94°$ **b)** $\alpha = 5°$

633 **a)** **(1)** $\beta = 53°$ **(2)** $\alpha = 41°$ **(3)** $\alpha = 19°$ **(4)** $\beta = 37°$
b) $\alpha = 90 - \beta$; $\beta = 90 - \alpha$

634 588 Schüler/innen

635 Δ_1: (1), (3), (7); Δ_2: (2), (5), (6); Δ_3: (4), (8), (9)

636 **a)** $\gamma = 70°$ ($\alpha = 80°$)
b) $\alpha' = 180 - 28° = 152°$; $\gamma' = 76°$; $\beta' = 132°$
c) $\varepsilon = 38°$
d) $\varepsilon = 35°$; $\gamma = 85°$
e) $\alpha = 70°$
f) $\alpha + 2 \cdot \alpha + 3 \cdot \alpha = 180° = 6 \cdot \alpha = 180° \Rightarrow \alpha = 30°$

637 **(1)** $\alpha' = 180 - \alpha$. Außerdem gilt **(2)** $\alpha + \beta + \gamma = 180°$.
Es ist leicht zu sehen, dass aus dieser Gleichung folgt, dass $\beta + \gamma = 180° - \alpha$.
Aus Beziehung (1) folgt: $\beta + \gamma = \alpha$.
Analog ergibt sich $\beta' = \alpha + \gamma$ und $\gamma' = \alpha + \beta$.

638 Sei $(\alpha + \beta) = \gamma$ und $(\alpha + \beta) + \gamma = 180°$
Schreibt man nun statt $(\alpha + \beta)$ γ, dann erhält man $\gamma + \gamma = 180° \Rightarrow 2 \cdot \gamma = 180° \Rightarrow \gamma = 90°$
Das Dreieck muss rechtwinklig sein.

639 Siehe Nusslösungen im Schüler/innenbuch

8.3 Kongruenzsätze für Dreiecke

8.3.1 Kongruente Dreiecke

640 Lösungsvorschlag im Schüler/innenbuch

641 Karte 1: **(1)**

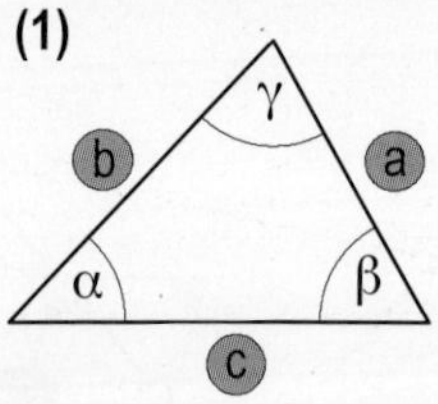

(2)

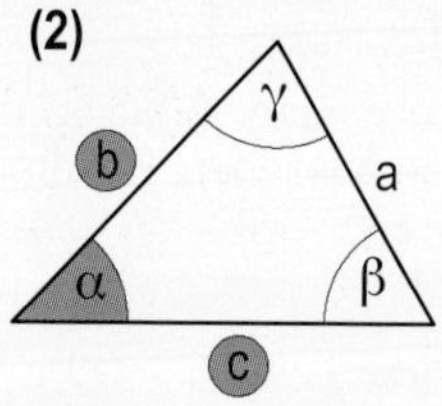

(3)

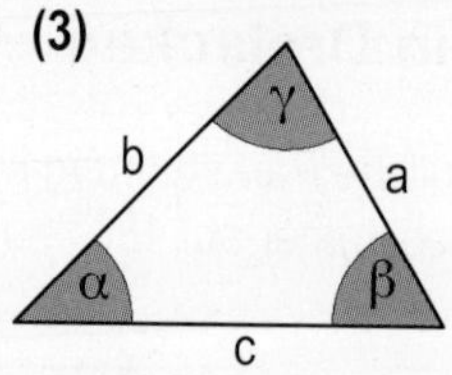

(4)

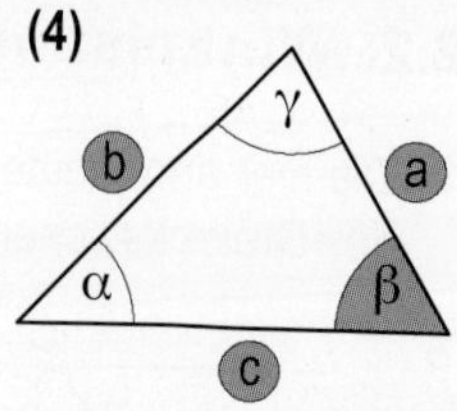

Bei (3) fehlt eine Längenangabe, bei (4) ist β durch die Angabe der 3 Dreiecksseiten bereits festgelegt. Damit kann der angegebene Winkel β nur zufällig die richtige Größe haben.

Karte 2: **(1)**

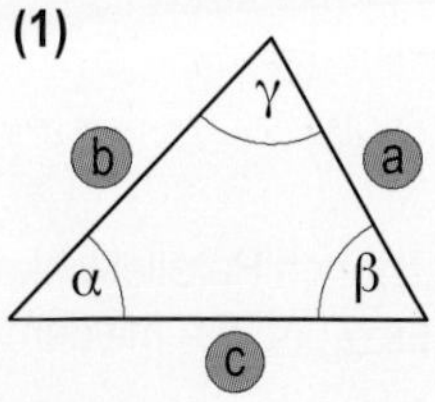

(2)

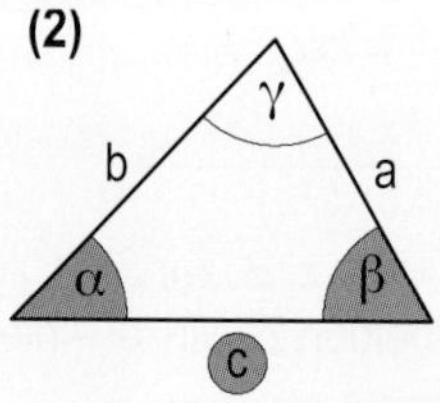

(3)

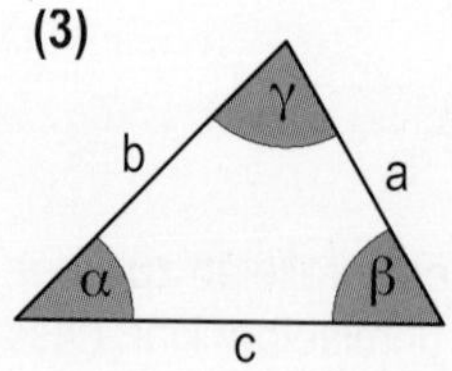

(4)

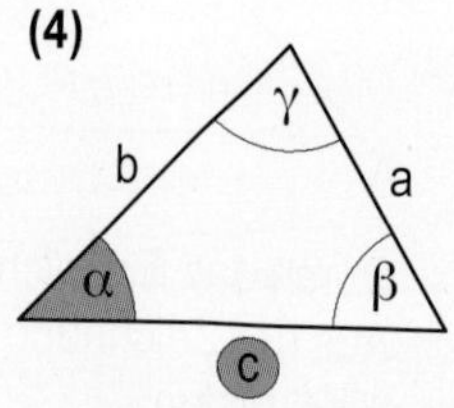

Bei (3) fehlt eine Längenangabe, bei (4) ist zu wenig bekannt.

Karte 3: **(1)**

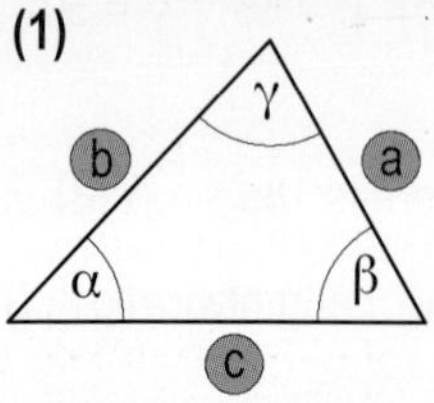

(2)

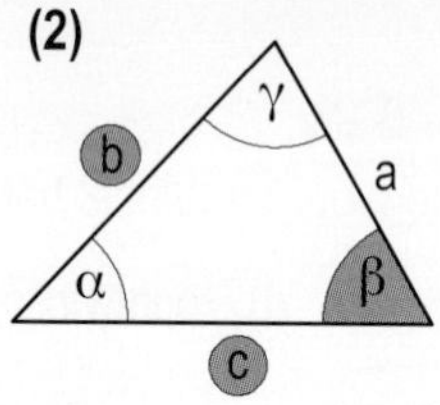

(3)

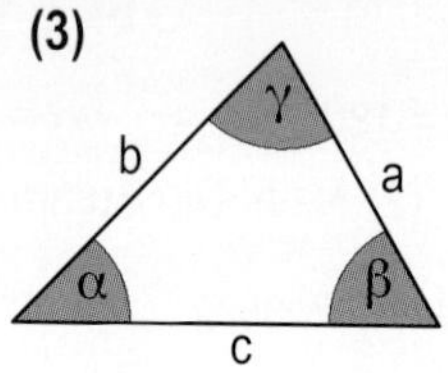

(4)

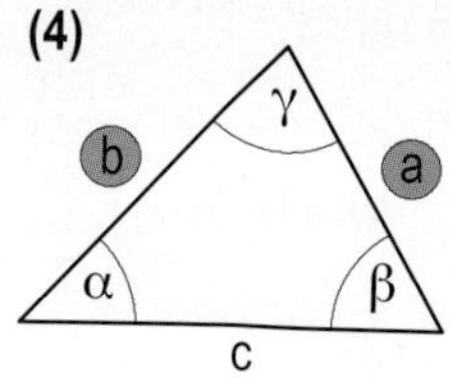

Bei (3) fehlt eine Längenangabe, bei (4) ist zu wenig bekannt.
Vermutung: Man benötigt 3 Bestimmungsstücke, um ein Dreieck konstruieren zu können. Ein Bestimmungsstück muss eine Länge sein.

8.3.2 Seiten-Seiten-Seiten-Satz

642 Lösungsvorschlag im Schüler/innenbuch

643 **a)** Lässt sich eindeutig konstruieren.
b) Es gibt unendlich viele Dreiecke mit dieser Gestalt.
c) Lässt sich eindeutig konstruieren.
d) Lässt sich eindeutig konstruieren.

644 Die Lösungsdreiecke sind in halber Größe dargestellt.

a)

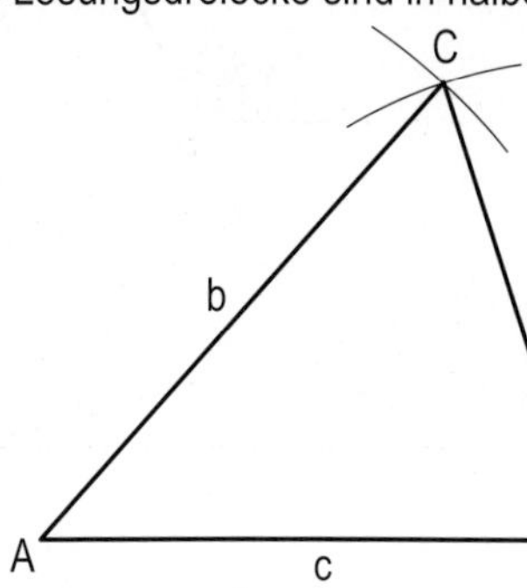

b)

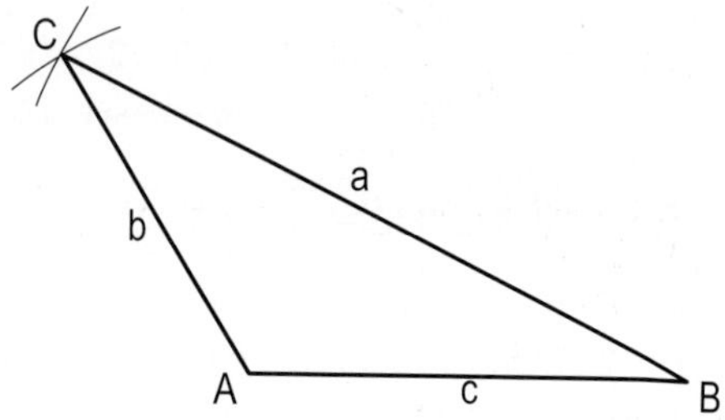

c)

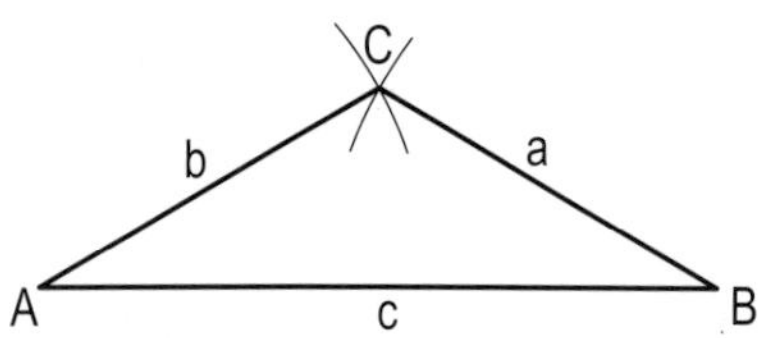

645 Die Lösungsdreiecke sind halb so groß dargestellt.

a) B(4|6,5)

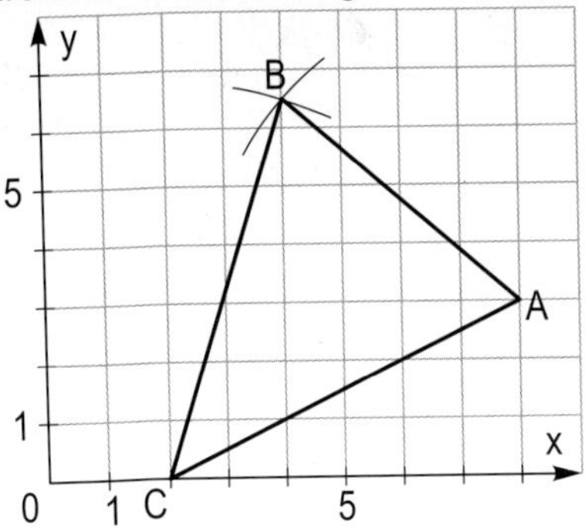

b) A(0,8|5,7)

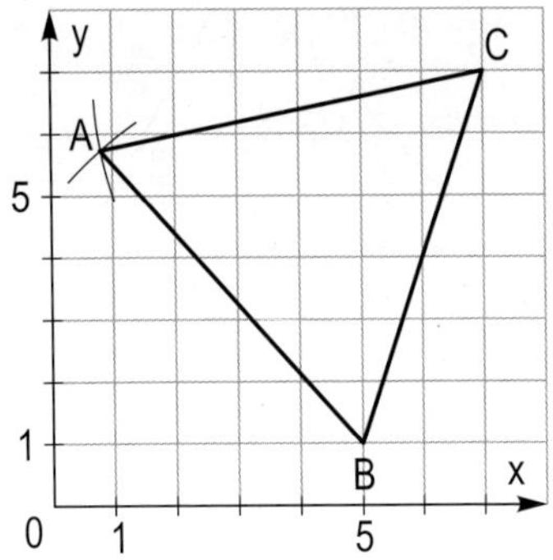

8.3.3 Seiten-Winkel-Seiten-Satz

646 Lösungsvorschlag im Schüler/innenbuch

647 Lösungsdreiecke in halber Größe dargestellt.

a) $\gamma = 21°$
$\beta = 44°$

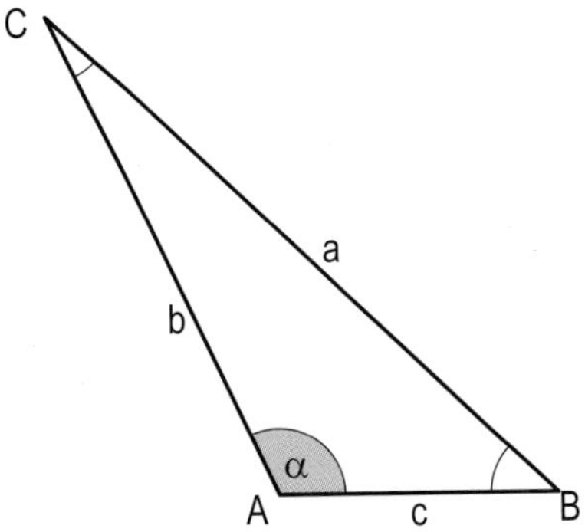

c) $\alpha = 53°$
$\beta = 87°$

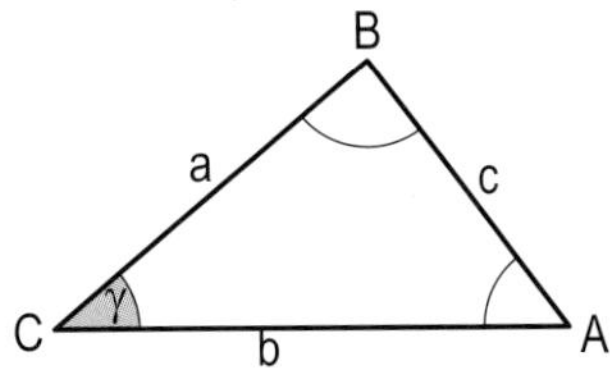

b) $\alpha = 36°$
$\gamma = 67°$

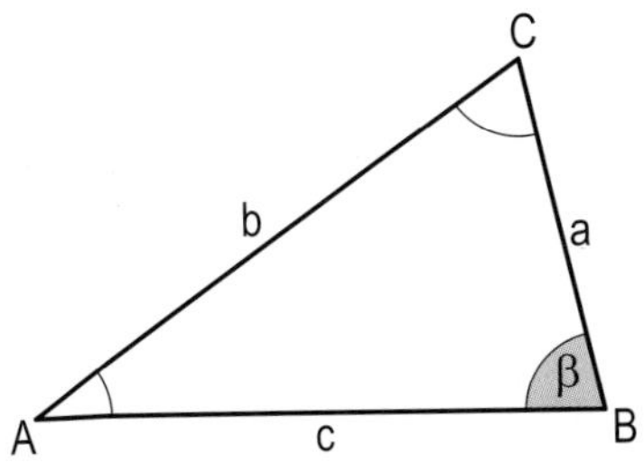

d) $\alpha = 25°$, $\gamma = 33°$

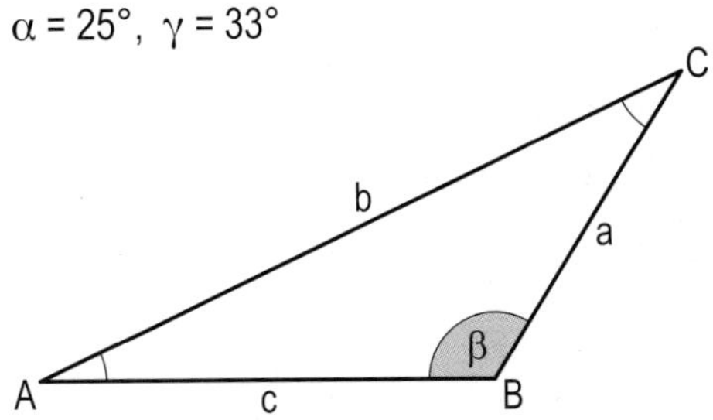

648 Lösungsdreiecke in halber Größe dargestellt.

a)

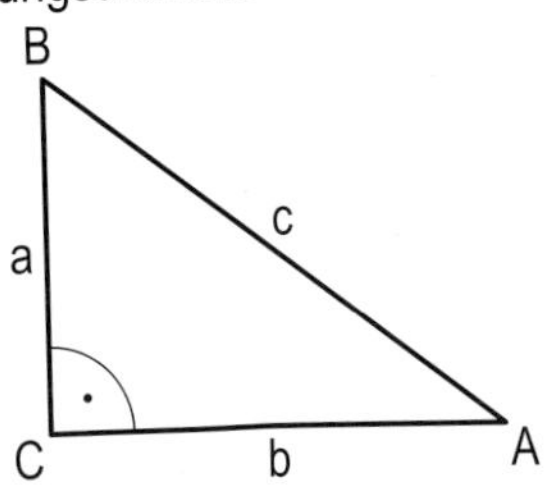

b)

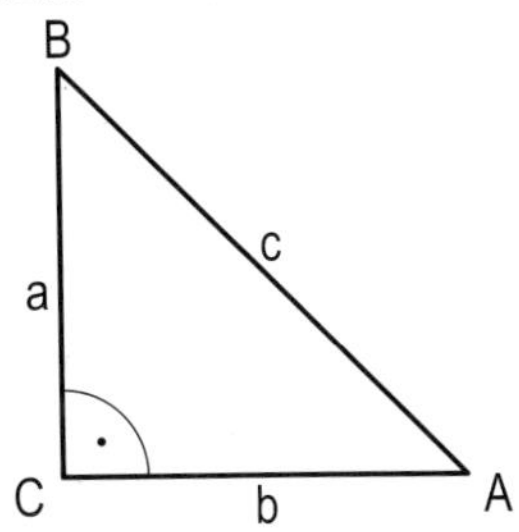

c)

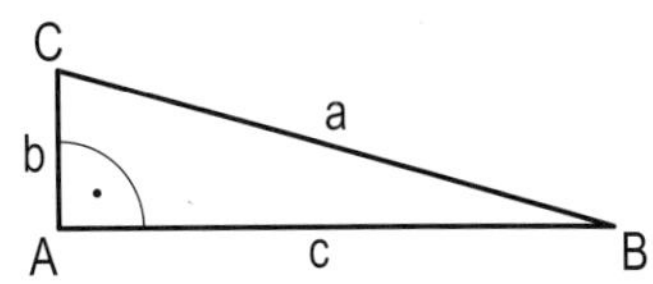

649 40°; 5 m

650 Die Länge des Tunnels beträgt 8,3 km.

651 **a)** Angebot City „Nord“ 9600 € pro Jahr, Angebot City „Süd“ 9900 € pro Jahr.
b) Lage des Büros, Ausstattung des Büros usw.

8.3.4 Winkel-Seiten-Winkel-Satz

652 Lösungsvorschlag im Schüler/innenbuch

653 6 m und 9 m

654 Lösungen in halber Größe dargestellt.

a) u = 230 mm

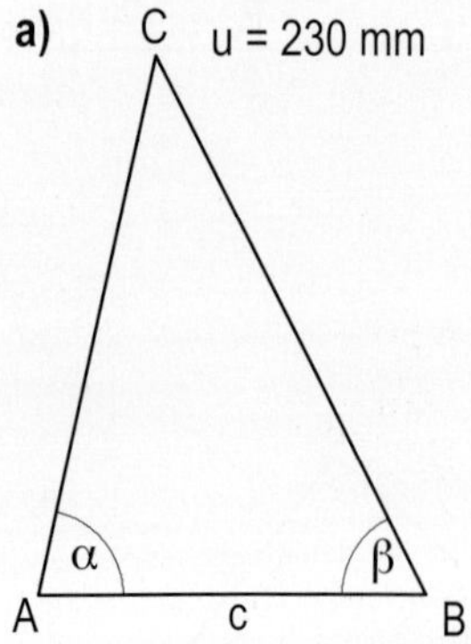

b) u = 134 mm = 13,4 cm

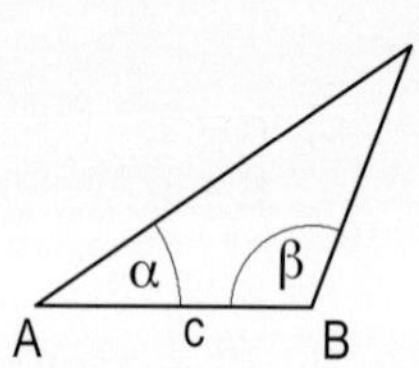

c) u = 170 mm = 17,0 cm

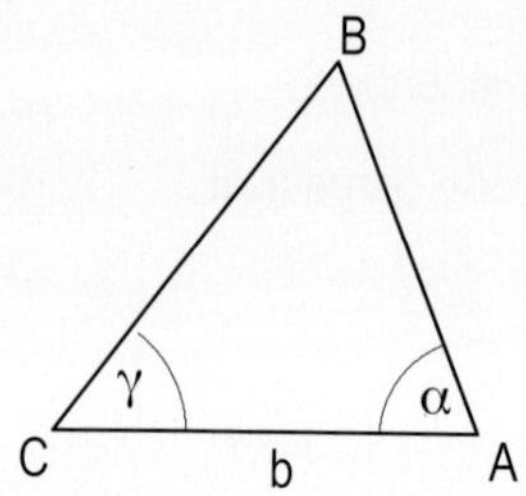

d) u = 213 mm

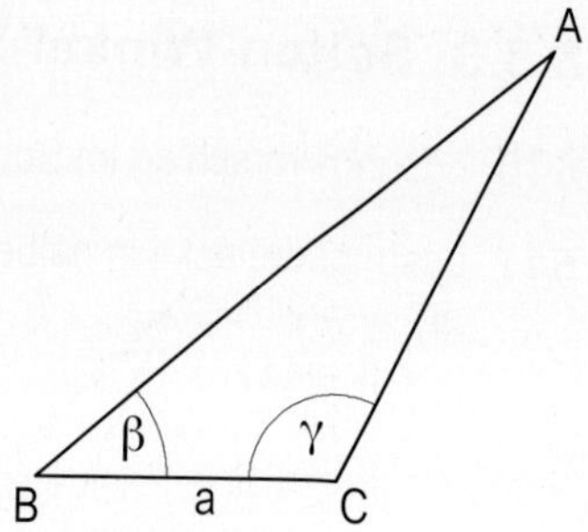

655 Da sich aus zwei gegebenen Winkeln der dritte errechnen lässt, kann man auch hier den WSW-Satz anwenden.
Lösungen in halber Größe dargestellt.

a)

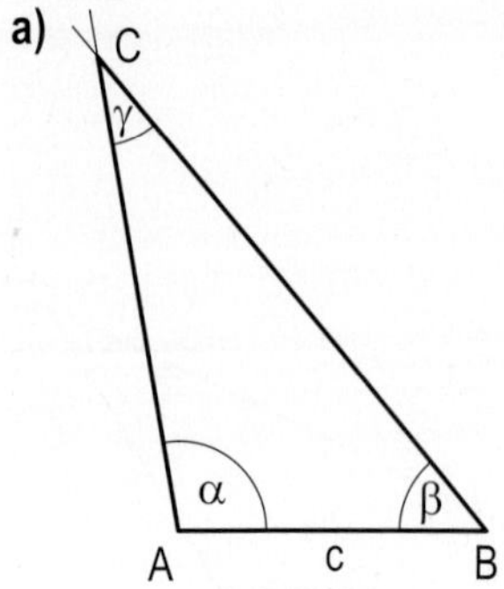

$\beta = 50°$

b)

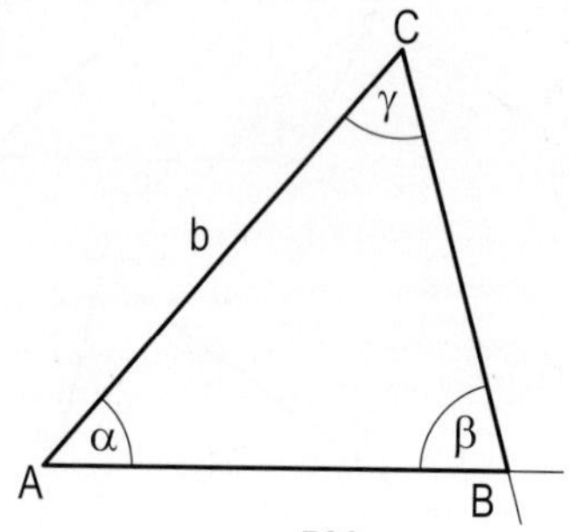

$\alpha = 50°$

656 (13,56 + 7,349) : (3,9 – 3,7) = 104,545

657 **a)**

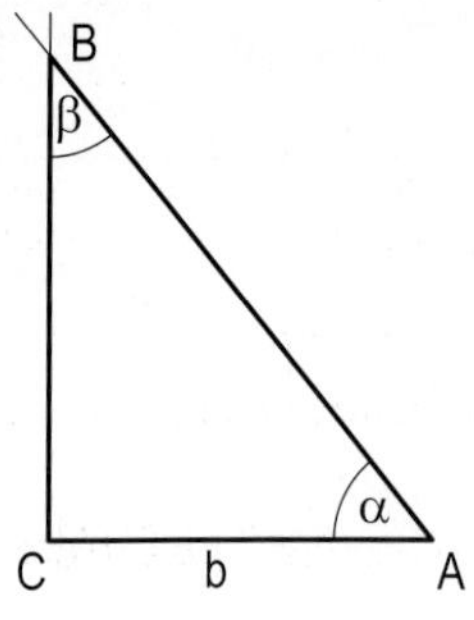

b)

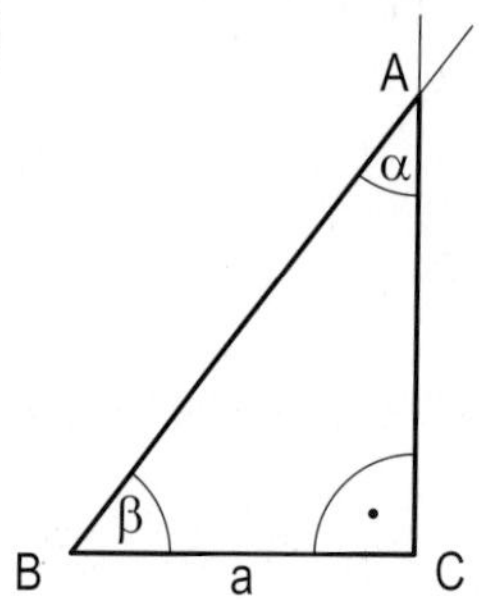

$\beta = 53°$

c)

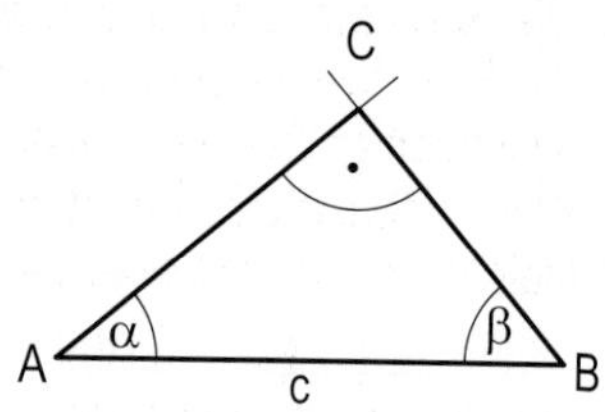

$\beta = 50°$

658 a)

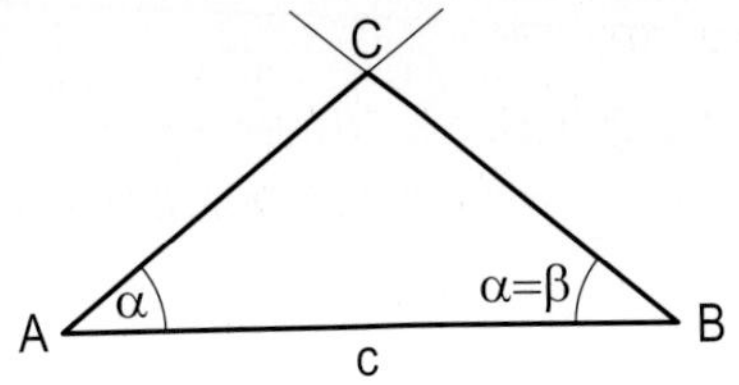

b)

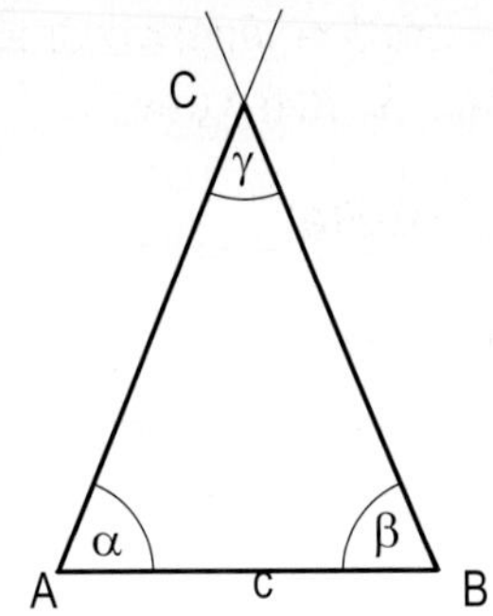

$\alpha = \beta = (180 - 44) : 2 = 68°$

8.3.5 Seiten-Seiten-Winkel-Satz

659 a), b), c) Lösungsvorschlag im Schüler/innenbuch

660 Lösungen in halber Größe dargestellt.

a)

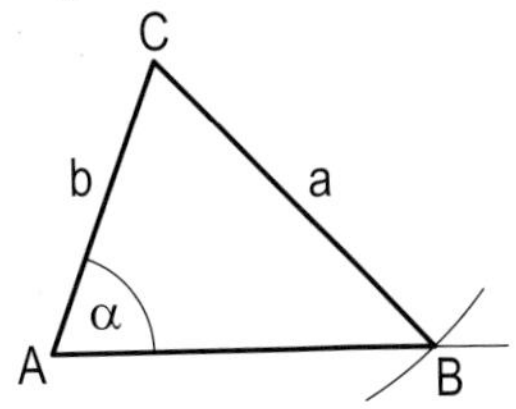

c) keine Lösung

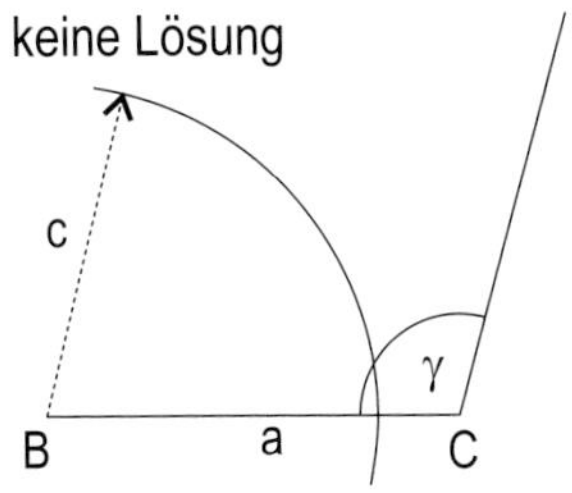

e)

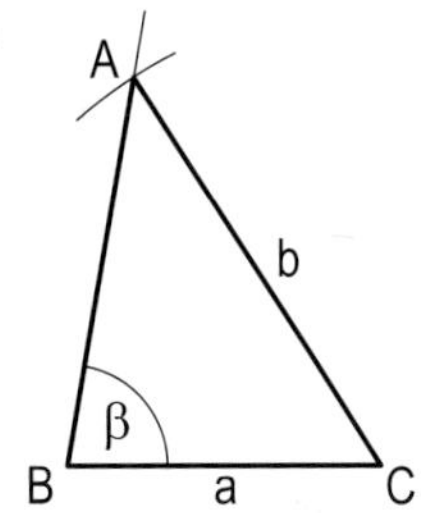

b)

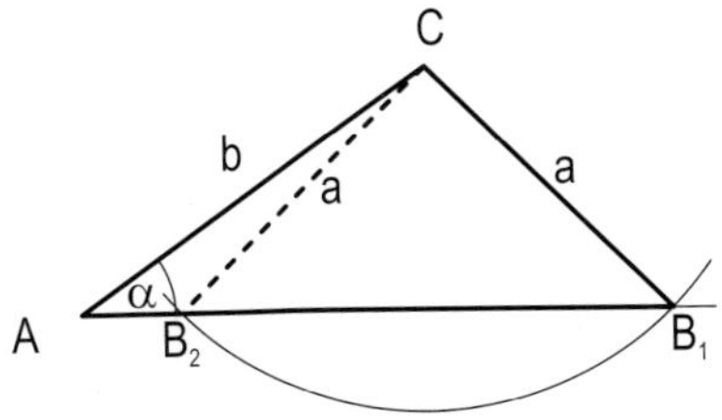

2 Lösungen

d)

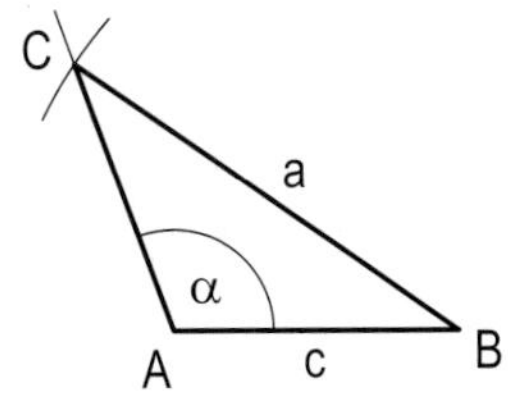

f) keine Lösung

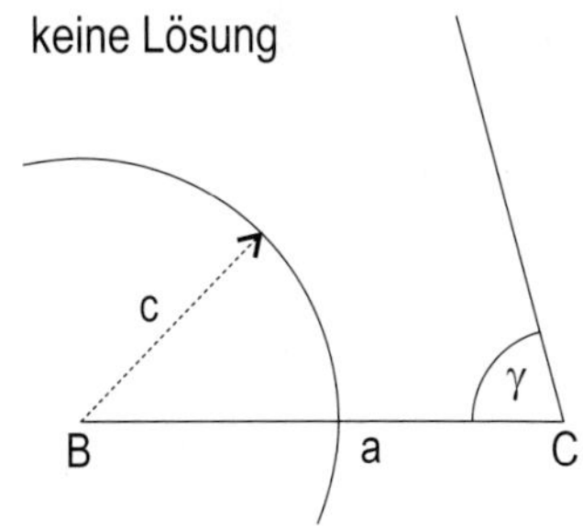

661 a) In der Zeichnung siehst du das Dreieck ABC, wie es laut Angabe gegeben ist.
Es ergeben sich genau zwei Lösungen, wenn b kleiner als a ist.
In der Zeichnung ist dies der Fall, wenn b die Länge b_2 hat. Es ergeben sich dann als Lösung der Eckpunkt A_1 oder der Eckpunkt A_2. b_2 muss allerdings größer als hc sein.
Keine Lösung erhält man, wenn die Länge von b kleiner als hc wird (in der Zeichnung als b_3 dargestellt).

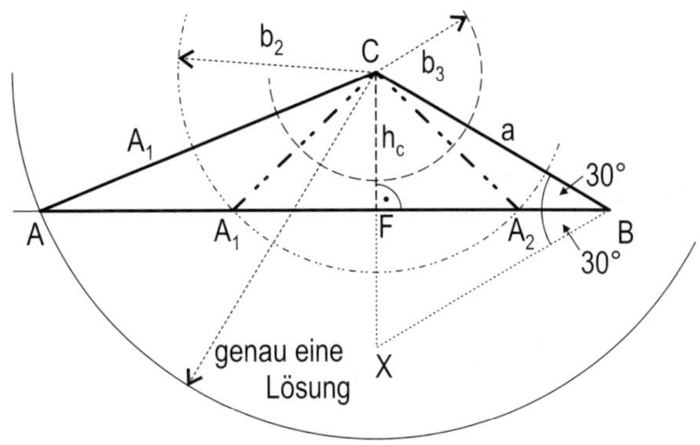

b) Wenn b genau die Länge h_c hat (siehe Zeichnung von 661 a)), erhält man genau eine Lösung.
Man erhält das Dreieck BCF.
$\triangle BCF$ ist ein halbes gleichseitiges Dreieck wegen $\beta = 30°$. $\triangle BCX$ ist das ganze gleichseitige Dreieck. Deshalb:
$b = h_c = \frac{a}{2} = 3$ cm.

662 Die beiden Anlegestellen sind ca. 980 m voneinander entfernt.

663 Nein. Es steht zwar die Gestalt des Dreiecks fest, aber es fehlt eine Längenangabe, um die Größe des Dreiecks festzulegen. Außerdem sind durch die Angabe von 3 Winkeln eigentlich nur zwei Angabestücke gegeben, da mit der Angabe von 2 Winkeln der dritte Winkel schon bestimmt ist.

8.4 Weitere „merkwürdige" Eigenschaften von Dreiecken

8.4.1 Höhen und Höhenschnittpunkt

664 a) Konstruiere ein Dreieck wie in der Skizze zu sehen im Maßstab 1:1000. $e \approx 30$ m

b) In der nachfolgenden Information im Schüler/innenbuch ist der Sachverhalt in der rechten Skizze dargestellt $e \approx 27$ m

665 Die Höhen schneiden einander in einem Punkt.

666

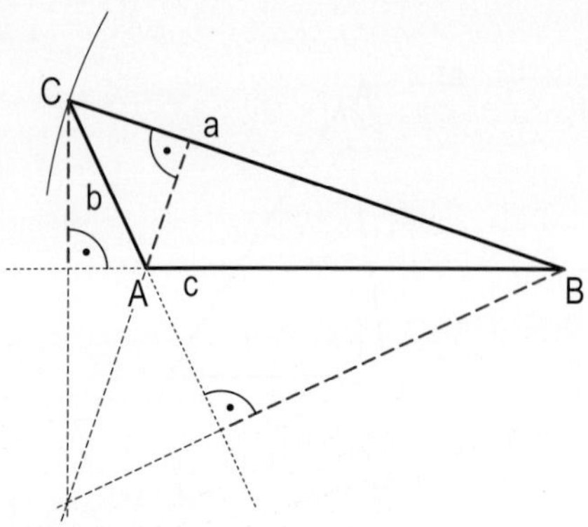

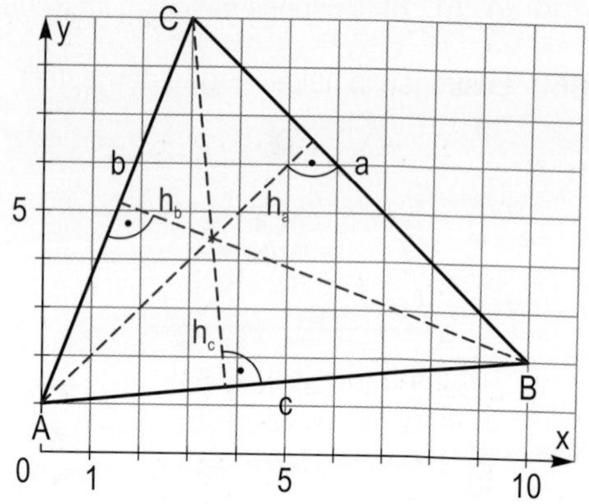

667 a)

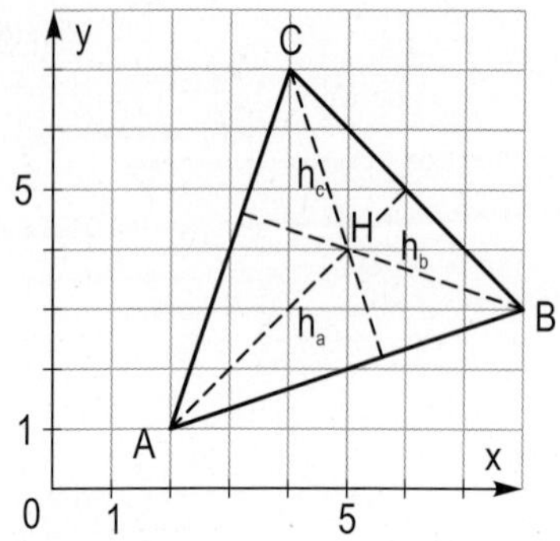

h_a = 57 mm, h_b = 51 mm, h_c = 51 mm

c)

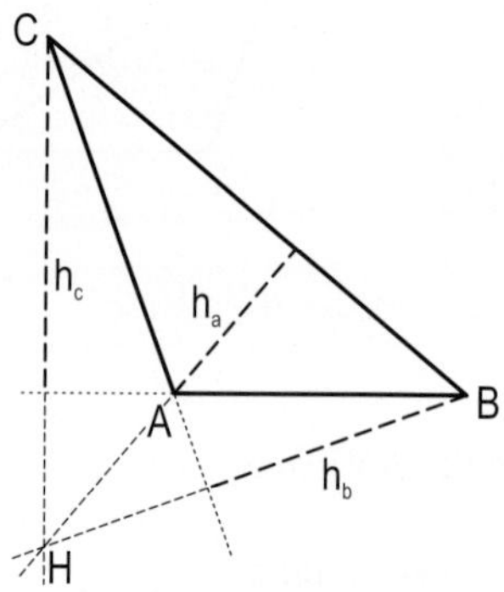

h_a = 30 mm, h_b = 43 mm, h_c = 56 mm

e)

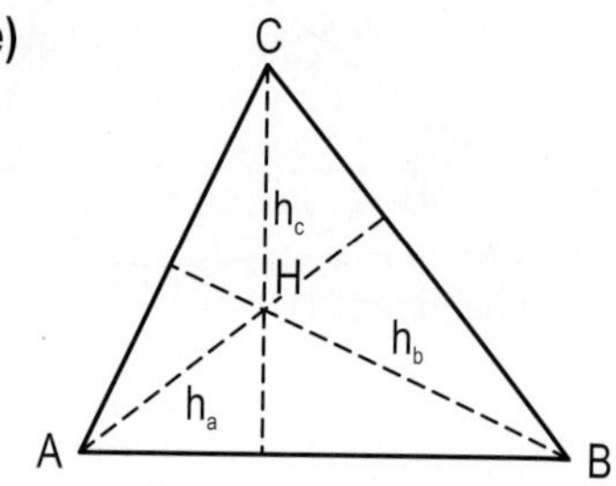

h_a = 56 mm, h_b = 65 mm, h_c = 57 mm

b)

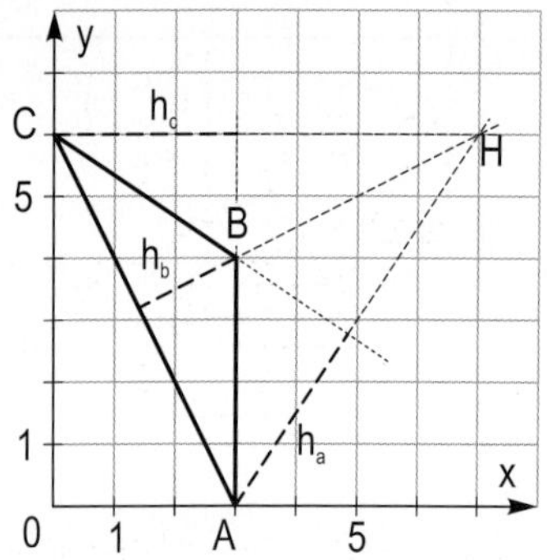

h_a = 33 mm, h_b = 18 mm, h_c = 30 mm

d)

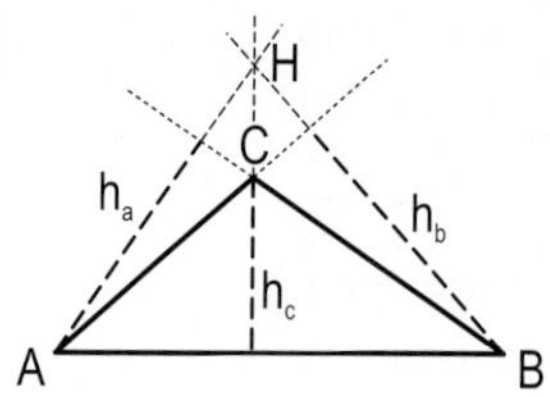

h_a = 34 mm,
h_b = 40 mm,
h_c = 23 mm

f)

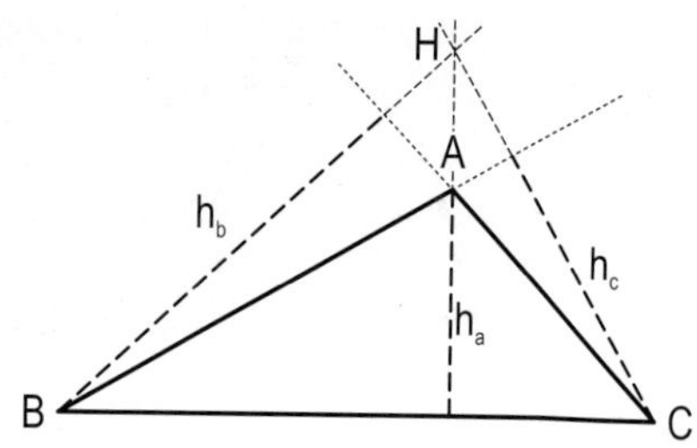

h_a = 35 mm, h_b = 67 mm, h_c = 46 mm

668 h_c ist der kürzeste Abstand des Punktes C von der Seite c.
a, b müssen deshalb länger sein, da es sich um kein rechtwinkliges Dreieck handelt.

669 Der Höhenschnittpunkt ist der Scheitel des rechten Winkels.
Die Katheten a und b des rechtwinkligen Dreiecks sind normal zueinander. Das heißt, dass die Kathete a gleichzeitig die Höhe auf b ist und die Kathete b die Höhe auf a ist.

670 Siehe Nusslösungen im Schüler/innenbuch

671 **a)** Sie kann 104 Säcke mit Kartoffeln füllen.
b) Sie hat eine $\frac{1}{2}$ t (= 500 kg) blaue Kartoffeln geerntet.

8.4.2 Seitensymmetralen und Umkreismittelpunkt

672 Lösungsvorschlag im Schüler/innenbuch

673 Lösungen in halber Größe

a) r = 30 mm

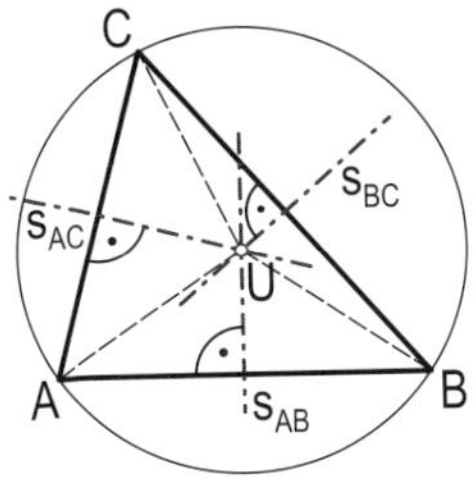

c) r = 39 mm

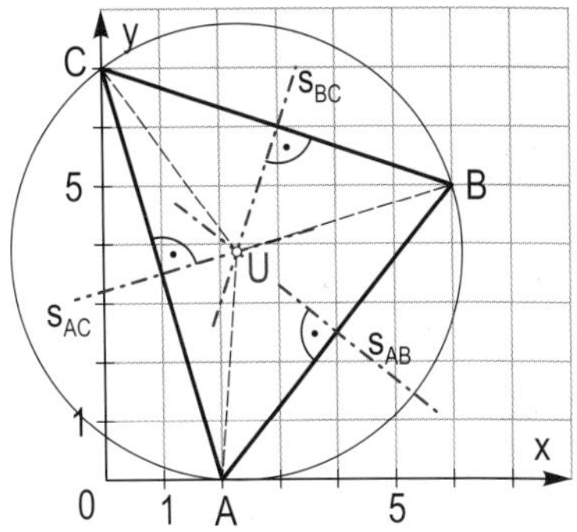

b) r = 51 mm

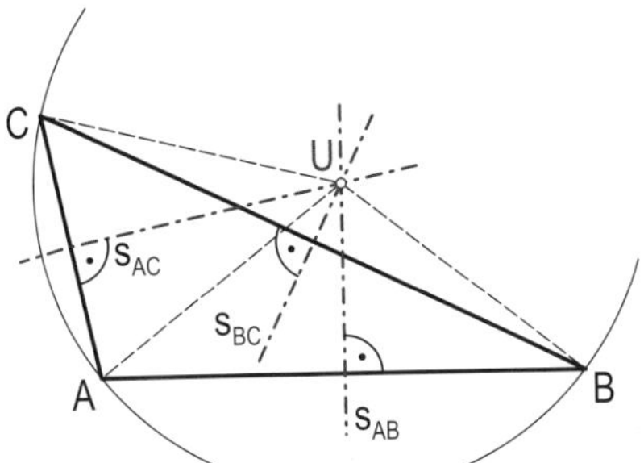

d) r = 40 mm

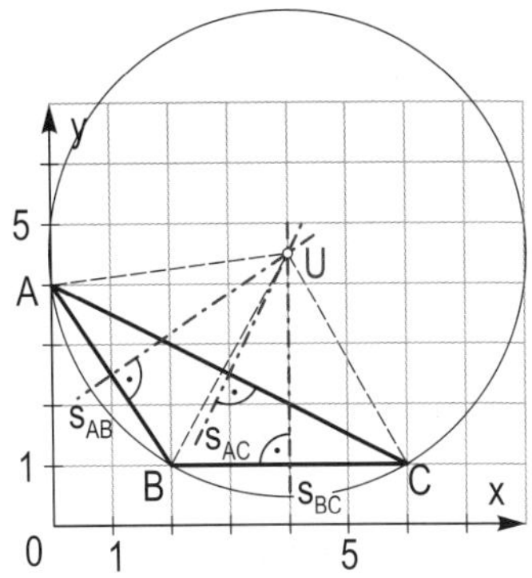

674 Bei spitzwinkligen Dreiecken liegt der Umkreismittelpunkt innerhalb des Dreiecks, bei stumpfwinkligen außerhalb des Dreiecks und bei rechtwinkligen auf der Hypotenuse des Dreiecks.

675 M 1:200 000

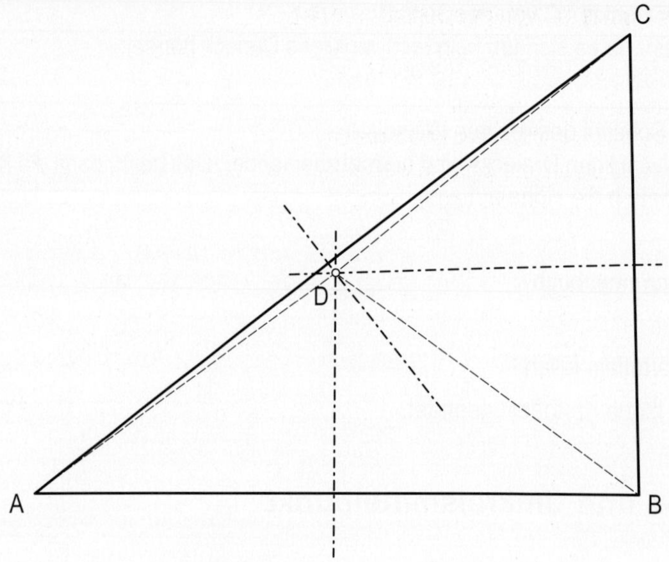

Das Depot liegt ungefähr 9,9 km von den Stationen entfernt.

676 **a)**

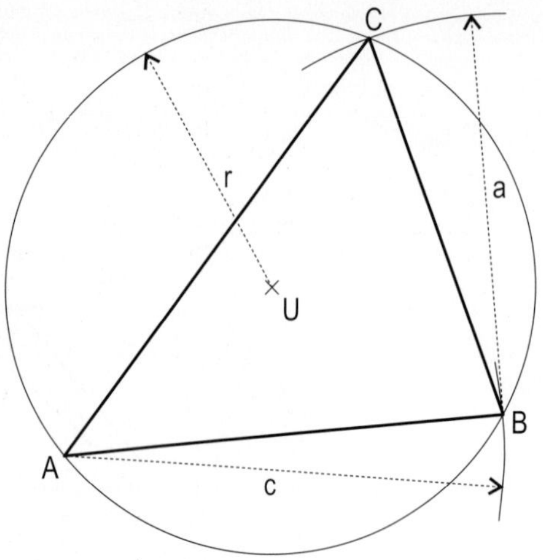

Beginne mit dem Umkreis.
Wähle auf dem Kreis einen Punkt A und trage mit dem Zirkel die Länge c auf. Damit erhältst du B. Auf dieselbe Art durch Abschlagen von a erhältst du C.

c)

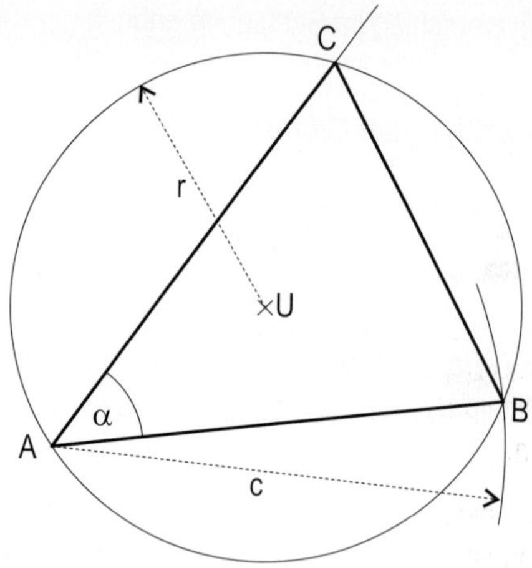

Beginne wie in a) um B zu erhalten. Dann zeichne α. Der Schenkel schneidet den Umkreis in C.

b) Dieselbe Konstruktion wie in a) mit anderen Werten.

d) Dieselbe Konstruktion wie in c) mit anderen Werten.

677 **a)** **(1)** 30,8 dm^2; 0,308 m^2 **(2)** 5,17 m^2; 517 dm^2
b) **(1)** 340 *l*; 0,34 m^3 **(2)** 203 dm^3; 203 *l*
c) **(1)** 5340 kg; 534 000 dag **(2)** 8,034 kg; 803,4 dag

678 **a)** Der gesuchte Kreismittelpunkt ist der Umkreismittelpunkt des Dreiecks ABC. M(2,5|3,5); r = 3,5 cm
b) Sie hat recht. Die 3 Punkte müssen auf einer Geraden liegen.

679 Der Durchmesser beträgt 14,9 cm.

680 Der Höhenschnittpunkt und der Umkreismittelpunkt fallen zusammen.

8.4.3 Winkelsymmetralen und Inkreismittelpunkt

681 Der Mittelpunkt eines solchen Kreises muss im Schnittpunkt der Winkelsymmetralen der Dreieckswinkel liegen. Weil:
Alle Punkte auf der Winkelsymmetrale w_α sind von c und b gleich weit entfernt. Alle Punkte auf w_β sind von a und c gleich weit entfernt. Daher ist der Schnittpunkt von w_α und w_β von a, b und c gleich weit entfernt.

682 Anknüpfend an Lösung 681 muss auch w_γ durch M gehen. Auf w_γ liegen alle Punkte, die von a und b gleichen Abstand besitzen und diese Eigenschaft besitzt M wie in 681 gezeigt.

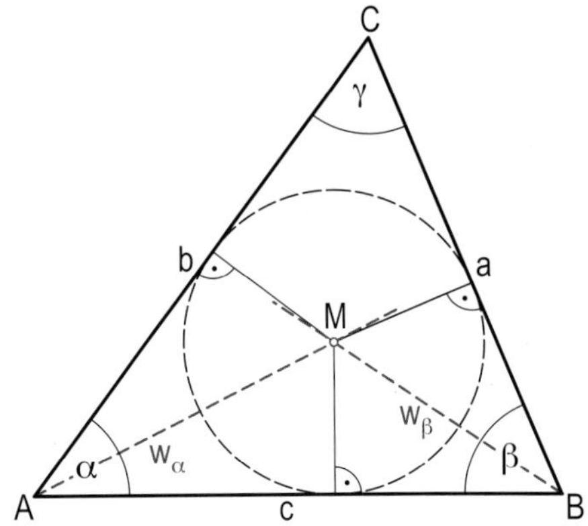

683 **a)**

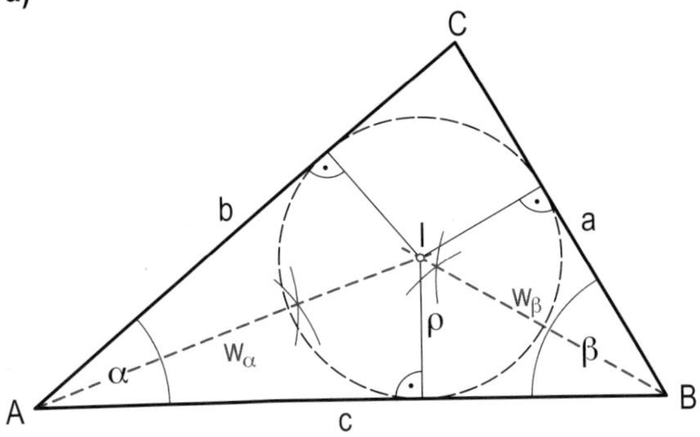

ρ = 14,5 mm

b)

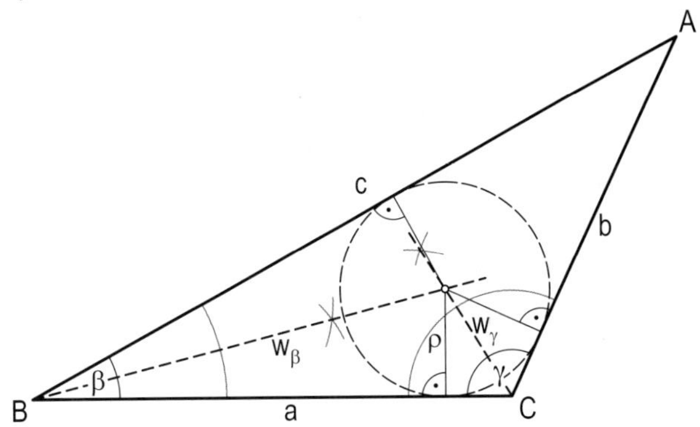

ρ = 12 mm

684 Abbildung im Maßstab 1:100.
Der Mittelpunkt hat einen Abstand von ca. 1,60 m von den Wegen.

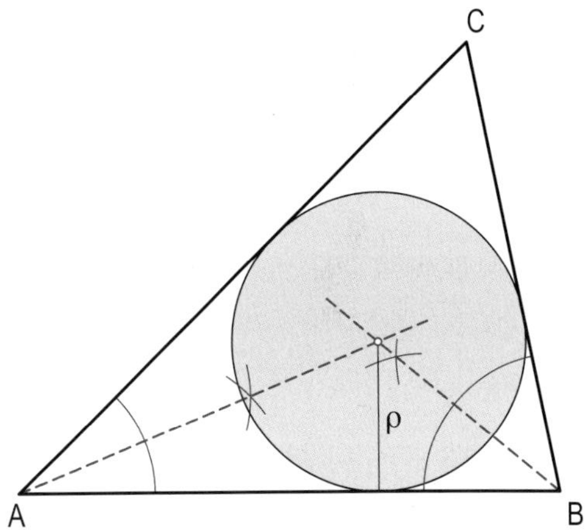

685 Da der Inkreis innerhalb des Dreiecks liegt, muss auch der Mittelpunkt immer innerhalb des Dreiecks liegen.

686 Die Korkscheibe kann höchstens 91 mm Durchmesser haben.

687 Zeichne zuerst die Winkelsymmetrale des spitzen Winkels. Zeichne dann die Normale durch A auf den Schenkel, auf dem A liegt. Der Schnittpunkt der Normalen mit der Winkelsymmetralen ist der Mittelpunkt des gesuchten Kreises.

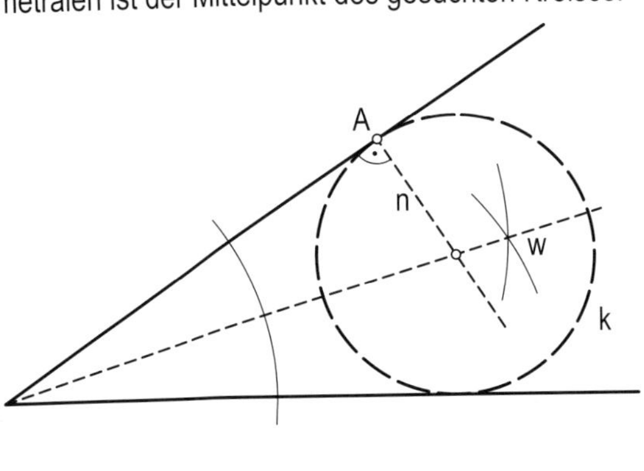

8.4.4 Schwerlinien und Schwerpunkt

688 Alle gefundenen Linien schneiden sich in einem Punkt.
Alle diese Linien, die durch einen Eckpunkt verlaufen, gehen auch durch den Mittelpunkt der gegenüberliegenden Seite. Unterstützt man das Dreieck mit einem Stift in dem Punkt, in dem sich alle gefundenen Linien schneiden, dann befindet sich das Dreieck im Gleichgewicht.

689 Der gezeichnete Strich verläuft durch den Seitenmittelpunkt der Seite, die der Ecke gegenüber liegt. Wiederholt man diesen Vorgang mit jedem Eckpunkt, so schneiden sich die drei Linien in einem Punkt.

690

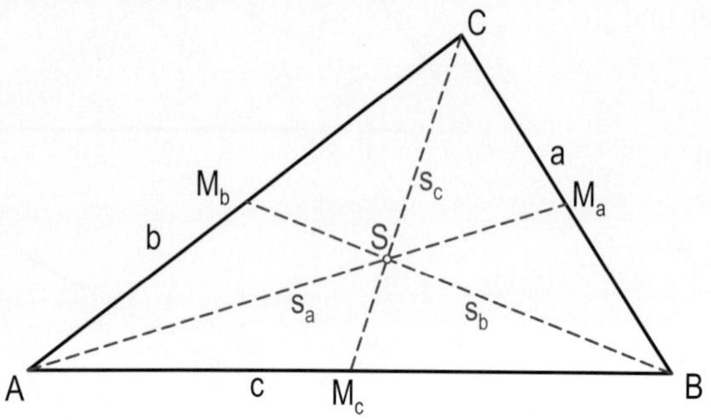

s_a = 57 mm
s_b = 46 mm
s_c = 35 mm

691 a)

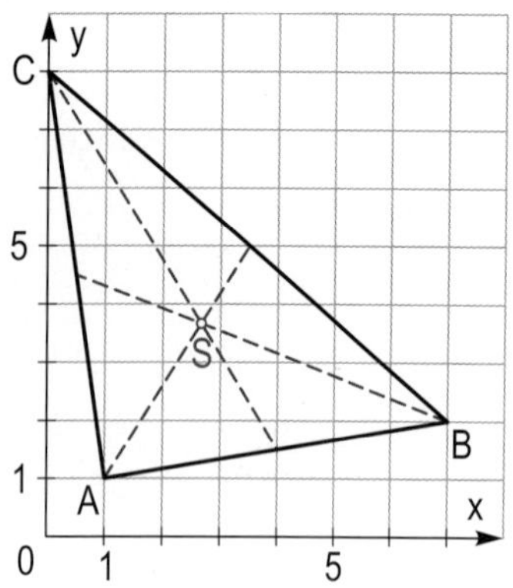

S(2,7|3,7)

b)

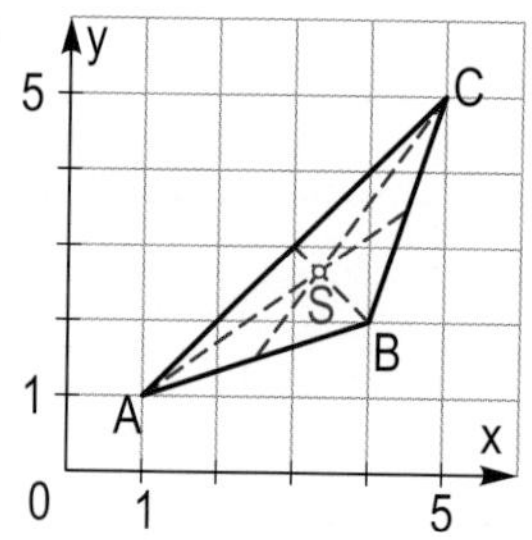

S(3,3|2,7)

692 Sie sind identisch.

693 Die Punkte liegen auf einer Geraden, nämlich der Trägergeraden von h_c.

694 25 kg

8.5 Besondere Dreiecke

8.5.1 Das rechtwinklige Dreieck

695 a) Da $\alpha + \beta = 100°$, kann γ nicht 90° sein.

b) Die Winkelsumme ist zu groß. α muss falsch sein.

c) γ müsste 90° sein, da wegen $\alpha = \beta$ keiner der beiden Winkel 90° sein kann.

d) Kein Dreieck hat 2 rechte Winkel. (Winkelsumme!)

e) Da $\alpha + \beta = 80°$, kann γ nicht 90° sein.

f) a ist zu kurz, da a die Hypotenuse ist.

696

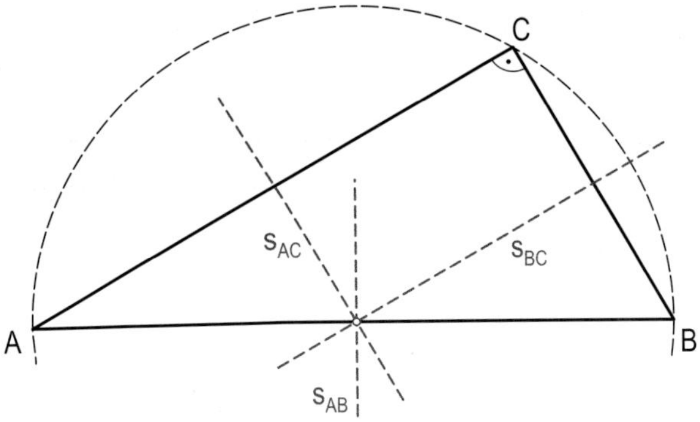

Der Umkreismittelpunkt ist der Mittelpunkt der Hypotenuse.

697 Lösungen in halber Größe.

a)

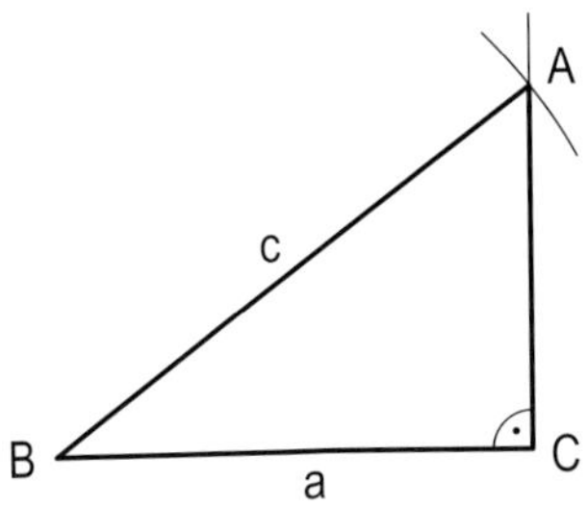

b) $\alpha = \beta = 45°$

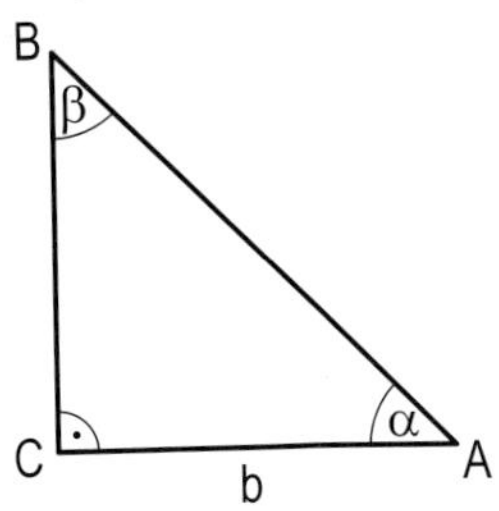

c)

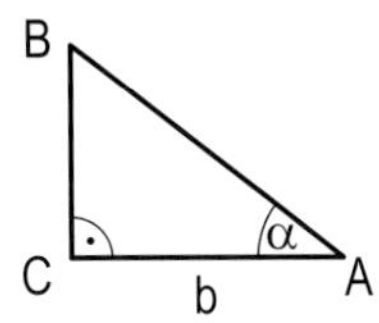

d) $\alpha = \beta = 45°$

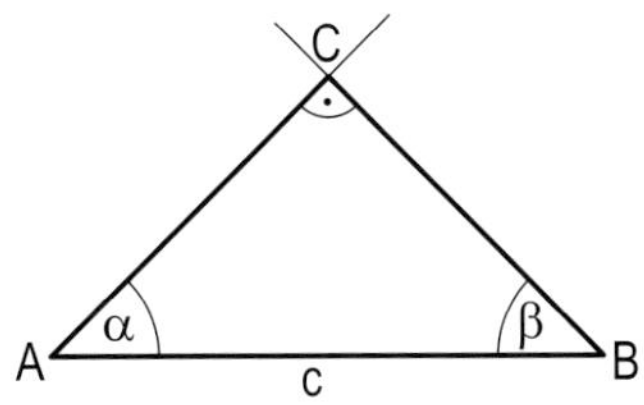

698 Alle diese Dreiecke sind rechtwinklig.

699 $\triangle AMC$ und $\triangle MBC$ sind gleichschenklig. Damit ist der Winkel $\sphericalangle ACM = \alpha$ und der Winkel $\sphericalangle BMC = \beta$.
$\varepsilon_1 = 180 - 2\alpha$ und $\varepsilon_2 = 180 - 2\beta$.
$\varepsilon_1 + \varepsilon_2 = 180$, daher $180 - 2\alpha + 180 - 2\beta = 180$.
$360 - 2\alpha - 2\beta = 180 \Leftrightarrow 360 - (2\alpha + 2\beta) = 180$.
Deshalb ist $2\alpha + 2\beta = 180 \Leftrightarrow 2 \cdot (\alpha + \beta) = 180°$.
Daher ist $\alpha + \beta = 90°$.
Damit ist $\sphericalangle ACB = 90°$ und das $\triangle ABC$ rechtwinklig.

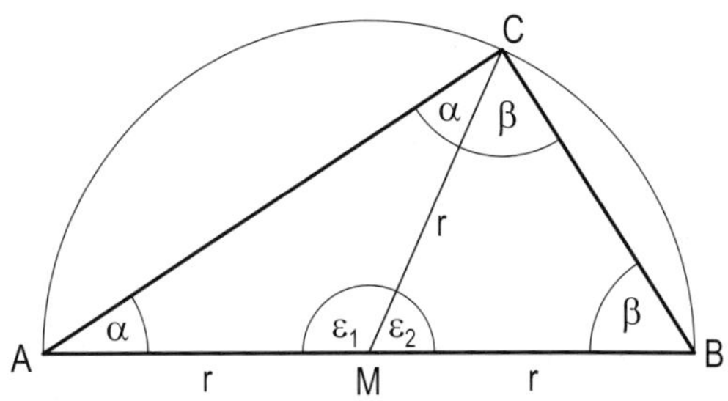

700 Julia muss ihre Kamera unabhängig von der Lage des Sitzplatzes immer um 90° drehen. Es gilt der Satz von Thales.

701 Bei allen Aufgaben zeichnet man zuerst einen Halbkreis über der Hypotenuse c.

a)

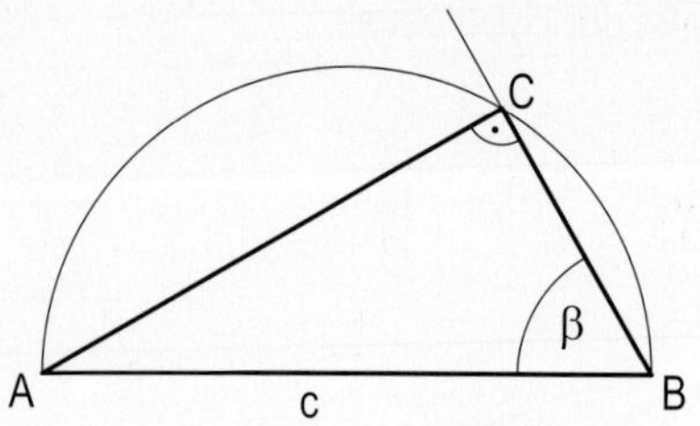

b)

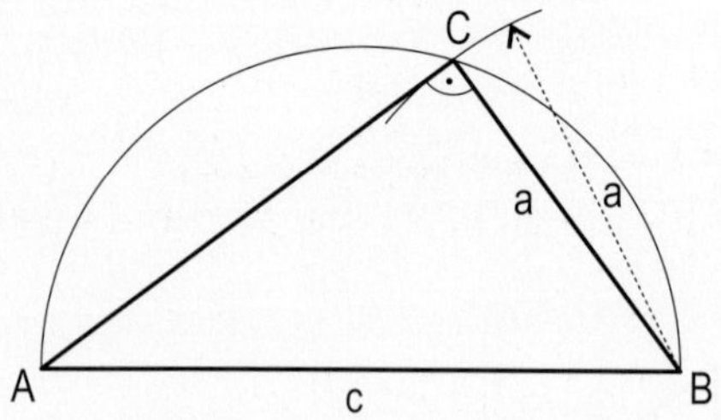

c)

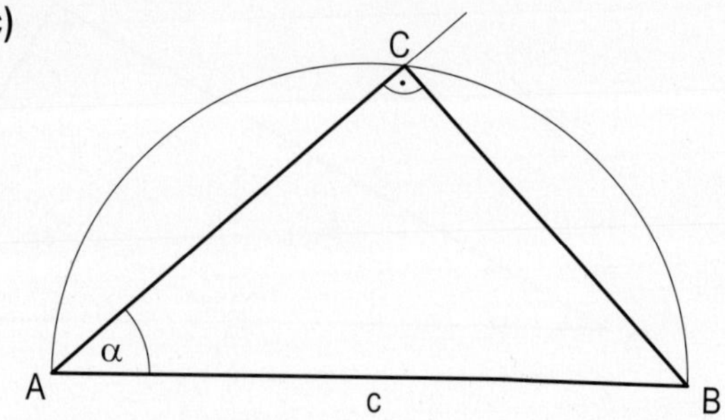

8.5.2 Das gleichschenklige Dreieck

702 Lösung in halber Größe.
Da C von A und B gleich weit entfernt liegt, muss C auf s_{AB} liegen.
Damit teilt s_{AB} ABC in 2 kongruente rechtwinklige Dreiecke, die durch Falten längs s_{AB} zur Deckung gebracht werden können.

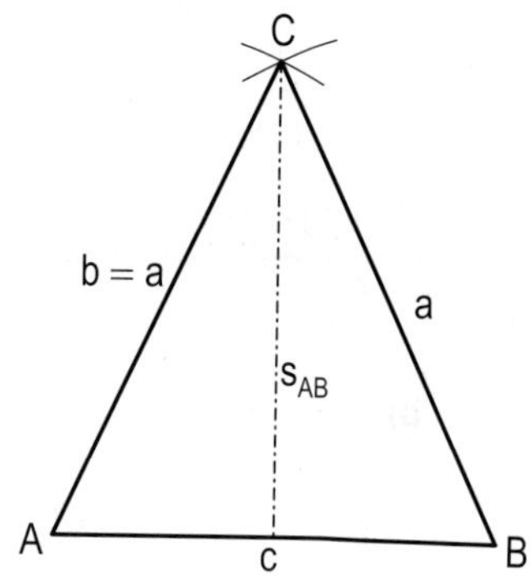

703 Lösungen in halber Größe.

a) $\alpha = \beta$

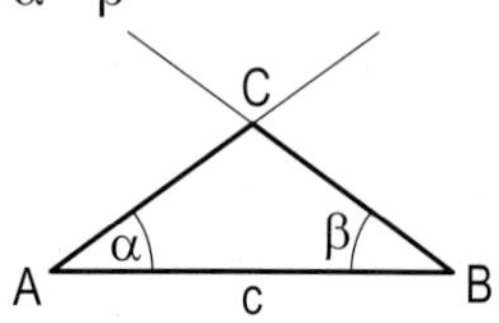

c)

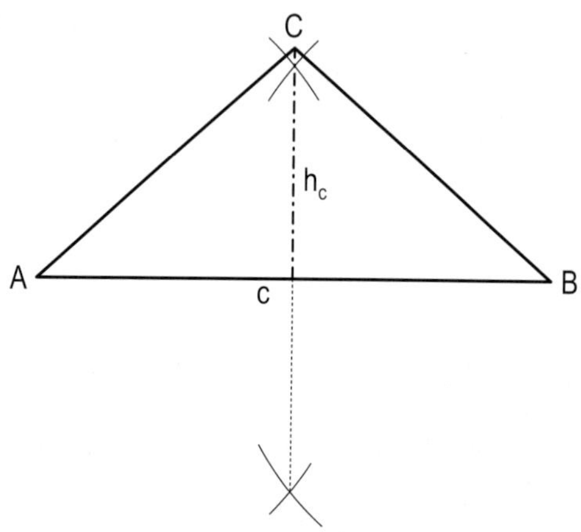

h_c liegt auf der Streckensymmetrale s_{AB}.

b) a = b

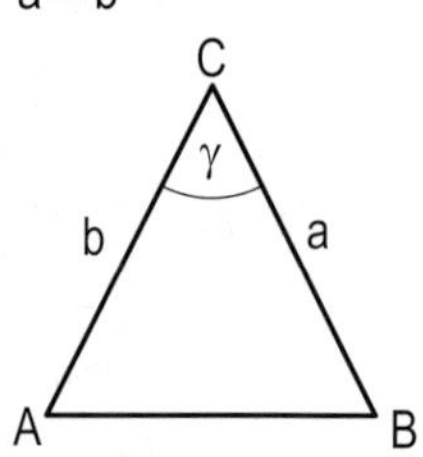

d) $\alpha = \beta = (180 - \gamma) : 2$
$\alpha = \beta = 35°$

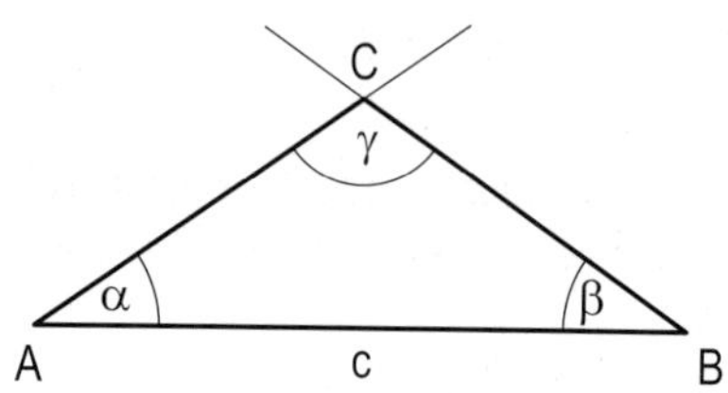

704 Lösung in halber Größe.

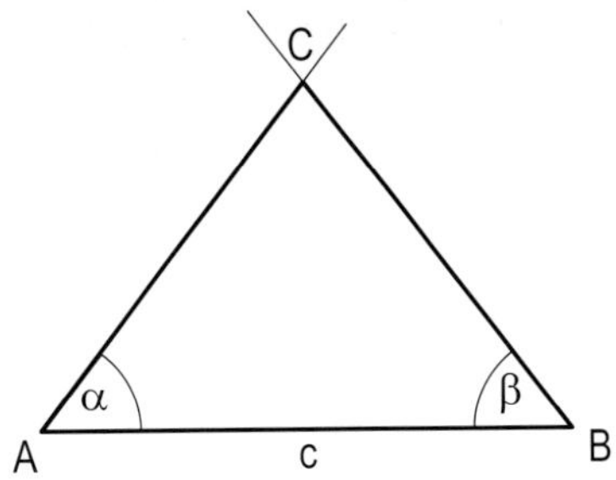

705 a) $c = 120 - 2 \cdot 38 = 44$; $c = 44$ cm

b) $\beta = (180 - 48) : 2$; $\beta = 66°$

c) $\gamma = 180° - 2 \cdot 51° = 78°$

d) $100 = a + b + c$; wegen $a = 2c$:
$100 = 2c + 2c + 2c \Leftrightarrow c = 20$ mm; $a = b = 40$ mm

706 Lösungen in halber Größe.

a)

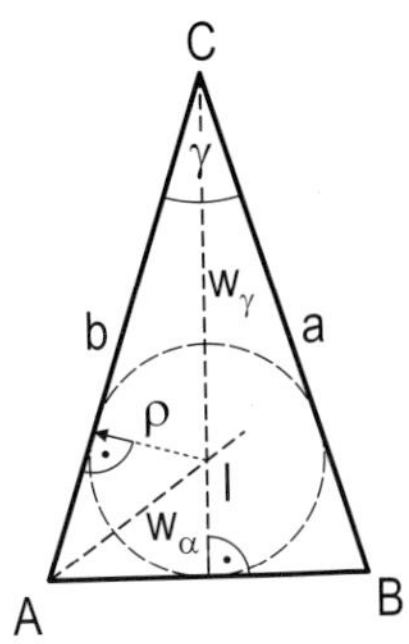

$\rho = 15$ mm

b)

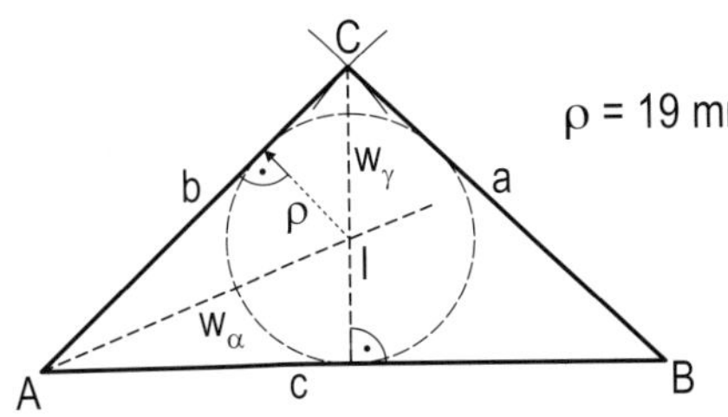

$\rho = 19$ mm

c)

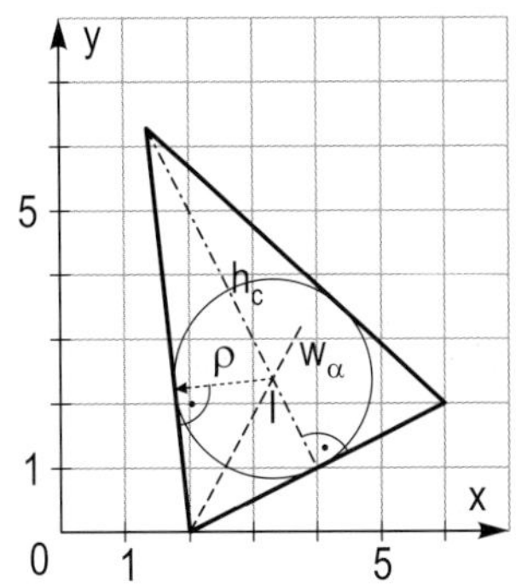

$\rho = 15$ mm

d)

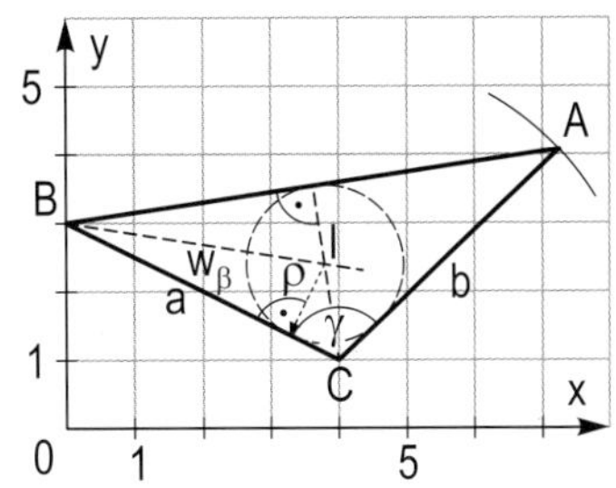

$\rho = 12$ mm

707 a) – c) Die gesuchten Punkte liegen auf der Seitensymmetralen s_{AB}.

d) Es handelt sich um ein gleichseitiges Dreieck, weil auch $\alpha = \beta$.
Damit gilt $\alpha = \beta = \gamma \Rightarrow \alpha = \beta = \gamma = 60°$.
Bei diesem Beispiel fallen die gesuchten Punkte in einem Punkt zusammen, der auch auf s_{AB} liegt.

8.5.3 Das gleichseitige Dreieck

708 Ein gleichseitiges Dreieck ist gleichzeitig auch ein gleichschenkliges Dreieck. Jede Seite kann einmal als Basis und die beiden anderen Seiten als Schenkel aufgefasst werden.
Damit gibt es drei Symmetrieachsen.

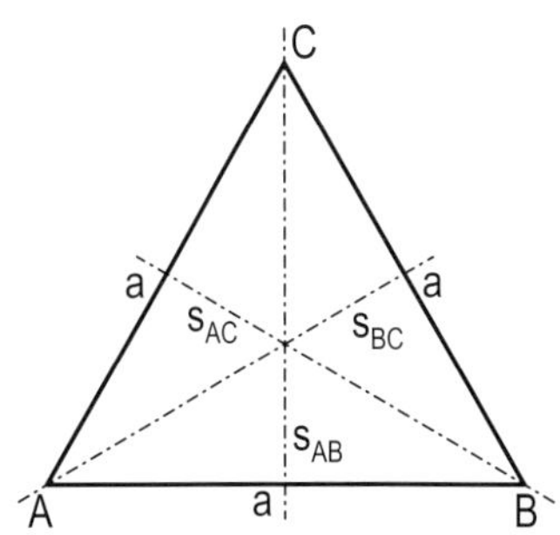

709

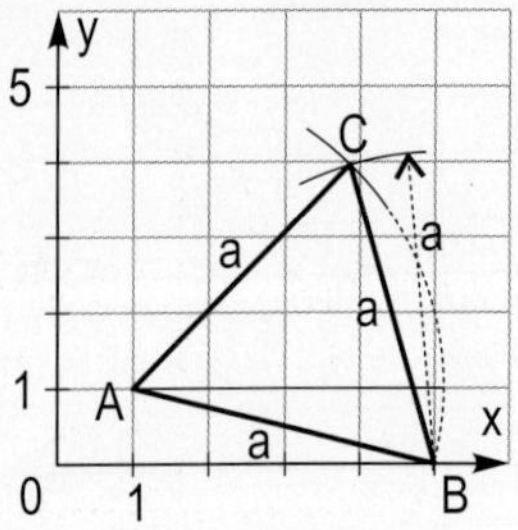

710 U, H, S, I fallen in einem Punkt zusammen weil in einem gleichseitigen Dreieck die Höhen auch Streckensymmetralen, Winkelsymmetralen und Schwerlinien sind.

711 a)

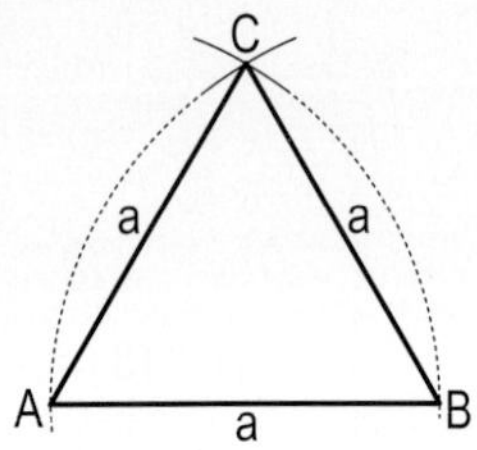

b)

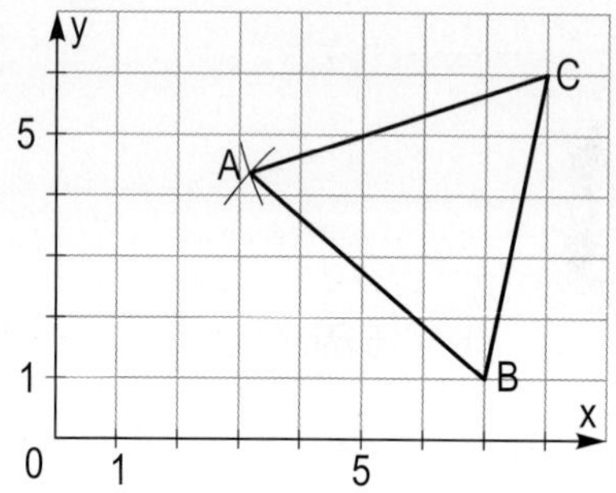

c)

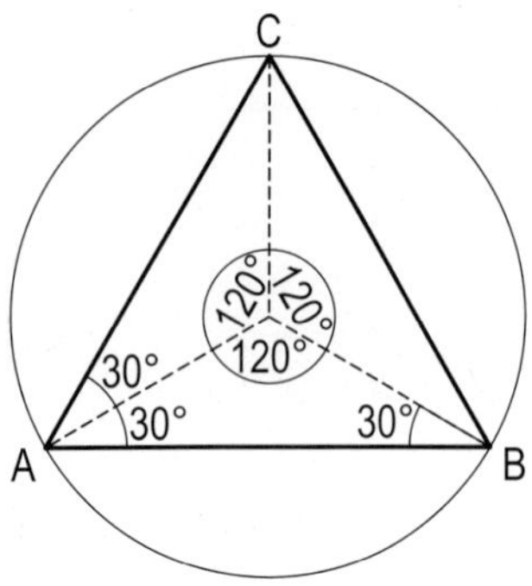

Der Winkel ∢ AUB misst 120°, wie man aus der Zeichnung leicht erkennen kann.
Ein zweiter Weg ergibt sich aus der Konstruktion eines regelmäßigen Sechsecks. (siehe Lösung 713). Du brauchst nur jeden zweiten Eckpunkt „überspringen“. Das verbleibende Dreieck ist ein gleichseitiges.

712 Es entsteht ein gleichseitiges Dreieck, dessen Seitenlänge doppelt so groß wie die des Ausgangsdreiecks ist.

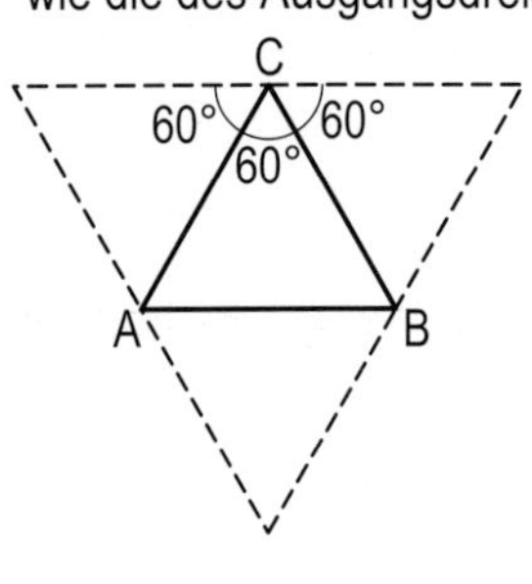

713 Es entsteht ein regelmäßiges Sechseck.
Einfacherer Weg: Zeichne zuerst einen Kreis mit Radius a um A. Wähle auf dem Kreis einen Punkt B. Schlage nun mit dem Zirkel die Länge a sechsmal auf den Kreis ab.

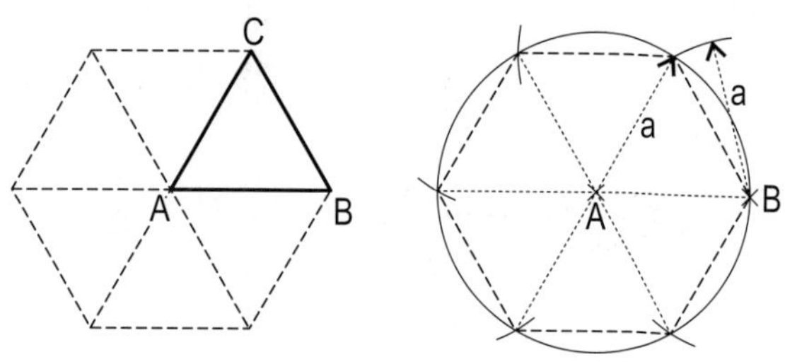

714 **a)** Die Strecken vom Schwerpunkt zum Eckpunkt sind doppelt so lang wie die Strecken vom Schwerpunkt zum Seitenmittelpunkt.

b) $\triangle BSM_c$ ist ein halbes gleichseitiges Dreieck. In der Skizze kannst du das ganze Dreieck $\triangle BSX$ sehen. Damit ist aber $\overline{SM_c}$ halb so groß wie $\overline{BS}$.
Da $\overline{SM_c} = \overline{SM_b} = \overline{SM_a}$ gilt:
$\overline{SB} = 2 \cdot \overline{SM_b}$, $\overline{SA} = 2 \cdot \overline{SM_a}$, $\overline{SC} = 2 \cdot \overline{SM_c}$.
Das war aber zu zeigen.

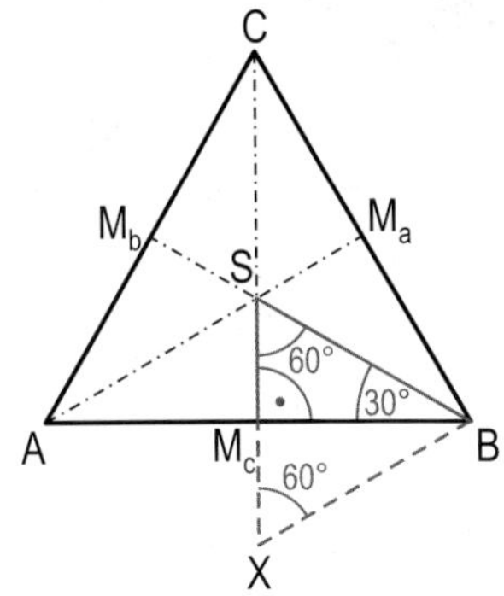

715 Siehe Nusslösungen im Schüler/innenbuch

8.6 Vermischte Übungen

716

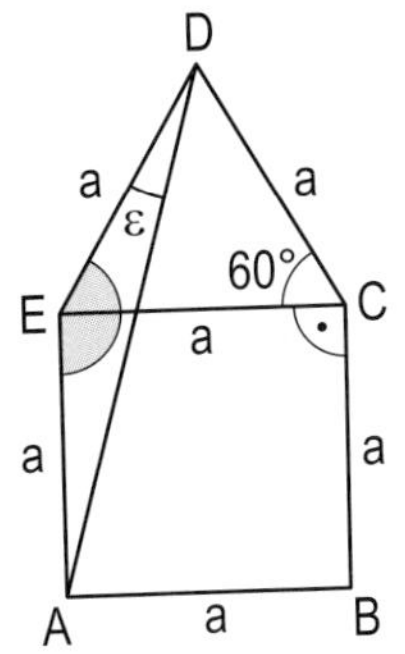

Das $\triangle ADE$ ist gleichschenklig ($\overline{EA} = \overline{DE}$).
Da $\sphericalangle DEA = (90° + 60°) = 150°$ ergibt sich für ε:
$\varepsilon = (180° - 150°) : 2 = 15°$.

717

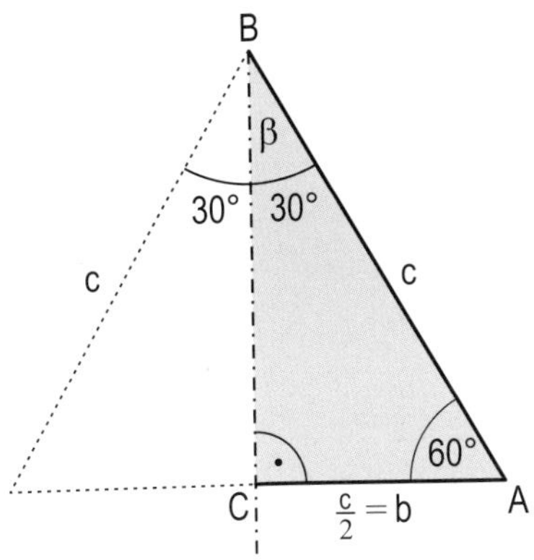

Lösung in halber Größe.

Aus der Zeichnung erkennt man, dass $\triangle ABC$ ein halbes gleichseitiges Dreieck ist.

Spiegelt man $\triangle ABC$ an der Seite BC, entsteht ein gleichseitiges Dreieck.

Daher gilt: $b = \frac{c}{2}$, also b = 46 mm.

718

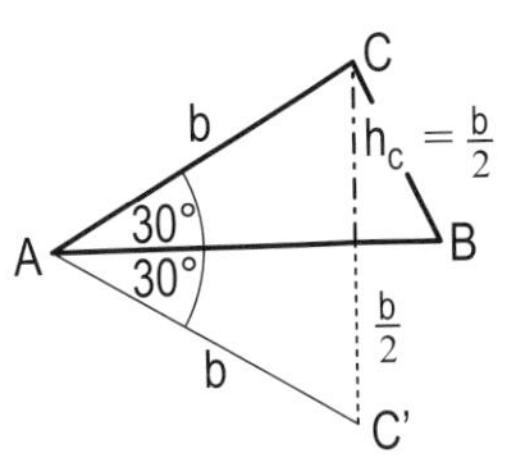

Lösung in halber Größe.
Wieder erkennt man wie in Lösung 717, dass ein halbes gleichseitiges Dreieck vorliegt.

$\triangle ACC'$ ist ein gleichseitiges Dreieck. Daher gilt:

$h_c = \frac{c}{2}$, also h_c = 24mm.

719 a)

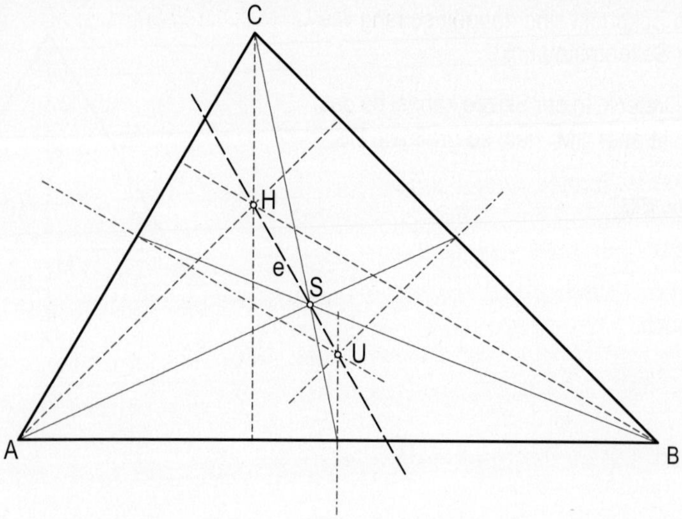

b) Lösung in halber Größe

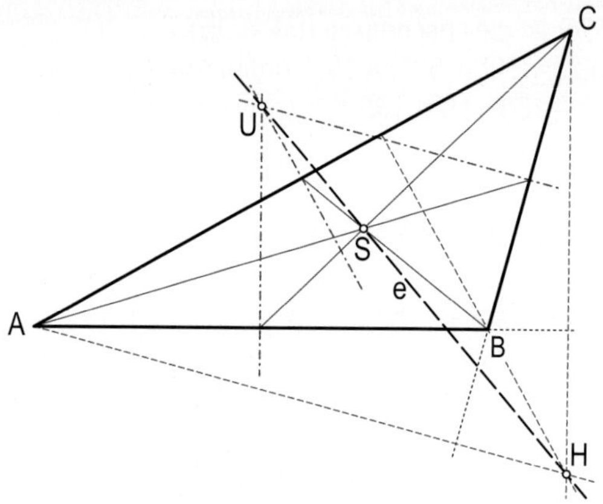

720 a)

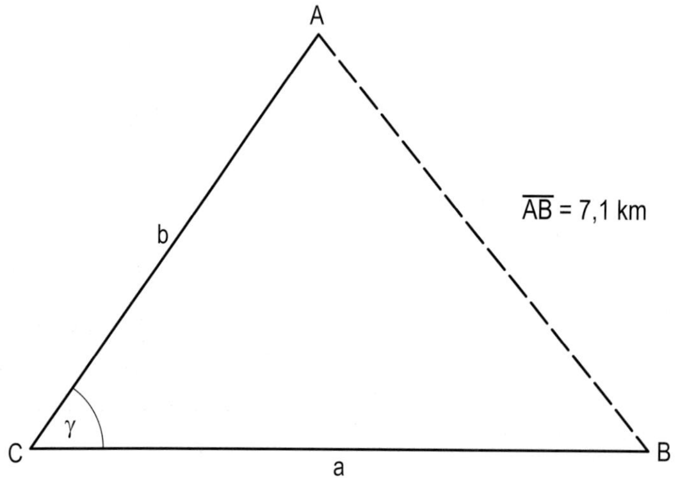

b) Lösung im Maßstab 1:500 000

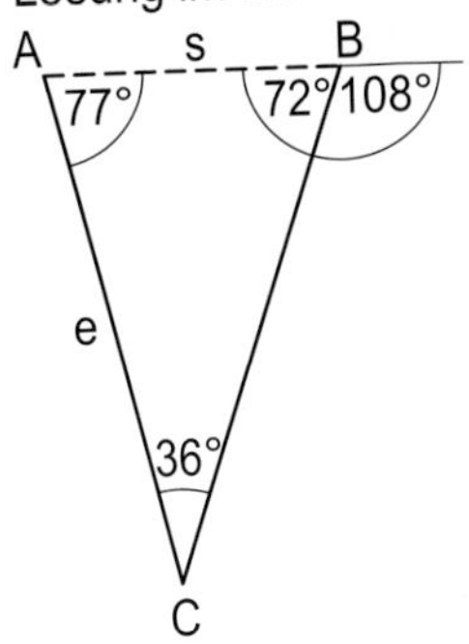

Fahrstrecke: ca. 10 km
Geschwindigkeit: 20 km/h

c) Lösung im Maßstab 1:100 000

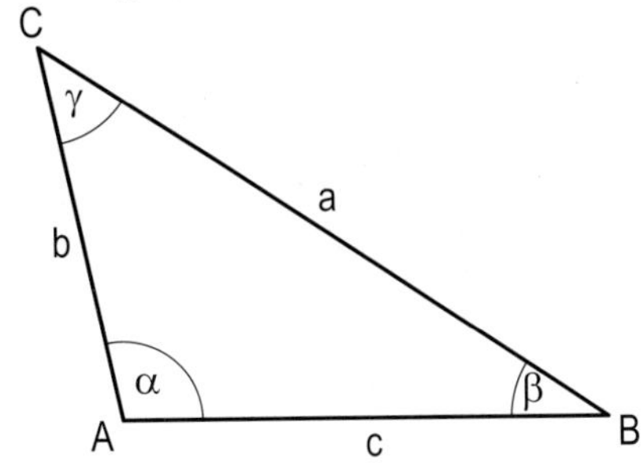

$\alpha = 102°$, $\beta = 33°$, $\gamma = 45°$

721

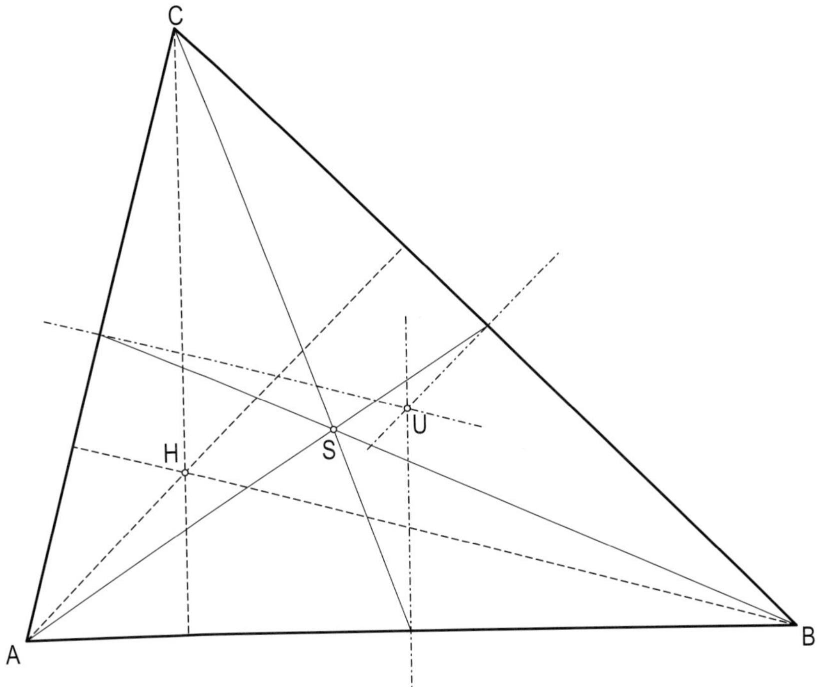

722 Lösung in halber Größe.
ρ = 32 mm

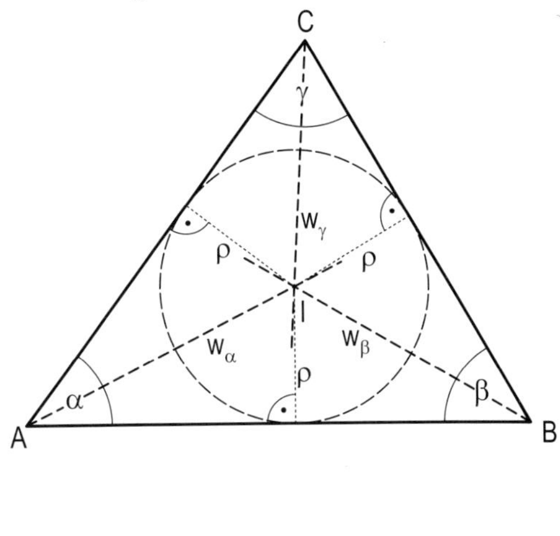

723 **a)** $\delta = 58°$ **b)** $\delta = 81°$

724 Siehe Nusslösungen im Schüler/innenbuch

725 **a)** 28 m **b)** 26,4 m

726 Der Fluss ist ca. 46 m breit.

9 Proportionale Größen

727 a) I → A; II → B; III → B; IV → C; V → A; VI → C; VII → A; VIII → C
Bemerkung: Rein theoretisch könnte bei VIII der Läufer die Strecke in der zehnfachen Zeit zurücklegen. Der menschliche Körper ist aber dazu nicht in der Lage.

b) offene Aufgabenstellung

9.1 Direkt proportionale Größen

728 a) 300 g = 100 g . 3, daher erhält man den entsprechenden Preis auch, indem man den Preis für 100 g mit 3 multipliziert also: 1,40 € · 3 = 4,20 €.
150 g = 300 g : 2 ⇒ Preis für 150 g: 2,10 € = 4,20 € : 2 usw.

b) Die einzelnen Punkte liegen auf einer Geraden.

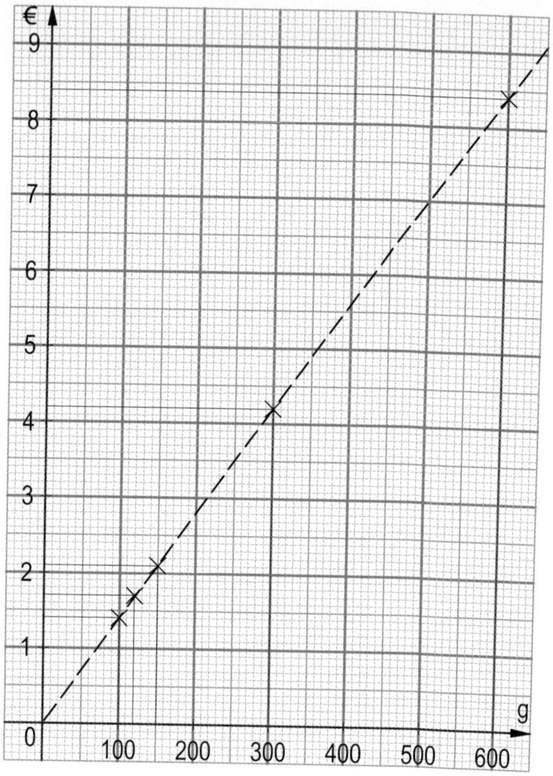

729 a) 28 cm; 12 cm; 4 cm; 10 cm; 16 cm; 30 cm; 2 · x cm

b) 16 *l*; 8 *l*; 10 *l*; 12 *l*; 4 *l*; $\frac{1}{2} \cdot y\, l$

c) Die beiden Größen sind direkt proportional, weil sich die Höhe des Wasserspiegels verdoppelt, verdreifacht usw. wenn man die Füllmenge an Wasser verdoppelt, verdreifacht usw.

730 12 Bilder kosten 1,8 €.
Anna und David überlegen beide zuerst, wie viel ein Abziehbild kostet und multiplizieren dann mit 12. David berechnet aber das Zwischenergebnis nicht und erspart sich damit Rechenarbeit. Bert bestimmt zuerst den größten gemeinsamen Teiler von 16 und 12, nämlich 4 und berechnet zuerst den Preis für 4 Abziehbilder – eine sehr elegante Methode.

731 a) 10 Semmeln kosten 3,20 €. 1 Semmel kostet daher 0,32 €. 3 Semmeln kosten 0,96 €.
13 Semmeln kosten 3,20 € + 0,96 € = 4,16 €.

b)

10 + 5 = 15		10 Semmeln ... 3,20 €
		5 Semmeln ... 3,20 € : 2 = 1,60 €
		15 Semmeln ... 3,20 € + 1,60 € = 4,80 €
18 = 20 – 2		10 Semmeln ... 3,20 €
		20 Semmeln ... 6,40 €
		2 Semmeln ... 0,64 €
	⇒	18 Semmeln ... 6,40 € – 0,64 € = 5,76 €
8 = 10 – 2	⇒	10 Semmeln ... 3,20 €
		2 Semmeln ... 0,64 €
		8 Semmeln ... 3,20 € – 0,64 € = 2,56 €

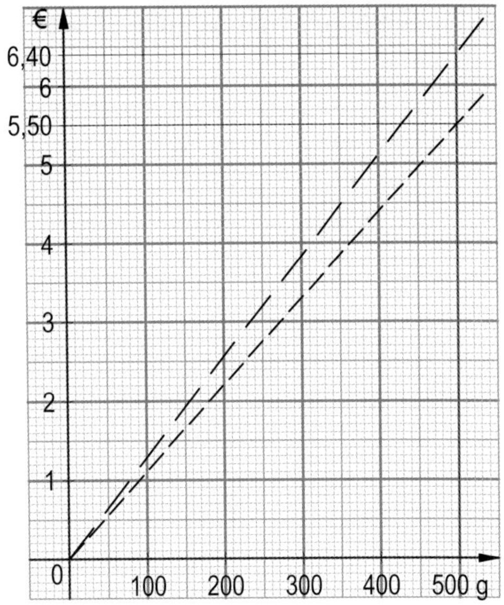

732 Der Graph der teureren Ware ist steiler.

733 Man erspart sich pro Stück 0,99 €.

734 **a)** 10 eggs cost 2,90 €. **b)** You can buy 20 eggs.

735 Man erspart sich 1,80 €.

736 **a)** Der Preis pro Übernachtung muss unabhängig von der Anzahl an Übernachtungen sein.
b) Der Weizenpreis pro kg bleibt unabhängig von der Menge Weizen, die verkauft werden soll.
c) Lukas müsste gleichmäßig laufen. Die Rundenzeit bleibt unabhängig von der Anzahl an gelaufenen Runden.

737 $1\frac{1}{4}$ *l* Milch, $\frac{15}{16}$ *l* Schlagobers, 375 g geschälte Mandeln, 300 g Zucker, 150 g Reismehl, $1\frac{1}{4}$ Teelöffel Mandelextrakt, $2\frac{1}{2}$ Teelöffel halbierte ungesalzene Pistazien.
Rechenweg: Milch $(\frac{1}{2} : 6) \cdot 15 = 1\frac{1}{4}$ *l* usw.

738 Preis pro CD ist 3,50 €. Sarah zahlt 10,50 €, Lucas 14 €.

739 **a)** Möglichkeit 1: Man berechnet den Preis für $\frac{1}{4}$ kg : 3,96 € = 1,32 €. Anschließend multipliziert man mit der Anzahl der $\frac{1}{4}$. $1\frac{1}{4} = 5 \cdot \frac{1}{4}$ kg $\Rightarrow 1\frac{1}{4}$ Krautsalat kostet 1,32 € · 5 = 6,60 €. [9,24 €; 11,88 €; 1,98 €]
Möglichkeit 2: Man berechnet den Preis pro kg.
1 kg kostet 5,28 €. Diesen Preis multipliziert man mit der gewünschten Menge: 5,28 € · $1\frac{1}{4}$ = 6,60 €.
Möglichkeit 3: Man berechnet, wie oft $\frac{3}{4}$ kg in der gewünschten Menge – also $1\frac{1}{4} : \frac{3}{4} = \frac{5}{3}$ – enthalten ist und multipliziert dann diesen Quotienten mit dem Preis: 3,96 € · $\frac{5}{3}$ = 6,60 €.
b) Wähle als Einheit $\frac{1}{8}$ kg oder wähle einen der anderen Wege (siehe Lösung 739 a): 1,98 € [11,88 €; 5,94 €; 3,96 €].
c) Wähle als Einheit $\frac{1}{4}$ kg oder $\frac{1}{8}$ kg oder wähle einen der anderen Wege (siehe Lösung 739 a): 0,99 € [11,88 €; 9,90 €; 5,94 €].

740 **a)**

Normalbenzin	
Volumen	Preis
28 *l*	35 €
14 *l*	17,50 €
7 *l*	8,75 €
21 *l*	26,25 €
35 *l*	43,75 €
5 *l*	6,25 €

Superbenzin	
Volumen	Preis
36 *l*	45,72 €
9 *l*	11,43 €
27 *l*	34,29 €
12 *l*	15,24 €
48 *l*	60,96 €
54 *l*	68,58 €

Diesel	
Volumen	Preis
32 *l*	39,04 €
8 *l*	9,76 €
24 *l*	29,28 €
6 *l*	7,32 €
42 *l*	51,24 €
48 *l*	58,56 €

Quotienten: 1,25 1,27 1,22
Die Quotienten sind für jedes Paar gleich.
b) Volumen : Preis = Beispiel 740 a): Für 1 € erhält man 0,8 *l* Normalbenzin. Dieser Quotient gibt an, wieviel *l* Treibstoff man für 1 € erhält.
Preis : Volumen = Treibstoffpreis pro Liter. Für 740 a) 1,25 € pro Liter

741 **a)** 29,47 **b)** 3,9732 **c)** 8,18 **d)** 0,791

9.2 Indirekt proportionale Größen

742 Der Süßwasservorrat reicht für 10 Personen 24 Tage lang.
20 Personen, die doppelte Anzahl, kommt nur 12 Tage, halb so lang, aus. Ein Viertel der 20 Personen, also 5 Personen, kommen viermal so lang aus, also 48 Tage. Die 3-fache Anzahl von 5, nämlich 15 Personen, kommen dann natürlich nur $\frac{1}{3}$ der Zeit, nämlich 16 Tage mit dem Süßwasservorrat durch. $\frac{1}{5}$ der 15 Personen, nämlich 3 Personen, kommen 5-mal so lange aus, nämlich 80 Tage.
Fehlende Zahlen in der Tabelle: 48 Tage, 80 Tage.
Verdoppelt (verdreifacht, vervierfacht …) man die Anzahl der Personen, dann halbiert (drittelt, viertelt …) sich die Zeit, für die der Süßwasservorrat reicht.
Halbiert (drittelt, viertelt …) man die Anzahl der Personen, dann verdoppelt (verdreifacht, vervierfacht …) sich die Zeit, für die der Süßwasservorrat reicht.

743 **a)** 6 Tage
b) Anna und Thomas überlegen zuerst, wie lang ein/e Schüler/in brauchen würde.
Thomas rechnet dieses Zwischenergebnis aber nicht aus und kann dann kürzen.
Sigrid erkennt, dass 2 ein gemeinsamer Teiler von 6 und 4 ist und überlegt zuerst, wie lange zwei Schüler/innen brauchen.

744 $\frac{3}{4}$ Stunden [$\frac{1}{2}$ Stunde; $\frac{3}{8}$ Stunden; $\frac{3}{10}$ h = 18 Minuten; $\frac{1}{4}$ h = 15 Minuten]

745 It takes the train 28 seconds to cross the bridge.

746 Thomas käme 30 Tage aus.

747 She can fill 36 bottles.

748 **a)** Bei 2 Stunden: 24 000 *l* pro Stunde. Bei 4 Stunden: 12 000 *l* pro Stunde. Bei 12 Stunden: 4000 *l* pro Stunde.
b) Graph: Siehe Information nach Aufgabe 748 im Schüler/innenbuch.

749 **a)**

Länge der Schafweide	Breite der Schafweide
10 m	36 m
20 m	18 m
30 m	12 m
40 m	9 m
80 m	4,5 m
x m	(10 · 36) : x

Ja. Je länger die Schafweide ist, desto schmäler ist sie auch.

b) Das Produkt bleibt konstant 360.

c)

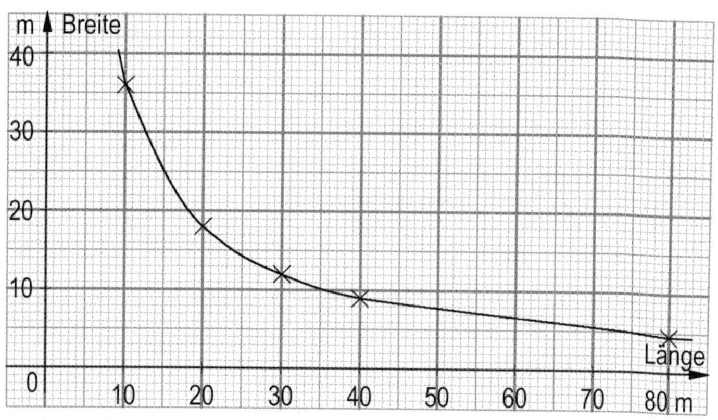

750

Expeditionsmitglieder	Lebensmittelvorrat (in Tagen)
12	36
: 2 → 6	72 (· 2)
· 3 → 18	24 (: 3)
: 2 → 9	48 (· 2)
: 3 → 3	144 (· 3)
· 8 → 24	18 (: 8)

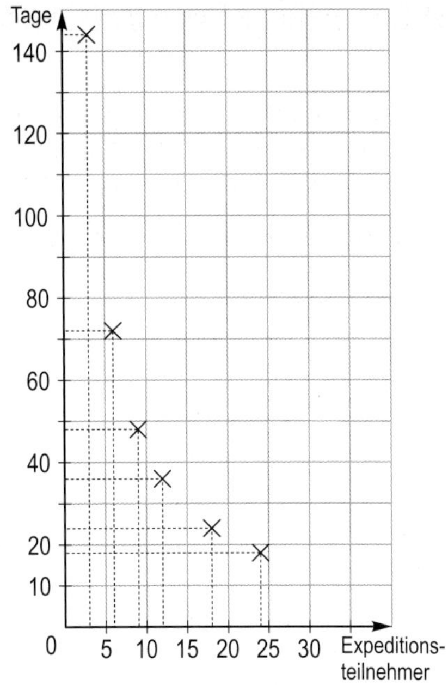

751 **a)** 70 €
b) 12 Tag

752 **a)** Ja. Das Produkt der zugeordneten Paare hat immer denselben Wert.
b) offen

753 Zeichne nebeneinander zwei Kreisringe, die sich berühren. Der Radius des äußeren Kreises misst jeweils 4 cm und der des inneren Kreises misst jeweils 3 cm.

9.3 Vermischte Übungen

754 **a)**

Benzin-Volumen (in *l*)	Preis (in €)
40	50,16
: 8 → 5	6,27 (: 8)
· 9 → 45	56,43 (· 9)

b)

Anzahl der Gärtner	Benötigte Arbeitstage
18	12
: 18 → 1	216 (· 18)
· 24 → 24	9 (: 24)

755 **a)** 3 kg Äpfel: 2 €
3 kg Zwetschken: 3,90 €
3 kg Melonen: 2,70 €

b) Am billigsten sind die Äpfel. .
Am teuersten sind die Zwetschken

c)

	Preis nach Sorte		
	Äpfel	Zwetschken	Melonen
6 kg	4 €	7,80 €	5,40 €
8 kg	5,33 €	10,40 €	7,20 €
1,5 kg	1 €	1,95 €	1,35 €

d) offene Aufgabenstellung

756 **a)** 180 kg [300 kg, 660 kg]

b) 4 Tage

757

Jogurtmenge in g	Energiewert	Kohlenhydratmenge	Eiweißmenge	Fettmenge
300 g	1320 kJ	45 g	12 g	8,4 g
150 g	660 kJ	22,5 g	6 g	4,2 g
75 g	330 kJ	11,25 g	3 g	2,1 g
225 g	990 kJ	33,75 g	9 g	6,3 g

758 **a)** 4,20 €; 1,40 €; 9,80 €; 1,96 €; **b)** 6 Tage; 24 Tage; 8 Tage; 40 Tage

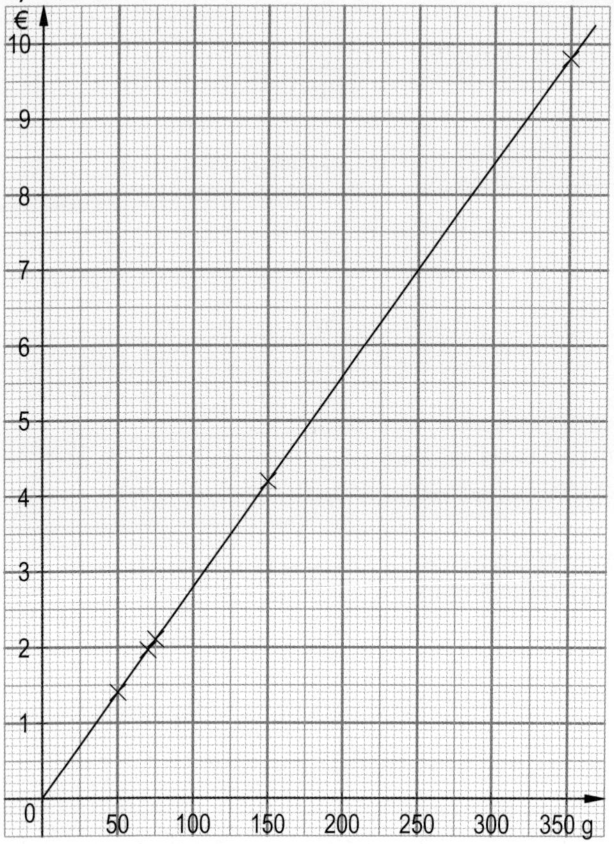

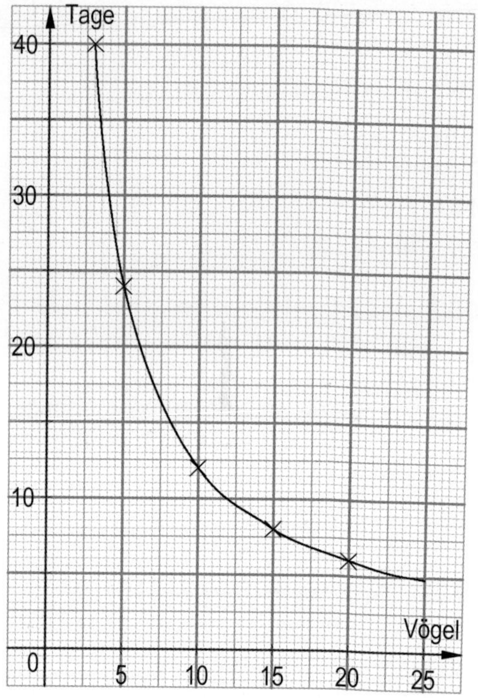

759 **a)** 900 km **b)** 32 *l* Benzin; 25 km **c)** 20 km; 25 *l* Diesel

760 In einem Koordinatensystem, in dem der Zeit die Füllhöhe zugeordnet wird, liegen die sich daraus ergebenden Punkte annähernd auf einer Geraden, die durch den Koordinatenursprung geht. Die Zunahme der Füllhöhe in 5 s wird immer gleich groß sein.
Verdoppelt (verdreifacht; vervierfacht) man die eingefüllte Wassermenge, dann halbiert (drittelt, viertelt) sich die Füllzeit. Die Füllhöhen nach 5 s; 10 s; 15 s werden sich verdoppeln (verdreifachen, vervierfachen) gegenüber dem anfangs verwendeten Wasserstrahl.
Die Füllhöhe ist direkt proportional zur Wassermenge, die zufließt.
Die Füllzeit ist indirekt proportional zur Wassermenge, die zufließt.

761 58 320 €

762 **a)** 48 min [8 min, 16 min, 96 min, 32 min] **b)**

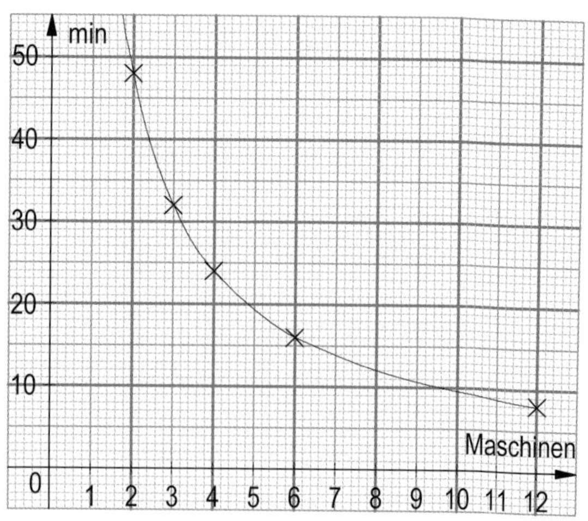

763 Nein. 100 g Erdnüsse kosten beim Gemüsehändler 70 c und im Supermarkt 72 c.

764 **a)** Es bleiben 4,375 *l* Farbe über.
b) 96 m^2

765 Man muss ca. 70 g (70,093…) roten Paprika essen.

766 Man benötigt für 2,5 kg Erdbeeren 2 kg Gelierzucker, um Erdbeermarmelade herzustellen.
- **(1)** Wie viel Gelierzucker benötigt man für 4 kg? 3,2 kg
- **(2)** Wie viel kg Erdbeeren kann man mit 5 kg Gelierzucker einkochen? 6,25 kg

767 238,896 kg

768 **a)** 360 kg. Auf einer Palette sind 44 Platten. **b)** 5,25 € **c)** $9\frac{2}{3}$ h

769 2,67 km

770 175 days

771 Aufsteigend geordnet: C, A, B, E, D

772 **a)** 12 Fuhren **b)** 43 Fuhren

773 **(1)** Nein. Nach 2 Jahren müsste Tina doppelt so groß sein.
- **(2)** Nein. 1,5 *l* müssten doppelt so viel wie 0,75 *l* wiegen.
- **(3)** Ja. Die doppelte, dreifache, vierfache Seitenzahl ergibt die doppelte, dreifache, vierfache Dicke der Zeitschrift.

774 273 €

775 **a)** 160 km/h
- **b)** 108 km/h
  Der zweite Zug ist langsamer. Das sieht man am flacheren Graphen der Zuordnung.

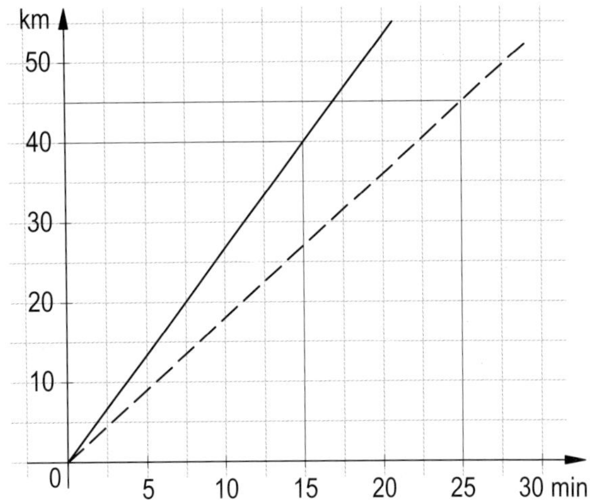

776 **a)** Keine direkte Proportionalität. Begründung: Die beiden Quotienten haben nicht denselben Wert. 9 : 3 ≠ 16 : 4
- **b)** Indirekte Proportionalität. Begründung: Der Wert der beiden Produkte ist gleich. 30 · 72 = 45 · 48 = 2160
- **c)** Keine indirekte Proportionalität. 21 · 105 ≠ 84 · 21
- **d)** Direkte Proportionalität.

·5		·2
14 s	70 s	140 s
2,40 m	12 m	24 m
·5		·2

- **e)** Indirekte Proportionalität. 45 · 54 = 27 · 90
- **f)** Keine direkte Proportionalität. 2 : 3 ≠ 3 : 4 ≠ 4 : 5

777 **(1)** Weder noch. Es ist weder das Produkt noch der Quotient der zugeordneten Größen konstant.
- **(2)** Indirekt proportional. Das Produkt zugeordneter Größen scheint konstant 2 zu betragen.
- **(3)** Direkt proportional. Der Graph ist eine ansteigende Gerade durch den Ursprung.
- **(4)** Weder noch. Es ist weder das Produkt noch der Quotient der zugeordneten Größen konstant.
- **(5)** Weder noch. Der Graph geht nicht durch den Ursprung.
- **(6)** Keine indirekte Proportionalität. Der Graph berührt x- und y-Achse.

778

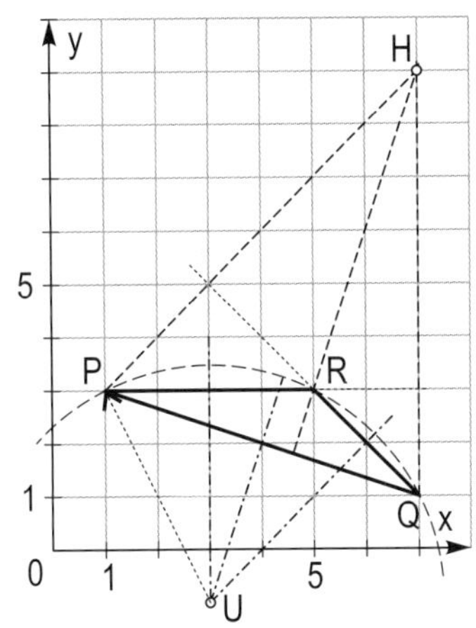

779 Schraubenfeder: direkt proportional.

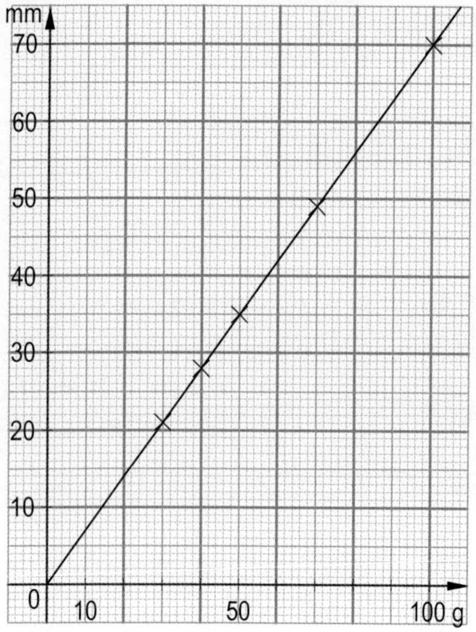

Gummifaden: nicht direkt proportional.
Die Quotienten zugeordneter Größen sind nicht konstant!

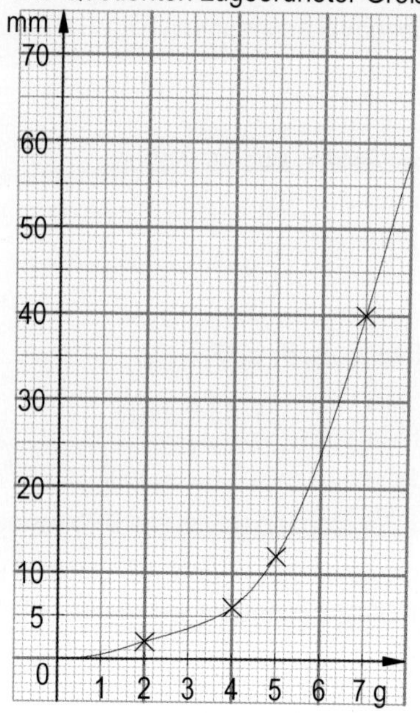

780 a) Wie lange dauert es, das Schwimmbecken auszupumpen? 12 Stunden.
b) Wie lange brauchen die 5 Pumpen, um das Becken auszupumpen? 14 Stunden.
c) offene Fragestellung

781 a) **(1)** Nicht direkt proportional. Die Läuferin würde den Weltrekord um ca. 15 s verbessern. Das ist nicht möglich!
(2) Nicht indirekt proportional, da wahrscheinlich 1000 Maurer sich im Weg stehen würden.
(3) Nicht direkt proportional. Die Fläche würde sich verneunfachen.
(4) Nicht direkt proportional. Ab ca. 18 Jahren wächst der Mensch nicht mehr. Astrid müsste 4,50 m groß werden.
(5) Weder direkt noch indirekt proportional. 3 Fahrzeuge werden das Ziel auch in 40 Minuten erreichen.
b) offen

782 a) 500 m^2 **b)** 28 Neumitglieder

783 Es könnten 6 h 40 min eingespart werden.

784 a) Um 11.52 Uhr. **b)** Nach 3 Stunden.

785 Gesamteinnahmen: 14 989 € Gesamtbesucherzahl: 2306 Zuseher

786 (1) 480 g Bananen **(2)** 875 ml Buttermilch

787 a) 119,7 dm^2 **b)** $7 \cdot x \cdot y = A$

788 Siehe Nusslösungen im Schüler/innenbuch

789 Er muss 1 h 29 min also ungefähr 1,5 h als Fahrzeit einplanen.
Er muss mit derselben Durchschnittsgeschwindigkeit fahren.

790 a) 5,00 € **b)** 17,5 €

791 226,80 €

792 500 000 €

793 7 Tage

794 $0{,}72 < 0{,}725 < \frac{727}{1000} < 0{,}\dot{7}\dot{2} < \frac{727}{999}$

795 52 Tage

796

Temperatur-anstieg	Verlängerung der Flüssigkeitssäule
12°	15 mm
6°	7,5 mm
18°	22,5 mm
9°	11,25 mm
27°	33,75 mm
x°	(15 : 12) · x mm = 1,25 · x mm

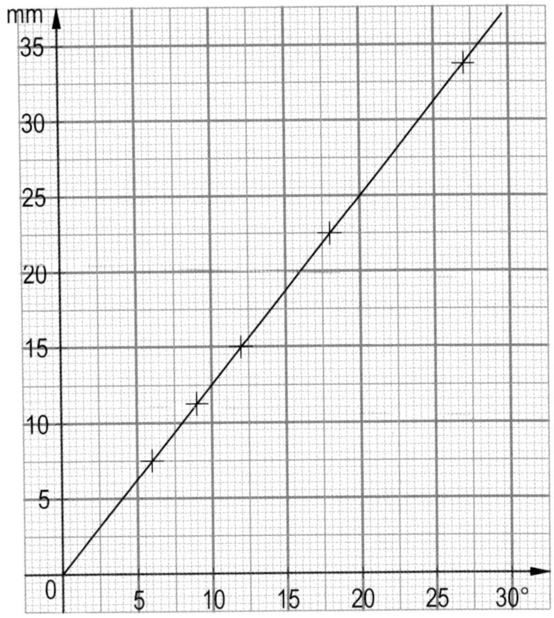

5° ≙ 10 mm

797 **(1)** richtig

(2) indirekt proportional; Addieren und Subtrahieren funktioniert bei indirekter Proportionalität nicht.
Wenn: Länge 20 cm ≙ Breite 240 cm dann gilt:
Länge 40 cm ≙ Breite 120 cm

(3) indirekt proportional; Addieren und Subtrahieren nicht erlaubt.

	Pumpen	Füllzeit	
·3	2 Pumpen	24 h Füllzeit	:3
·4	6 Pumpen	8 h Füllzeit	:4
	24 Pumpen	2 h Füllzeit	

798 Erweitere Zähler und Nenner mit derselben Zahl. Von zwei Brüchen mit demselben Zähler ist der der kleinere, der den größeren Nenner hat z. B. $\frac{1}{7} = \frac{2}{14}$, $\frac{1}{8} = \frac{2}{16} \Rightarrow \frac{2}{16} < \frac{2}{15} < \frac{2}{14}$ oder $\frac{1}{7} = \frac{3}{21}$, $\frac{1}{8} = \frac{3}{24} \Rightarrow \frac{1}{8} = \frac{3}{24} < \frac{3}{23} < \frac{3}{22} < \frac{3}{21} = \frac{1}{7}$
$\frac{1}{8} = \frac{4}{32} < \frac{4}{31} < \frac{4}{30} < \frac{4}{29} < \frac{4}{28} = \frac{1}{7}$
Damit hat man 6 Brüche gefunden: $\frac{2}{15}$, $\frac{3}{23}$, $\frac{3}{22}$, $\frac{4}{31}$, $\frac{4}{30}$, $\frac{4}{29}$; Die angegebenen Brüche sind nicht geordnet.
$\frac{2}{15}$ hat ein Nenner kleiner als 20.

799 **a)** Herr Müller fährt mit einer Durchschnittsgeschwindigkeit von 100 km/h.
b) Er benötigt 40,9 also ungefähr 41 Minuten.
c) Er muss den Rest der Strecke mit einer Geschwindigkeit von 111,43 km/h fahren.
d) Rein theoretisch schafft sie die Zeit mit einer Durchschnittsgeschwindigkeit von 128,6 km/h.
Man darf auf Autobahnen mit 130km/h fahren. Die hohe Durchschnittsgeschwindigkeit von 128,6 km/h wird aber kaum zu schaffen sein, da es immer wieder kleinere Behinderungen gibt. Man muss auch die Zeit der Beschleunigung auf 130 km/h mit beachten usw.

800 **a)** Er hätte noch 4 Stunden schlafen können. **b)** 75 *l*

801 150 ml Milch werden vom Gerät mit 800 W in 6 Minuten erhitzt.
200 ml Milch werden vom gleichen Gerät in 8 Minuten erhitzt.

802 **a)** 7 Bagger **b)** 3,5 Monate **c)** 21 Monate (7 Monate + 14 Monate).

803 **a)** Da 7 Maurer nur fast fertig werden, müssen 8 Maurer eingesetzt werden. Diese schaffen die Arbeit sogar in 9 Tagen.
b) 8 Tage
c) Aufgabe 803 b) widerlegt diese Behauptung.
d) 9,75 Tage also ca. 10 Tage.

804 Siehe Nusslösungen im Schüler/innenbuch

805 1 € = 1,61368 $, 1 $ = 0,61970 € (28.3.2008)

Kanadische Dollar ($)	Euro (€)
0,10	0,06
1,00	0,62
5,00	3,10
10,00	6,20
50,00	30,99
100,00	61,97

(1) 0,5 € **(2)** 1,43 € **(3)** 3,04 € **(4)** 4,53 € **(5)** 7,44 € **(6)** 15,50 € **(7)** 24,18 € **(8)** 29,76 €

806 4 Laternen

807 14 Katzen

808 Wenn die Kantenlänge doppelt so groß ist, dann muss das Volumen und die Masse 8-mal so groß sein, daher: m = 2800 g.

809 offen

810 **a), b)** Die Zahlenpaare sind zueinander direkt proportional. Die Zahlenpaare liegen auf einer Geraden durch den Ursprung.
c) Dividiere den Zähler des neuen Bruches durch den Zähler des Ausgangsbruches. Den neuen Nenner erhältst du nun, indem du den Ausgangsnenner mit diesem Quotienten multiplizierst. Analog kann man auch bei vorgegebenem Nenner vorgehen.

THEMA: „Mit dem Auto unterwegs“

811 **(1)** 170 km Autobahnen und Schnellstraßen, 35 km Bundes- und Landesstraßen.
Vermutlich sind sie um 9.30 Uhr in Graz abgefahren.

(2) Die Strecke ist deutlich kürzer. Sie beträgt ca. 150 km. Daher werden sie früher in Neusiedl ankommen.

(3) Sie werden ungefähr um 11.05 Uhr in Neusiedl ankommen.

(4) **a)** Nach dem in der Karte angegebenen Maßstab entsprechen 46 mm auf der Karte 50 km in Wirklichkeit. Damit ergibt sich: Graz – Neusiedl ungefähr 189 mm.
b) Das Auto legt auf der Bundesstraße 55,2 mm zurück.
c) Das Auto legt auf der Autobahn pro Minute 1,8 mm zurück.

(5) Treibstoffkosten: 20,25 €

(6) Feste Kosten pro 100 km: 22,50 €
Fahrtkosten incl. Treibstoffkosten: 87,75 €

(7) Kosten für zwei Erwachsene und ein Kind unter 14 Jahren: 138,– €
Die Fahrt mit dem Auto ist um ca. 50 € billiger.

10 Vierecke und Vielecke

10.1 Eckige Figuren in der Ebene

812 a)

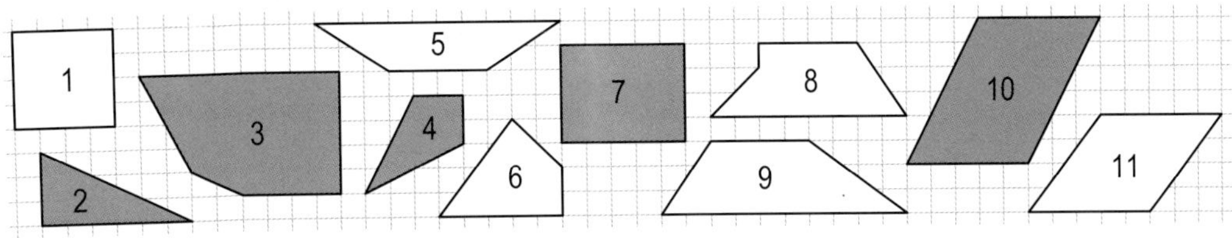

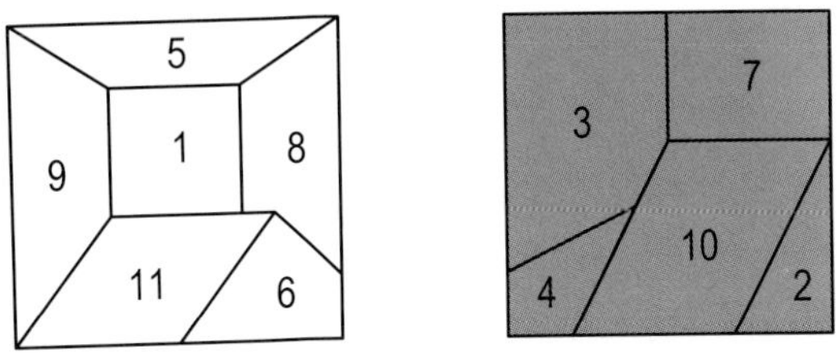

(Druckfehler in der 1. Auflage im Schüler/innenbuch; ab 2. Auflage Teil 8 ist blau statt rot.)

b) offen

813 Dreicke: 2
Vierecke: 1 (Quadrat), 4 und 6 (Deltoide), 9 (Trapez), 5 (gleichschenkliges Trapez), 7 (Rechteck), 10 (Parallelogramm), 11 (Raute).
Fünfecke: 3, 8

814

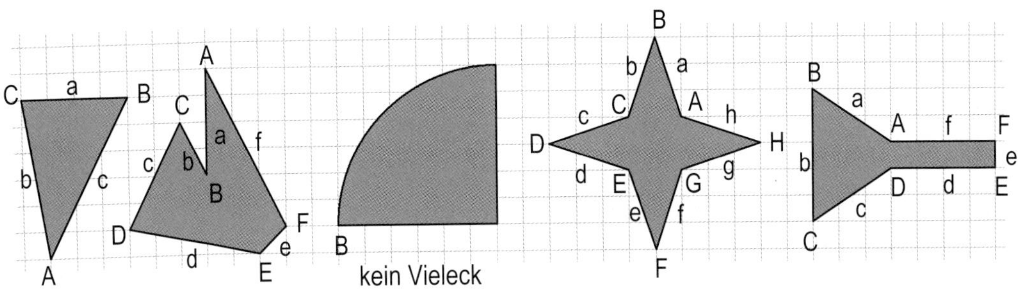

815 Ein 24-Eck hat 24 Seiten. Jeder Eckpunkt gehört auch zu zwei Seiten.

816 13,25 €

10.2 Parallelogramm, Rechteck, Raute, Quadrat

817 a) Das Überlappungsgebiet ist eine Raute oder ein Quadrat.
b) Das Überlappungsgebiet ist ein Parallelogramm oder ein Rechteck.

818 a)

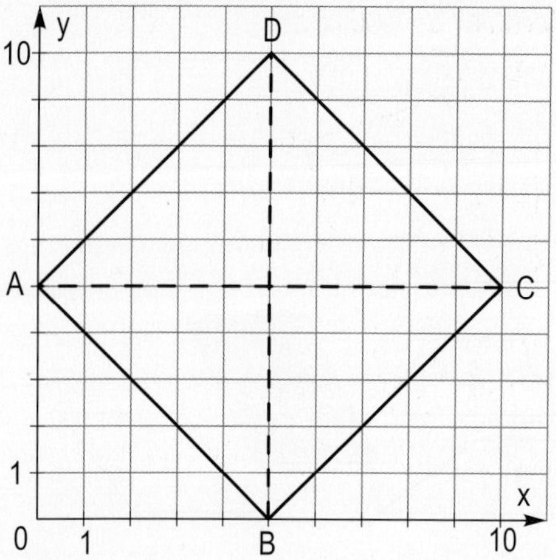

Quadrat
u = 28,4 cm; d = 10 cm

c)

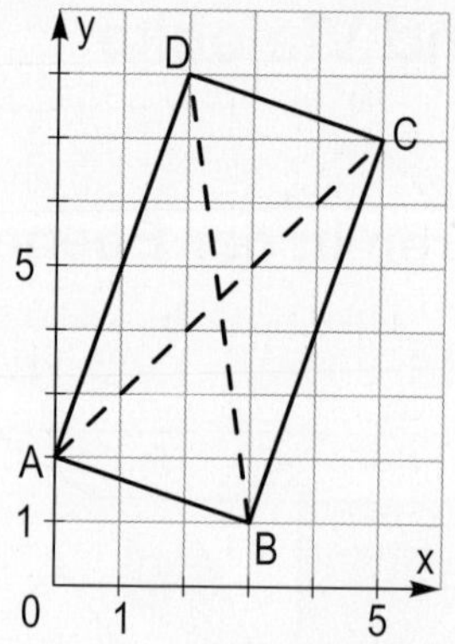

Rechteck
u = 19 cm; d = 7,1 cm

b)

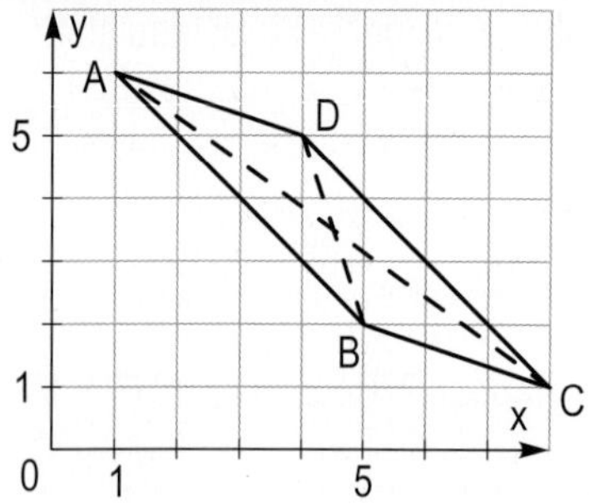

Parallelogramm
u = 17,6 cm; e = 8,6 cm; f = 3,15 cm

d)

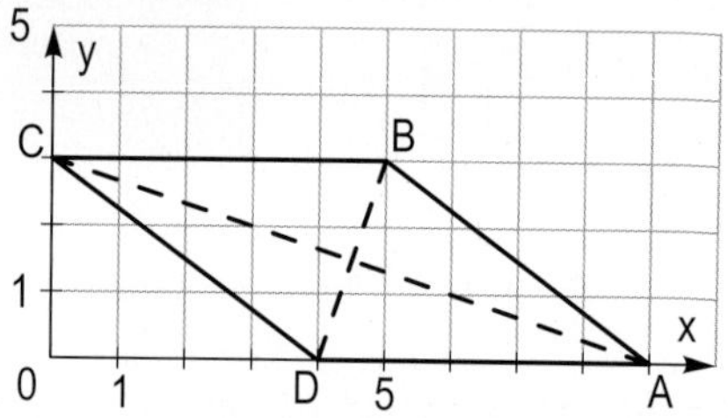

Raute (Rhombus)
u = 20 cm; e = 9,5 cm; f = 3,15 cm

819 **(1)**, **(3)**, **(5)** sind Parallelogramme. Gegenüberliegende Seiten sind parallel zu einander.

820

	(1)	**(2)**	**(3)**	**(4)**	**(5)**	**(6)**
Parallelogramm	ja	ja	ja	ja	ja	ja
Rechteck	ja	ja	nein	ja	nein	nein
Quadrat	nein	nein	nein	ja	nein	nein
Raute (Rhombus)	nein	nein	nein	ja	ja	nein

821 David hat recht. Jedes Rechteck hat gegenüberliegende parallele Seiten.
Johanna hat unrecht. Nicht jedes Parallelogramm hat rechte Winkel.

822 **a)** Quadrat, u = 280 mm

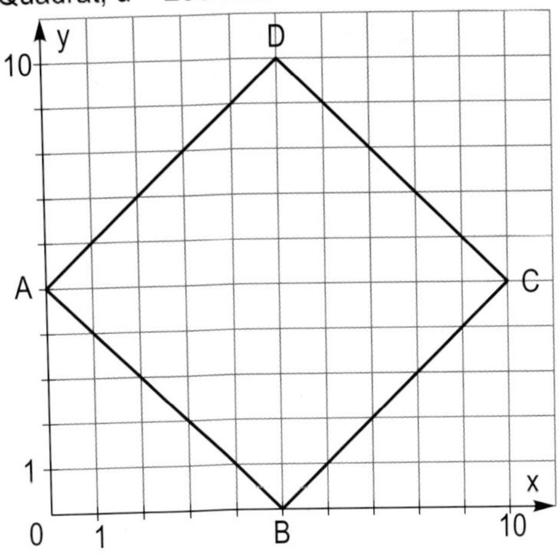

c) Rechteck u = 190 mm

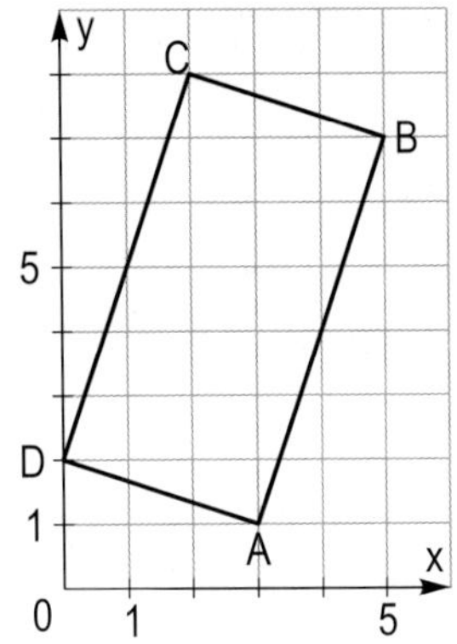

b) u = 176 mm

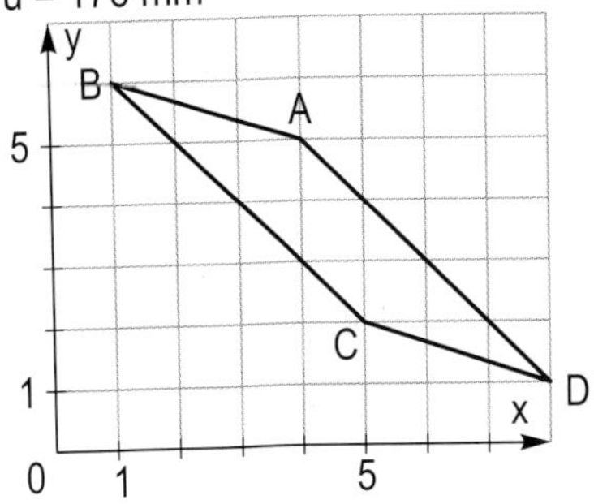

d) Raute; u = 200 mm

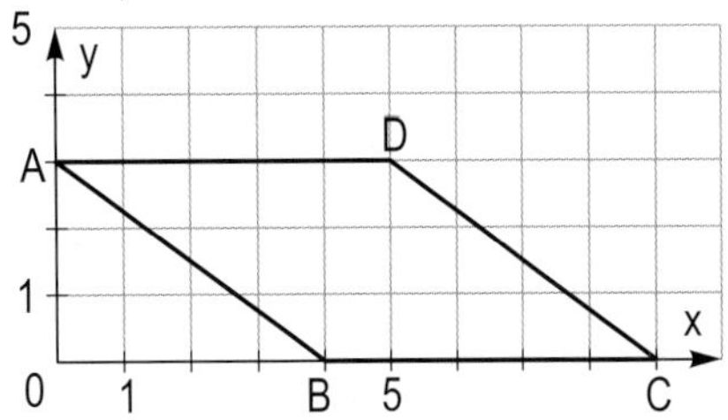

823

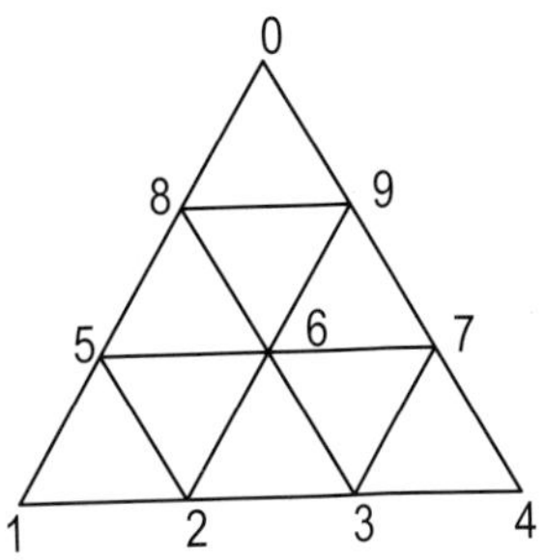

Du kannst folgende 15 Parallelogramme finden:
1265, 2376, 2365, 3476, 5698, 6798, 6908, 2685, 3796, 1298, 3498, 5290, 8370, 5247, 1375

824 Siehe Information S. 218 im Schüler/innenbuch.

825 Es könnte um $1\frac{1}{2}$ Arbeitstage schneller gehen.

826 Eine Raute lässt sich in zwei gleichschenklige Dreiecke mit gemeinsamer Basis zerlegen z. B. △ABD und △DBC. Die Höhen auf die Basisseiten treffen einander im Mittelpunkt der Raute.
Die Diagonale AC setzt sich aus den beiden Höhen zusammen und muss daher normal zur Diagonale BC sein.

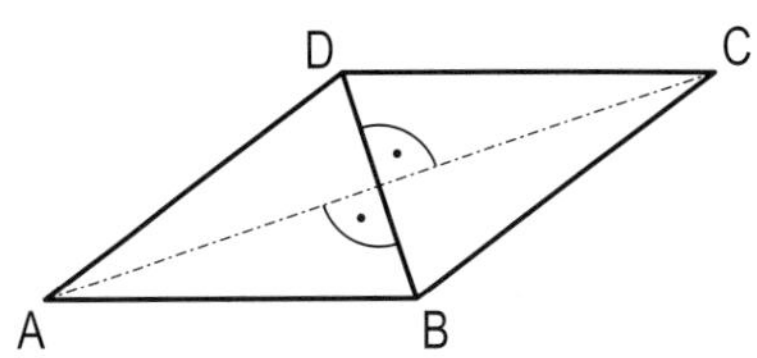

827 Benachbarte Winkel sind Parallelwinkel. Da der eine stumpf und der andere spitz ist, können sie nicht gleich sein sondern müssen supplementär sein.
Sonderfall Rechteck: die benachbarten Winkel sind gleich groß, nämlich rechte Winkel.

828 Bild **1**: Rechtecke (2 Symmetrieachsen), Parallelogramme (keine Symmetrie) Bild **3**: Quadrat (4 Symmetrieachsen)
Bild **2**: Rechteck (2 Symmetrieachsen), Parallelogramme (keine Symmetrie) Bild **4**: Raute (2 Symmetrieachsen)

829 Gerät 1: Rauten, die auch zu Quadraten werden können. Gerät 2: Parallelogramm, das auch zu Rechteck werden kann.

830 **a)** $\alpha = \gamma = 53°$, $\beta = \delta = 127°$ **c)** $\alpha = \gamma = 127°$, $\beta = \delta = 53°$
b) $\alpha = \gamma = 68°$, $\beta = \alpha = 112°$ **d)** $\alpha = \gamma = 116°$, $\beta = \delta = 64°$

831 $\alpha_1 = \gamma_2$; $\alpha_2 = \gamma_1$; $\alpha = \gamma = 72°$, $\beta = \delta = 108°$

832 **a)** Es gibt einen weiteren Winkel mit 57° und zwei Winkel mit 123°. **b)** 70°

833 Siehe Nusslösungen im Schüler/innenbuch

834 **a)** $\alpha + \beta = 180°$, d.h. $2 \cdot \beta + \beta = 180° \Rightarrow \beta = 60°$, $\alpha = 120°$, $\gamma = 120°$, $\delta = 60°$ **b)** $\alpha = \gamma = 135°$, $\beta = \delta = 45°$

10.3 Konstruktion von Parallelogramm und Raute

835 Konstruktionsbeschreibung im Schüler/innenbuch.

836 Lösungen in halber Größe.

a) $h_a = 37$ mm
$h_b = 56$ mm

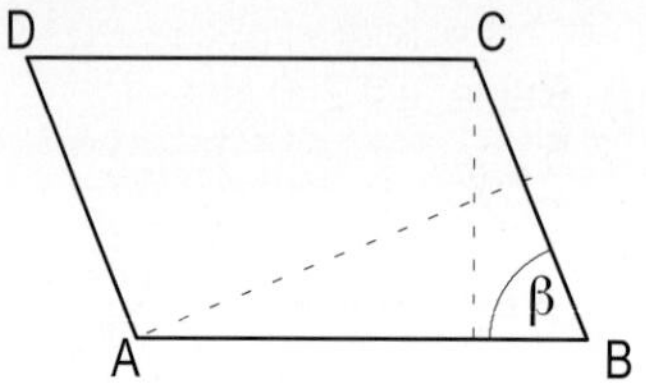

c) $h_a = 55$ mm
$h_b = 40$ mm

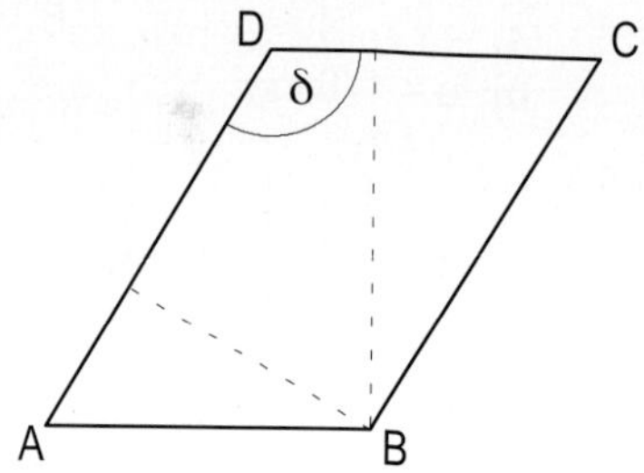

b) $h_a = 38$ mm
$h_b = 58$ mm

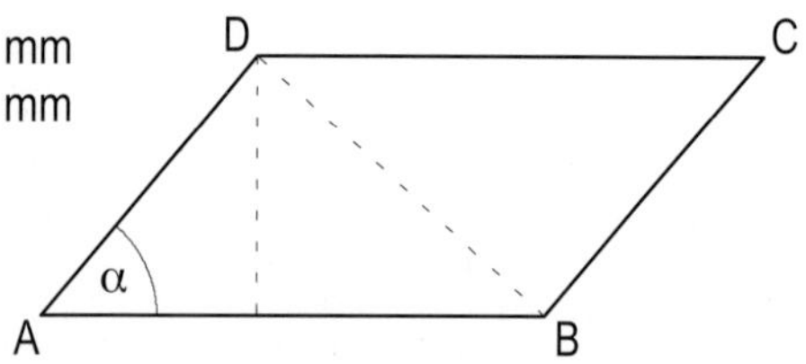

d) $h_a = 39$ mm
$h_b = 51$ mm

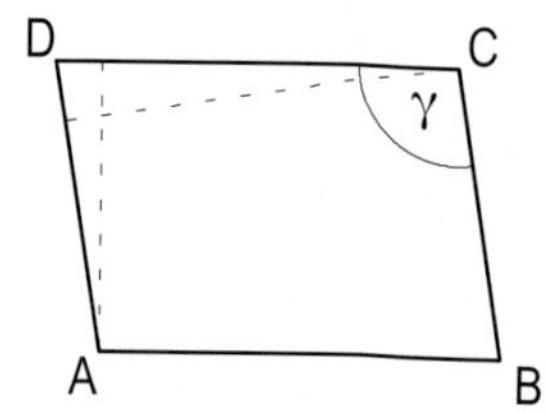

837 **a)** Beginne mit AC und konstruiere die Streckensymmetrale. Schlage 2,5 cm von M aus ab.

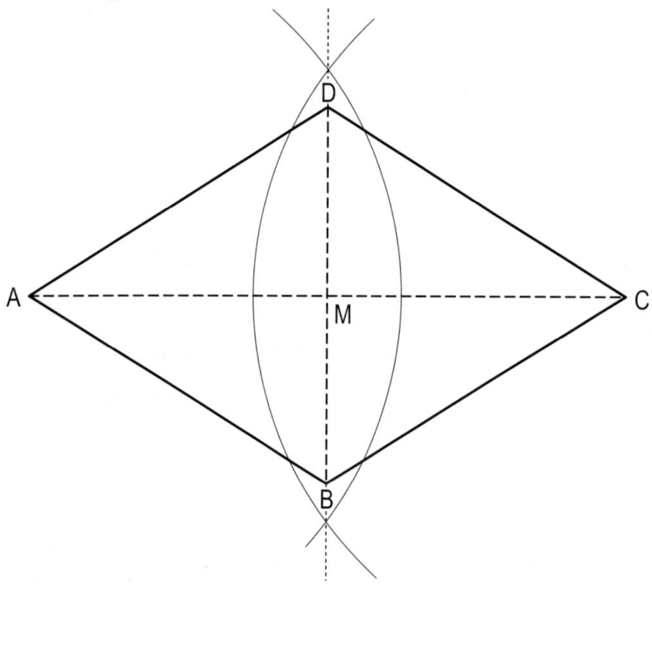

b) Lösungen in halber Größe.

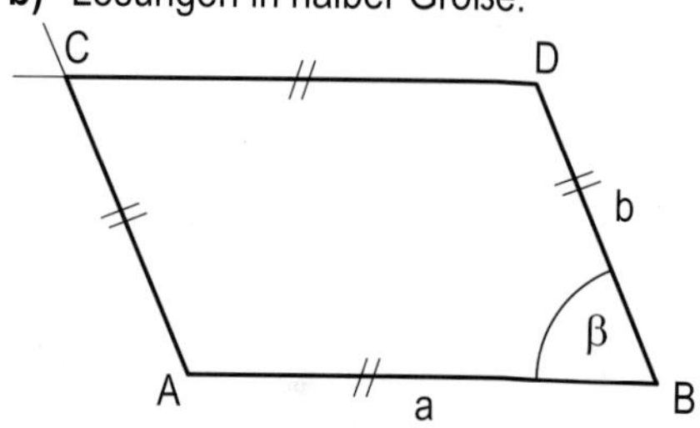

838 **a)** Konstruktionsbeschreibung im Schüler/innenbuch.

b)

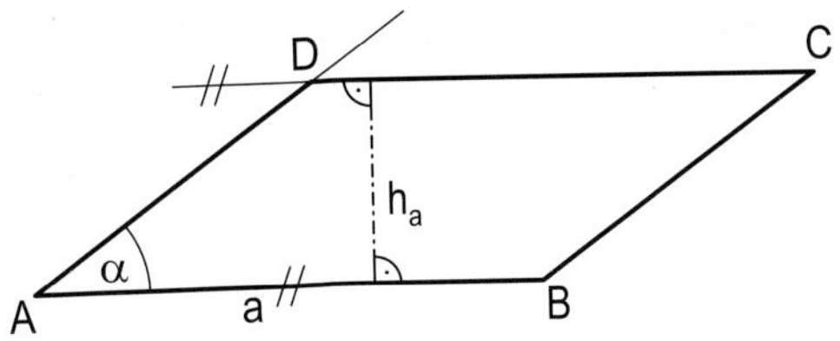

Bei **b)** und **c)** Lösung in halber Größe.

c)

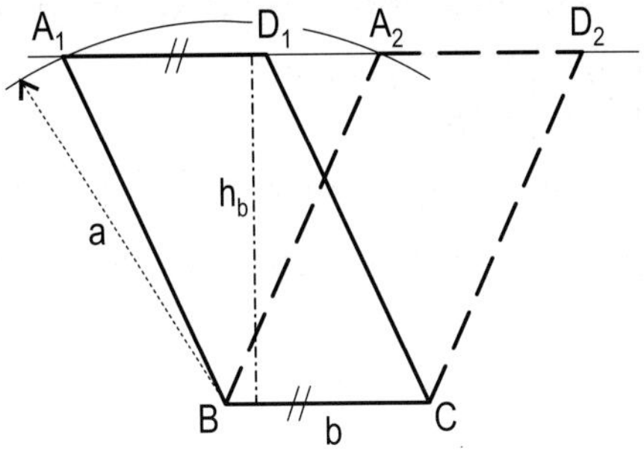

839 **(1)** Rechteck besitzt Umkreis.
(2) Quadrat besitzt Umkreis und Inkreis.
(3) Parallelogramm besitzt weder Umkreis noch Inkreis.
(4) Raute besitzt Inkreis (siehe nachfolgende Information im Schüler/innenbuch).

840

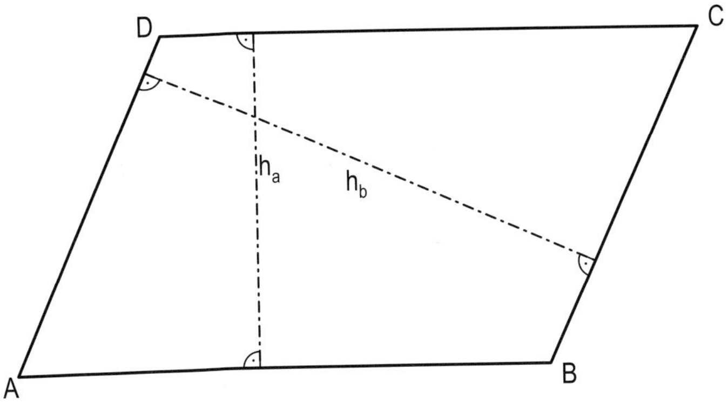

$h_a = 4{,}10$ m
$h_b = 5{,}90$ m

841 33 mm

842 **a)**

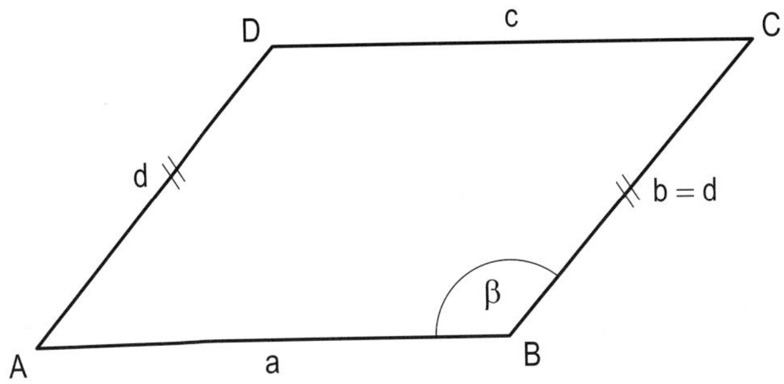

b) Lösung in halber Größe.

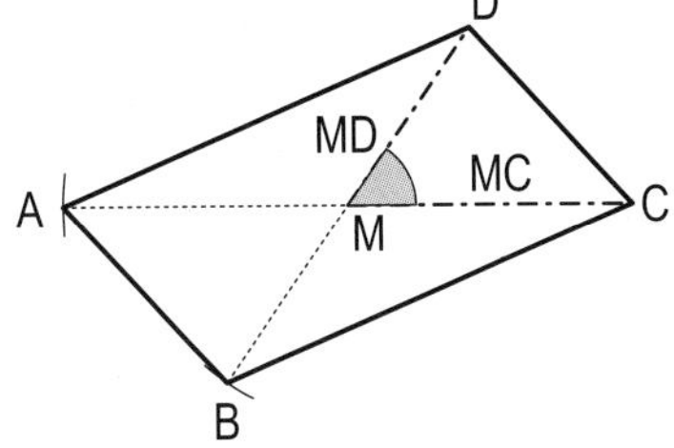

c)

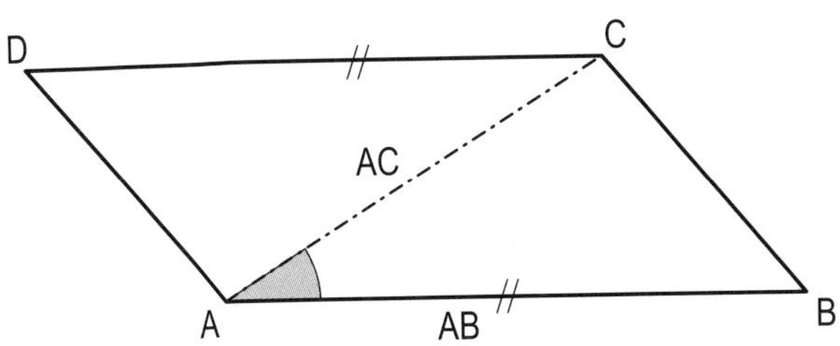

d) Lösung in halber Größe.

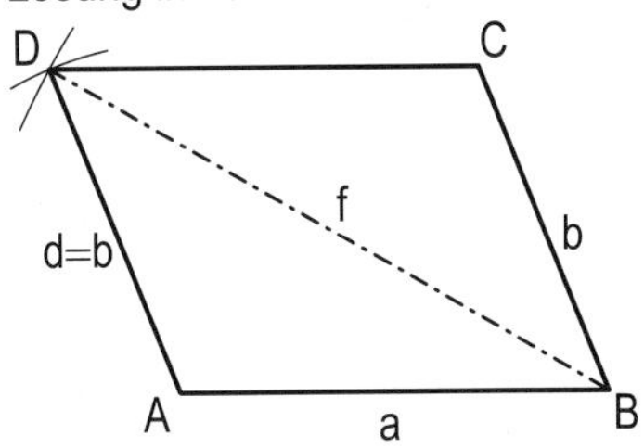

e)

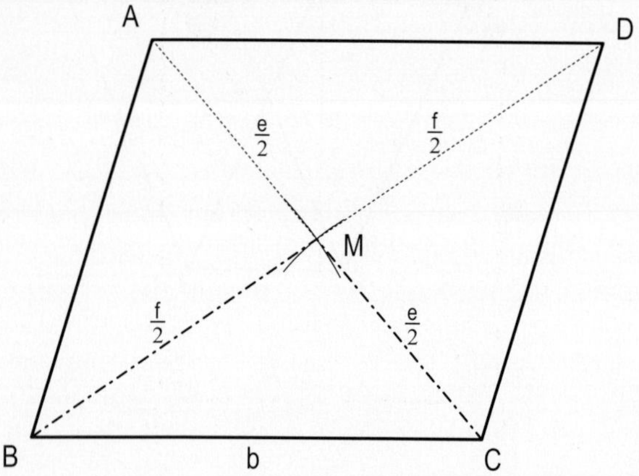

f)

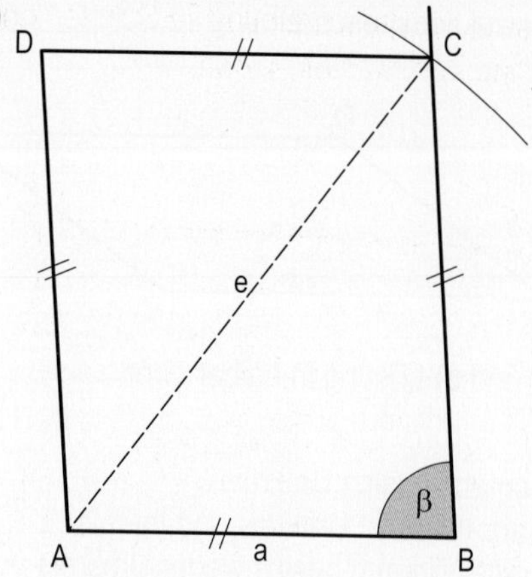

843 a)

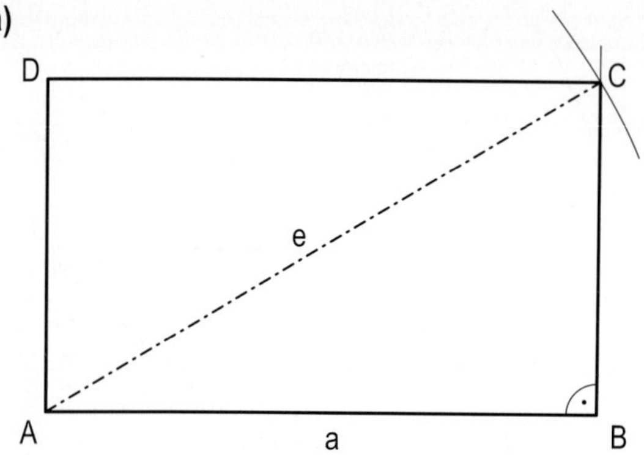

b)

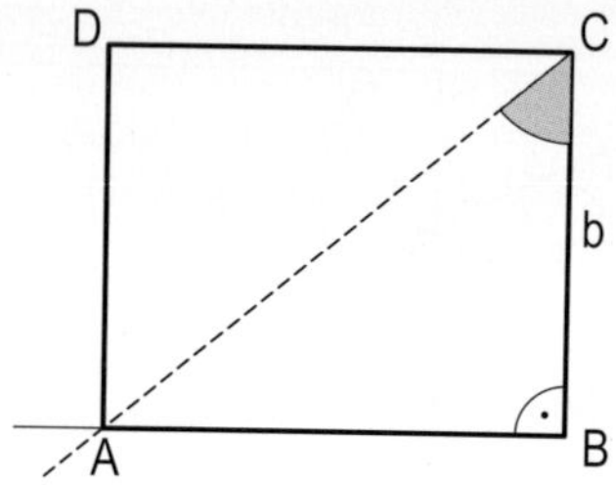

c) Lösung in halber Größe.

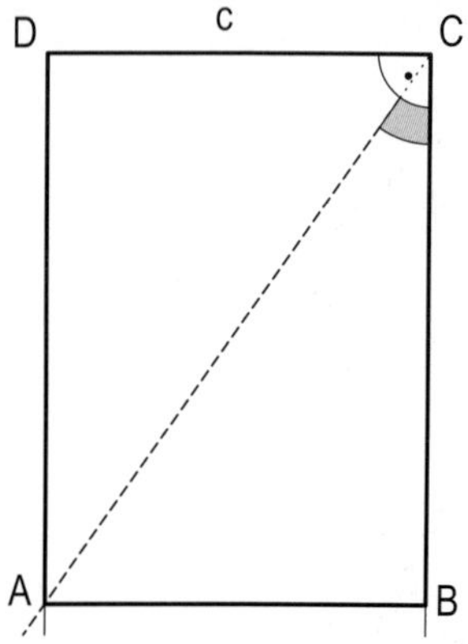

d)

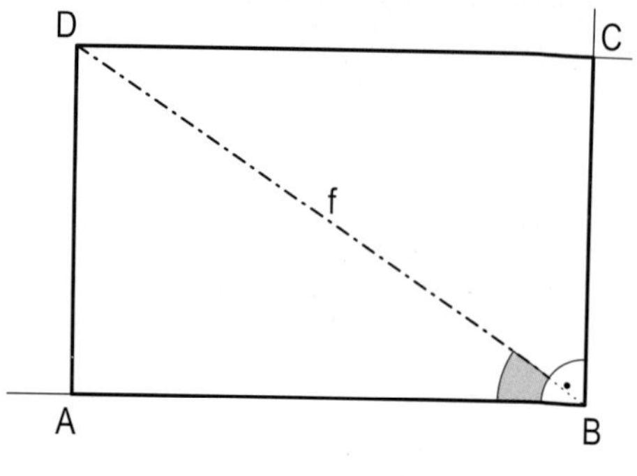

e) Beginne mit Kreis mit r = $\overline{AM}$ = 2,9 cm. Dann zeichne Zentriwinkel ∢ AMB.

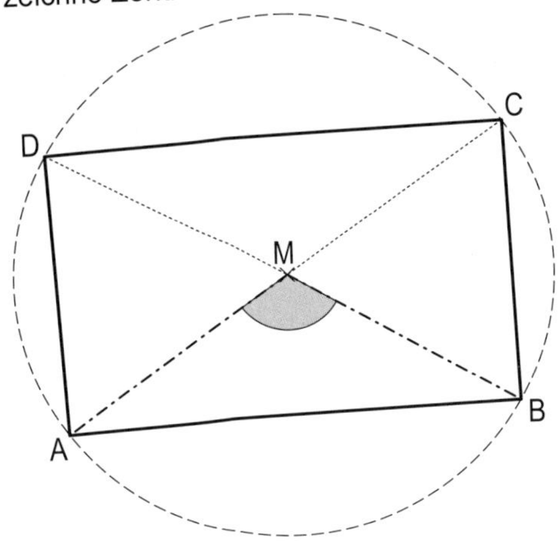

f)

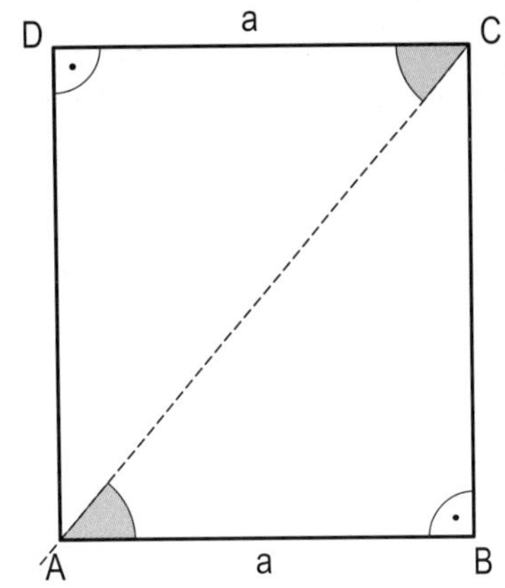

844 Lösungen in halber Größe.

a)

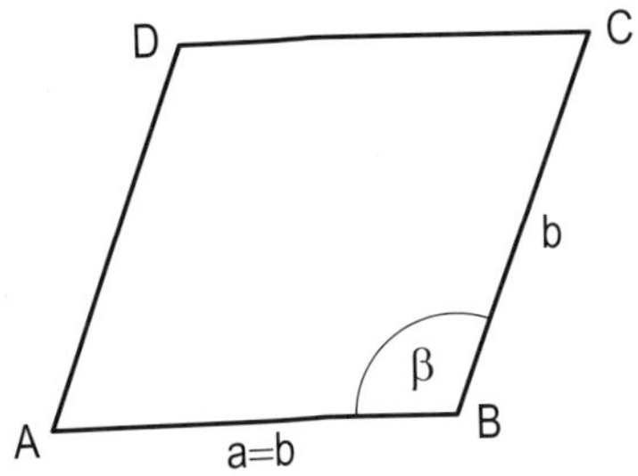

b)

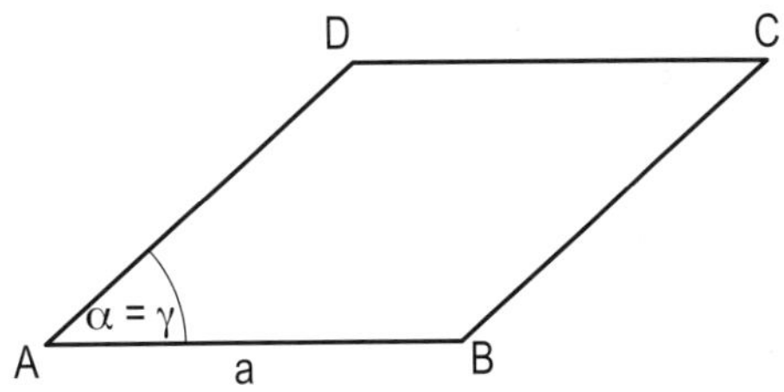

c)

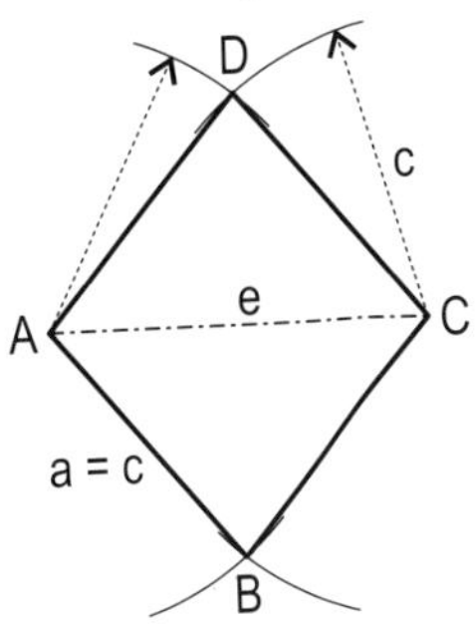

d)

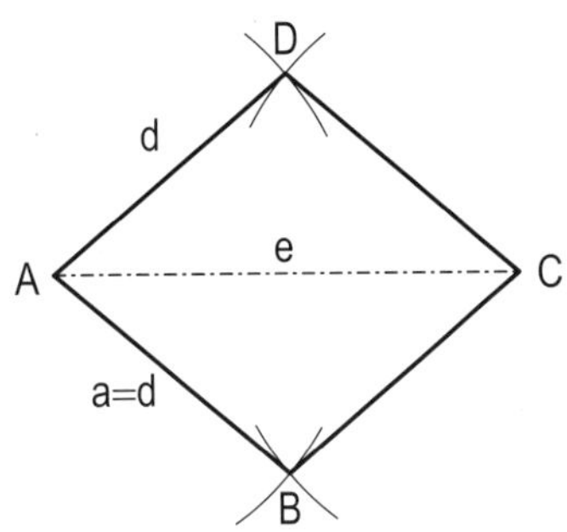

e)

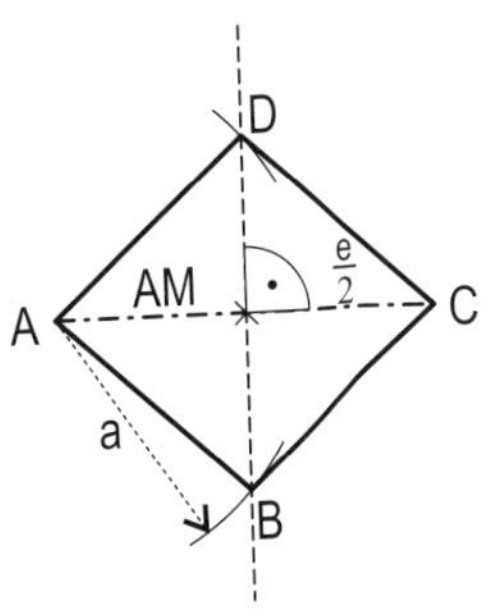

f)

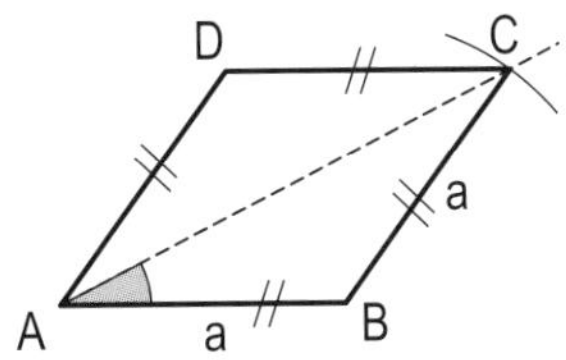

845 a)

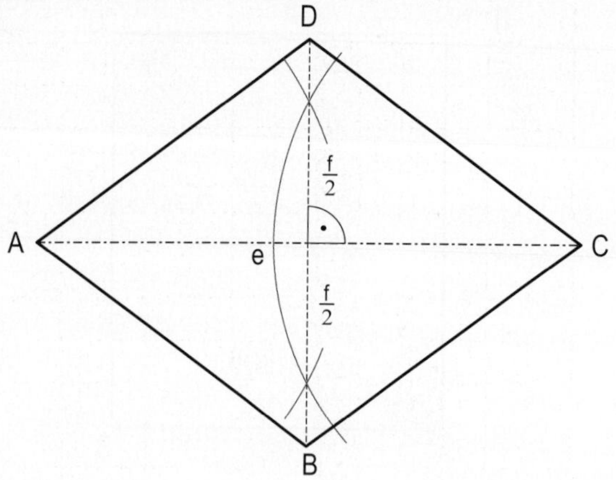

c)

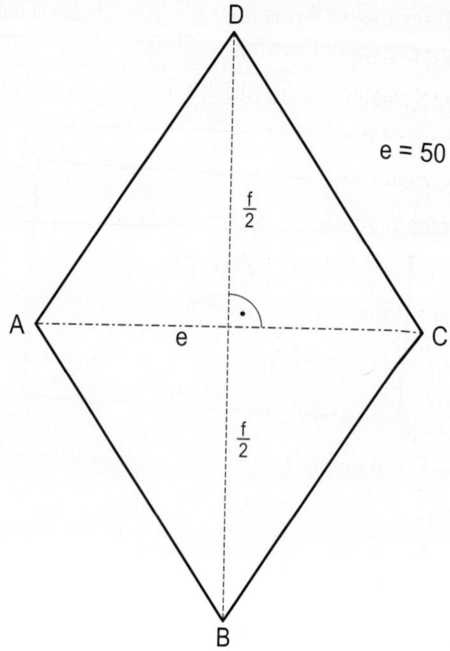

b) Zeichne α und konstruiere die Winkelsymmetrie.
Dann trage die Länge vorne ab.

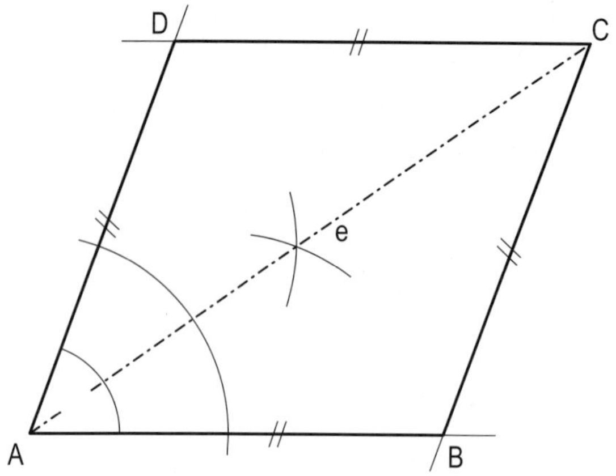

d) Analog zu c).

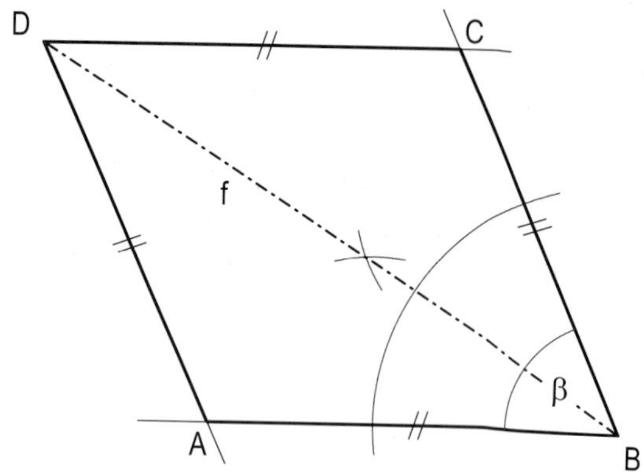

846 **(1)** Durch Addieren bzw. Subtrahieren von Null von einer Zahl bleibt das Ergebnis unverändert.

(2) Ist ein Faktor 0 ist der Wert des Produktes 0. Die Division durch 0 ist verboten.

(3) Hängt man eine Null an eine ganze Zahl an, wird die Zahl verzehnfacht. Streicht man eine Null, dann wird die Zahl gezehntelt.

(4) Verändert den Wert der Zahl nicht.

(5) Diese Null gibt an, auf welche Stelle gerundet wurde.

(6) Ohne Ziffer 0 gäbe es unser Stellenwertsystem nicht – die Null zeigt nämlich an, dass von der betreffenden dezimalen Einheit keine vorhanden ist. Sie dient als eine Art „Platzhalter", damit keine Stelle verloren geht.

10.4 Trapez und Deltoid

847 Siehe Information auf Seite 244 im Schüler/innenbuch.

848 Anzahl der Geschwister

0 Geschwister 𝍸 ||||

1 Geschwister 𝍸 𝍸 𝍸 |

2 Geschwister 𝍸 ||||

3 Geschwister ||||

4 Geschwister ||

Gesamtzahl der Befragten: 40

relative Häufigkeiten:

$h_0 = \frac{9}{40} = 0{,}225 = 22{,}5\%$

$h_1 = \frac{16}{40} = 0{,}4 = 40\%$

$h_2 = \frac{9}{40} = 0{,}4 = 22{,}5\%$

$h_3 = \frac{4}{40} = 0{,}1 = 10\%$

$h_4 = \frac{2}{40} = 0{,}05 = 5\%$

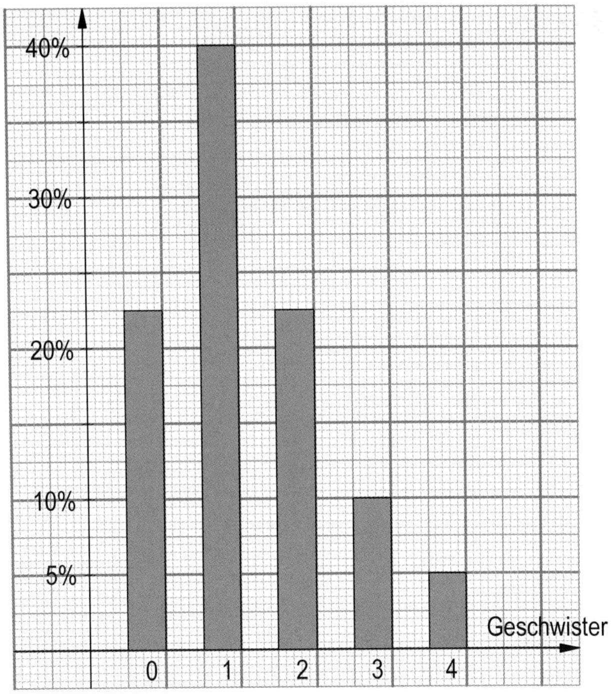

849

Rechteck 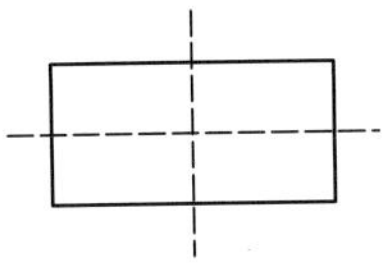 2 Symmetrieachsen

Quadrat 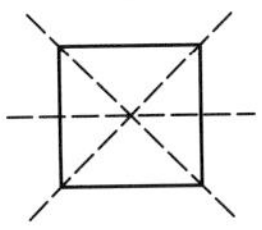 4 Symmetrieachsen

Parallelogramm 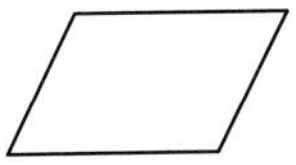 0 Symmetrieachsen

Raute 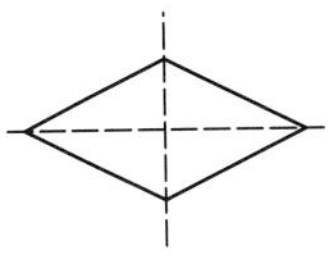 2 Symmetrieachsen

Trapez 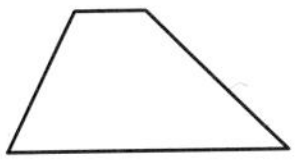 0 Symmetrieachsen

gleichschenkliges Trapez 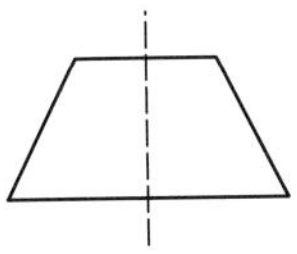 1 Symmetrieachse

Deltoid 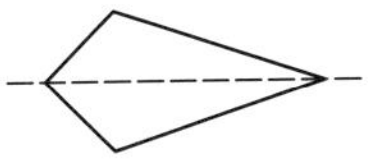 1 Symmetrieachse

850 Ein Deltoid besteht aus zwei gleichschenkligen Dreiecken mit gemeinsamer Basis. Die Höhen stehen normal auf die Basis und sind Symmetrieachsen der gleichschenkligen Dreiecke. Die Diagonale AC setzt sich aus den beiden Höhen zusammen und ist somit die Symmetrieachse des Deltoids. Außerdem steht AC normal auf die Diagonale BD, die die Basis der beiden gleichschenkligen Dreiecke ist.

851

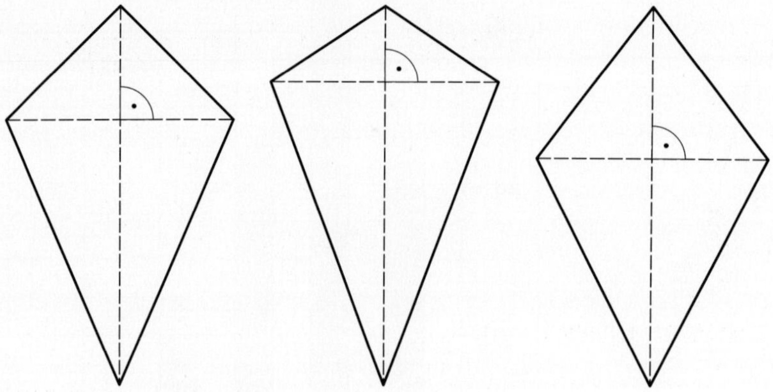

852 **a)** Bild 1: Trapeze (keine Symmetrieachse), Rechtecke (2 Symmetrieachsen)
Bild 2: gleichschenklige Trapeze (1 Symmetrieachse), Rechtecke (2 Symmetrieachsen)
Bild 3 und Bild 4: Deltoid (1 Symmetrieachse)
b) offen

853 **a)** $\beta = 60°$, $\delta = 128°$
b) α und δ bzw. $\beta + \alpha$ sind Parallelwinkel.
In der Zeichnung kannst du 2 Paare von „Z-Winkel" erkennen.
Man sieht: $\alpha + \delta = 180°$, $\beta + \gamma = 180°$.

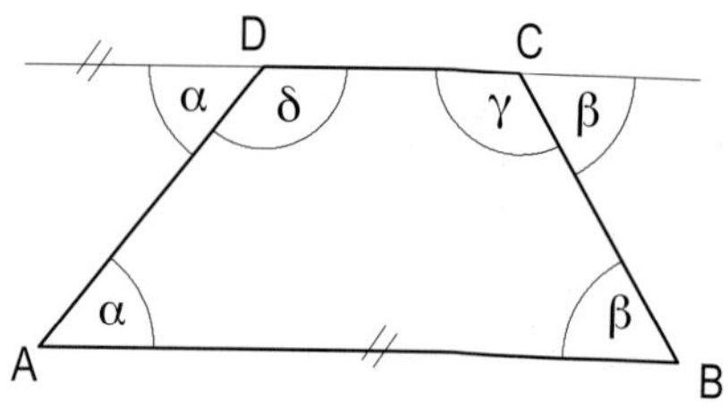

854

α	57°	72°	85°	125°	127°	175°	61°
β	46°	63°	42°	150°	99°	25°	90°
γ	134°	117°	138°	30°	81°	155°	90°
δ	123°	108°	95°	55°	53°	5°	119°

855 **a)** Fensterformen, Fachwerke, Brückbauten, Seitenflächen von Gebäuden, Stützmauer u.v.m.
b) Da es zu jedem Winkel im Trapez einen benachbarten Winkel gibt, der zum Ausgangswinkel supplementär ist, muss es auch zu den gegebenen 90° einen weiteren Winkel mit 90° geben.
c) Rechteck! Wenn $\alpha = 90°$, dann ist auch $\delta = 90°$. Wegen $\alpha = \beta$ und $\gamma = \delta$ gilt, dass auch β und γ 90° sein müssen.
Sonderfall: Quadrat.

856 $\delta = 108°$, $\gamma = 123°$

857 **a)** $\beta = \delta = 102°$ **b)** $\delta = 105°$, $\alpha = 70°$ **c)** $\delta = 62°$, $\gamma = 146°$ **d)** $\delta = 100°$, $\gamma = 60°$

858 Wenn zwei anliegende Winkel supplementär sind, dann muss es sich um Parallelwinkel handeln und zwei Seiten des Vierecks sind parallel zueinander. Solche Vierecke gehören zu den Trapezen.
Sonderfälle: Parallelogramm, Rechteck, Quadrat, Raute.

10.5 Konstruktion von Trapez und Deltoid

859 Konstruktionsbeschreibung im Buch.

860 Konstruktionsbeschreibung im Buch.

861 **a)** Lösung in halber Größe.

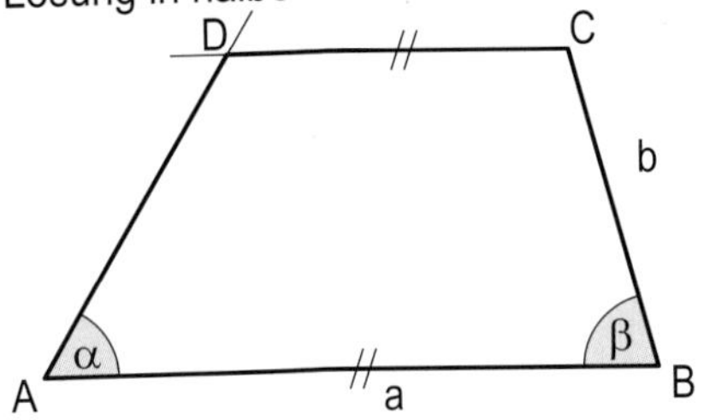

b)

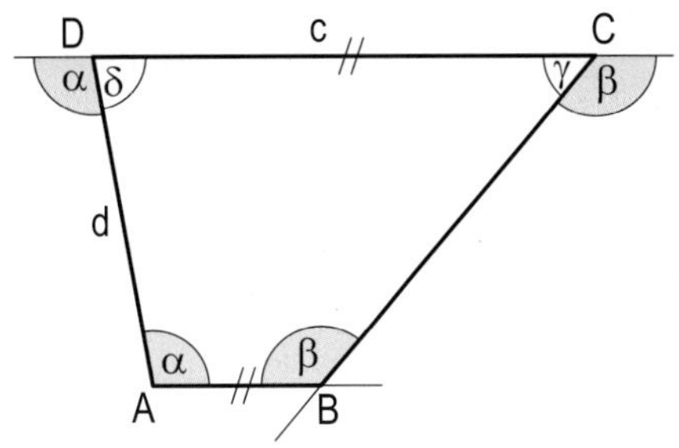

c) Da α + β = 180° ist die Lösung ein Parallelogramm.

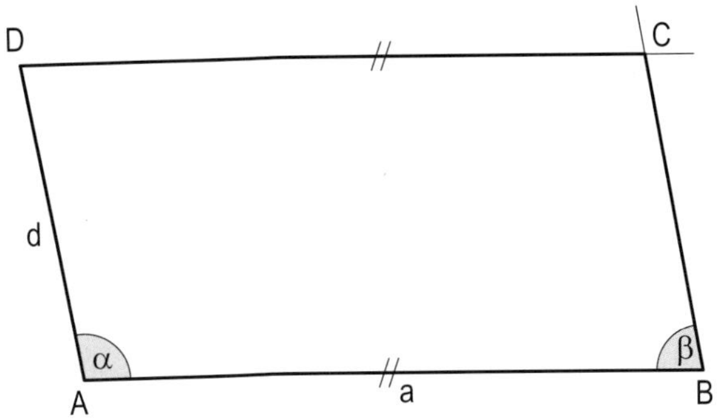

d)

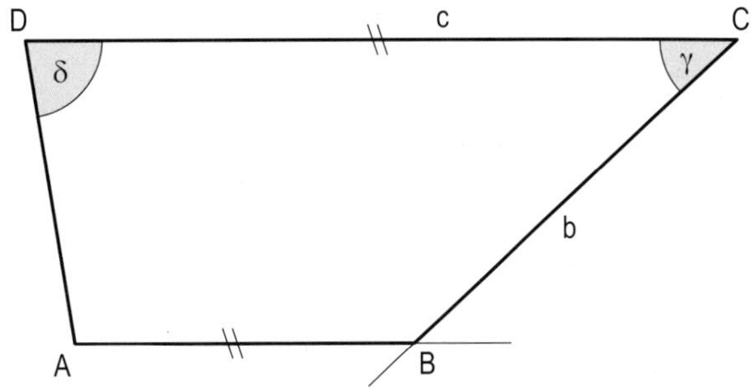

862 **a)**

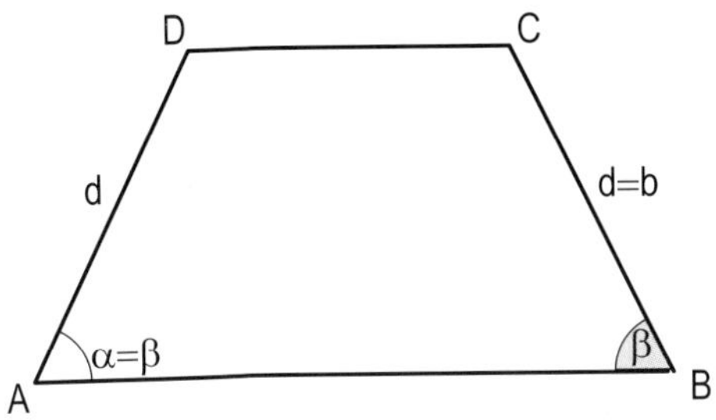

b) Konstruiere die Dreiecke BBC und CDA.

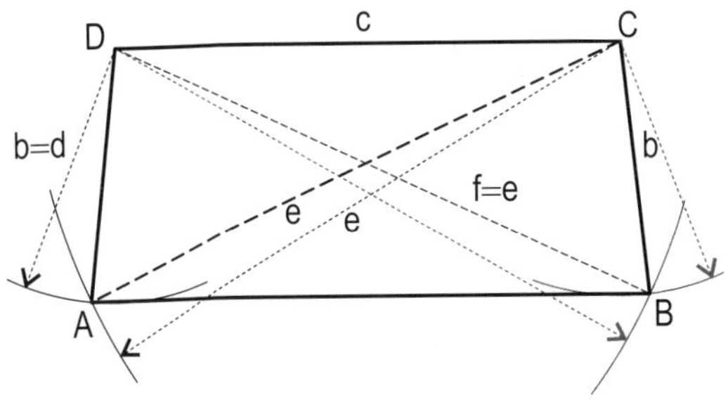

c)

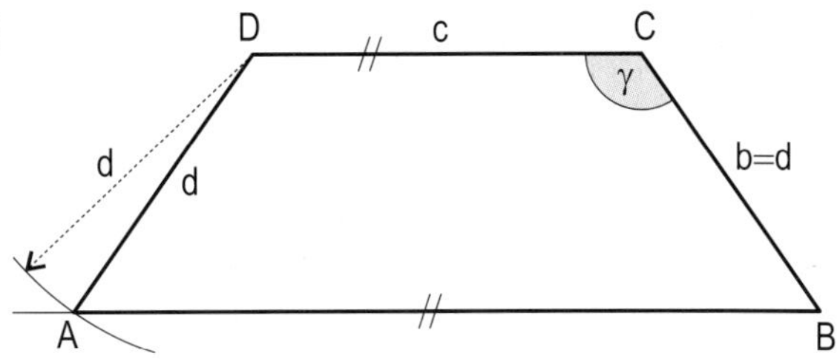

d) Lösung in halber Größe.

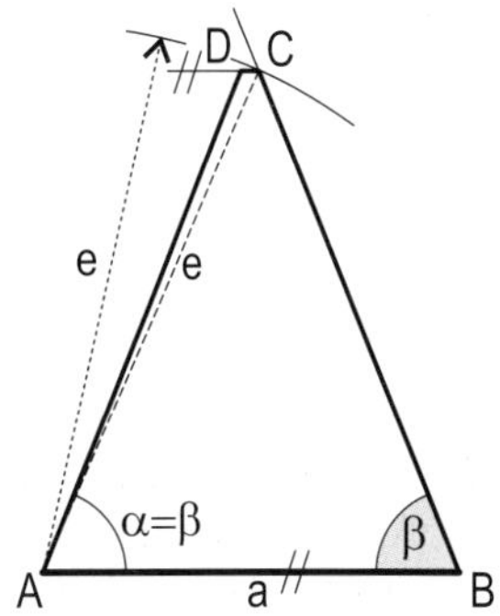

863 a) Dammkrone: 0,90 m

b) Unter der Höhe eines Trapezes versteht man den Abstand der beiden parallelen Seiten.

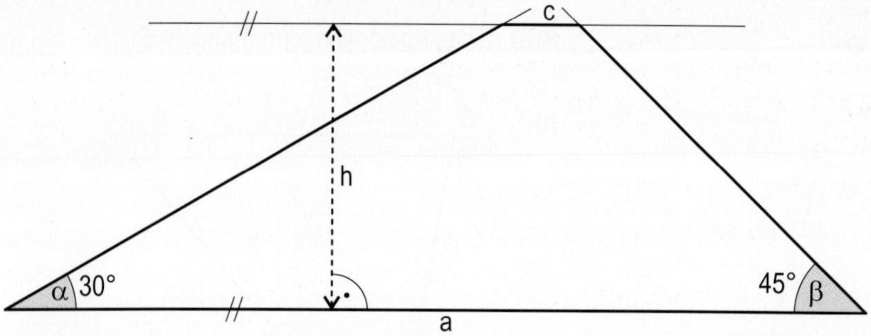

864 a)

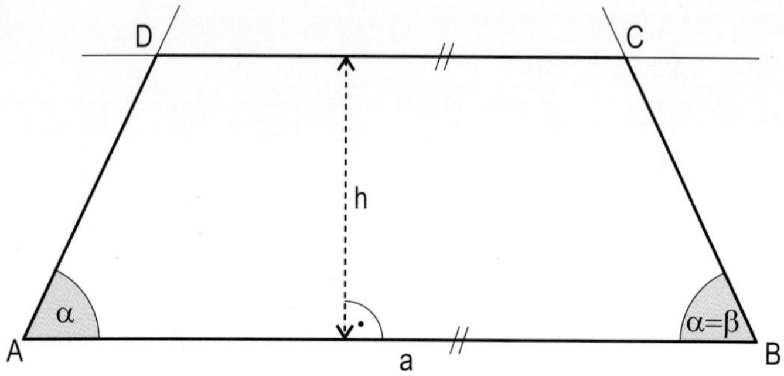

b) Lösung in halber Größe. Es gibt zwei Lösungen.

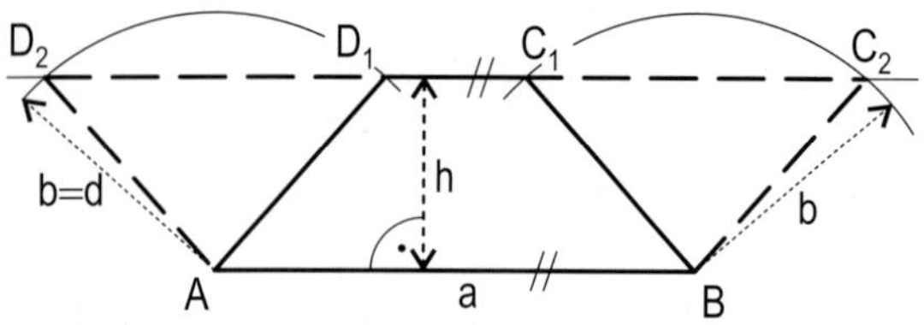

c) Lösung in halber Größe. Es gibt zwei Lösungen.

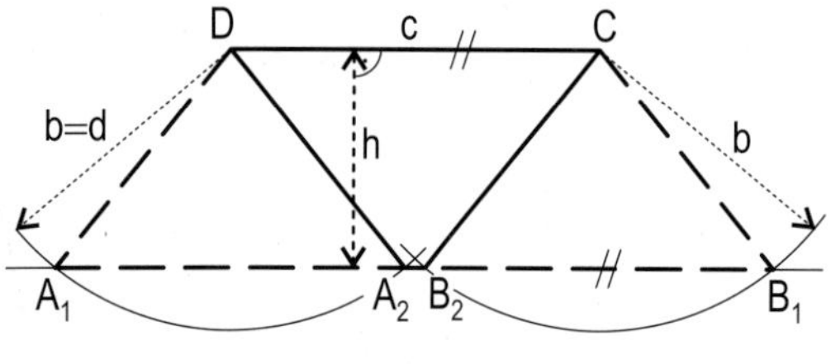

d)

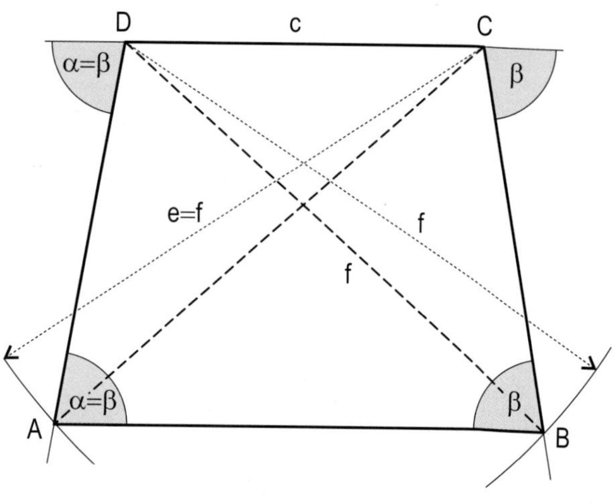

865 a) Zeichne zuerst b, c, γ. Dann konstruiere die Winkelsymmetrale w_γ. Schlage die Länge d von D ausgehend ab.

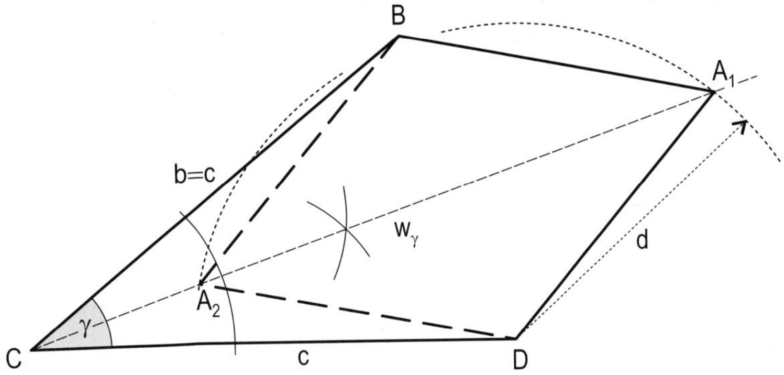

b)

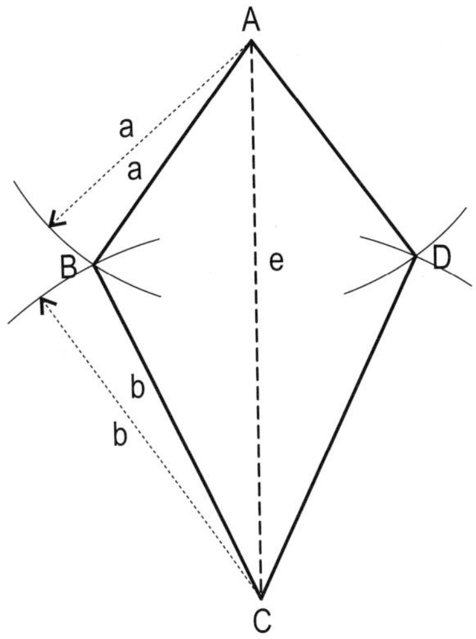

c) Konstruiere zuerst △BCD. Dann konstruiere die Winkelsymmetrale w_γ oder zeichne eine Normale auf BD. Schlag auf dieser Geraden e ab.

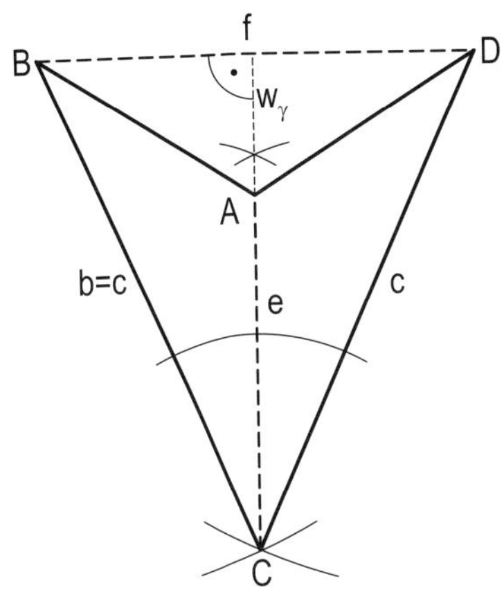

d) Druckfehler in 1. Auflage Schüler/innenbuch; richtige Angabe: e = 5,3 cm; β = 64°; b = 5,3 cm

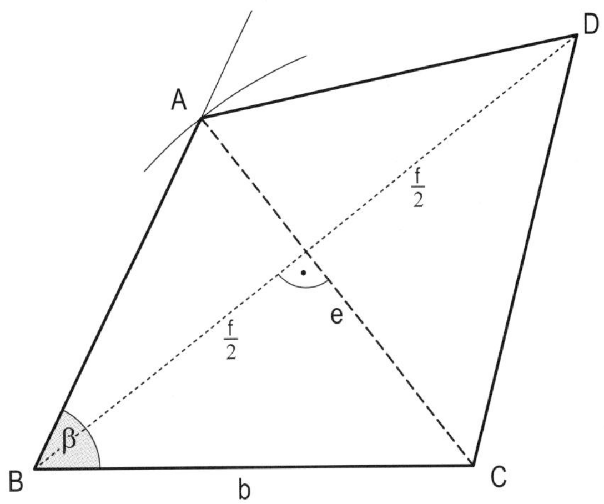

866

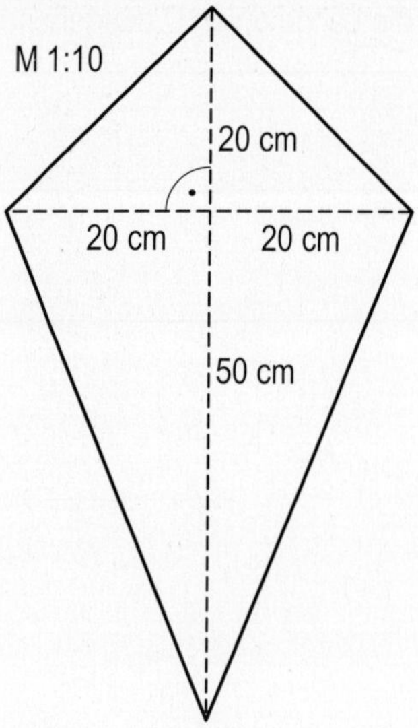

867 e = 87 mm, f = 54 mm

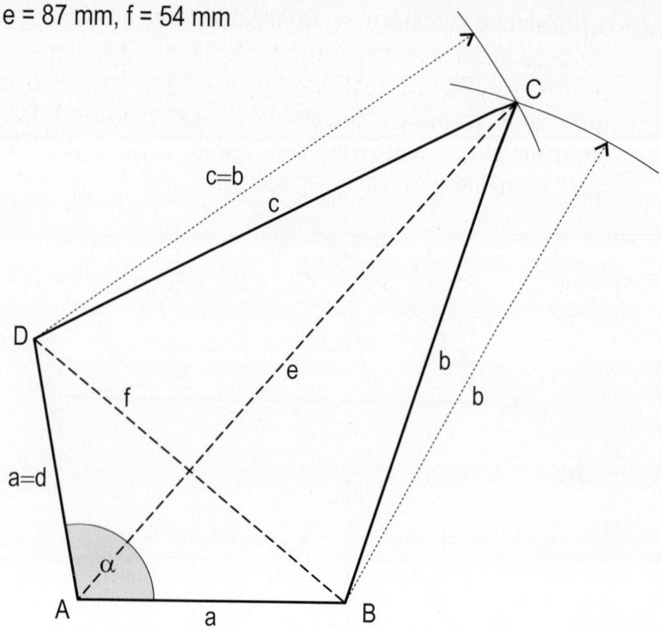

868 Die folgende Skizze stellt die Konstruktion des Trapezes dar. Nachfolgend sind verkleinert die vier möglichen Lösungen dargestellt (siehe auch Lösung zu Aufgaben 864 b) und c)).

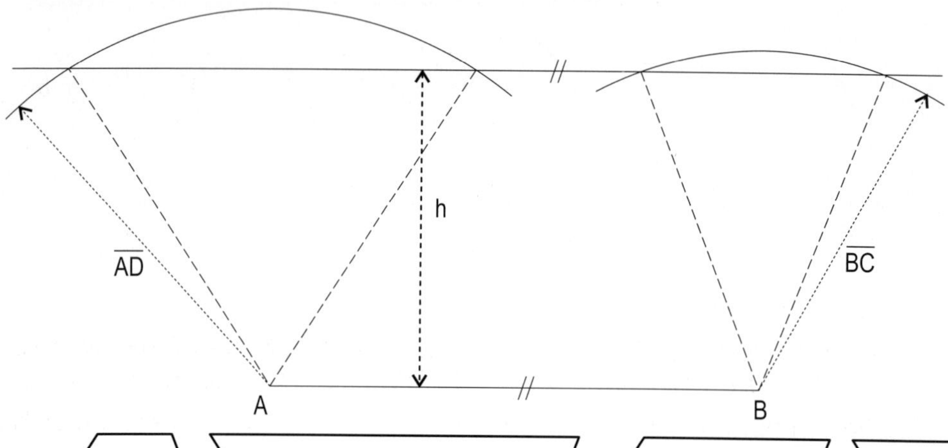

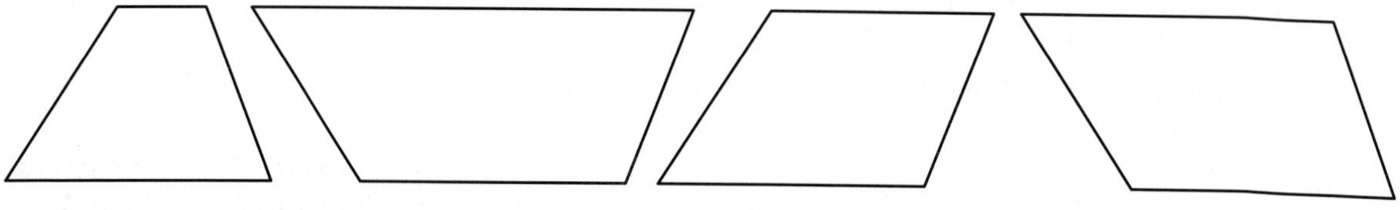

869 Nutze die Symmetrieeigenschaften von gleichschenkligen Trapezen. Die Konstruktion ist im Maßstab 1:100 durchgeführt.

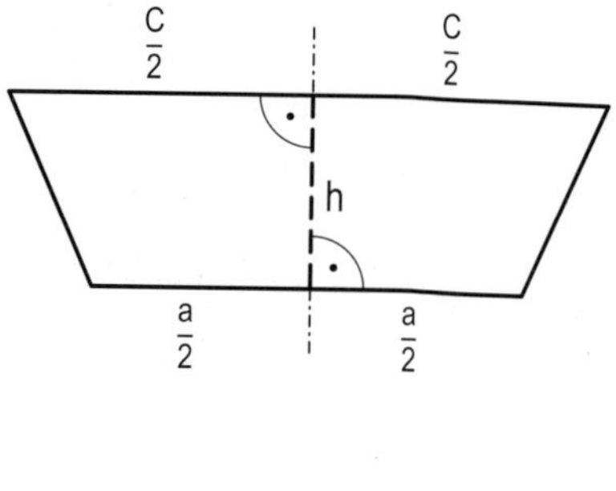

870 Julia bestimmt zunächst den Mittelpunkt des Rechtecks. Dann zeichnet sie einen Kreis mit 72 cm Durchmesser. Wo der Kreis die Ränder des Papierbogens schneidet, befinden sich die Eckpunkte des Deltiods (Satz von Thales). Der Kreuzungspunkt der Stäbe unterteilt den längeren Stab in ein 12 cm und ein 60 cm langes Stück.

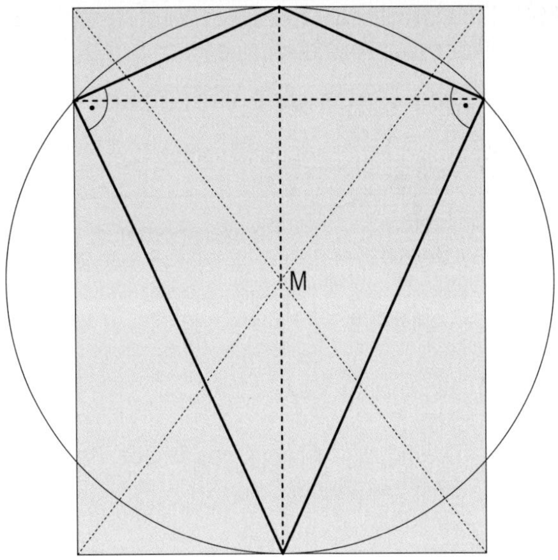

871 a)

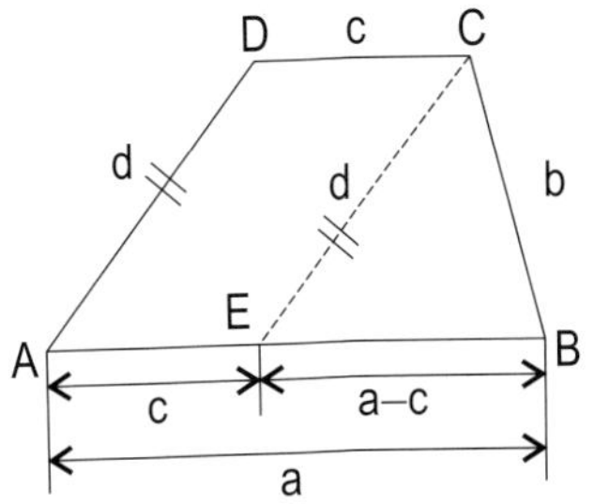

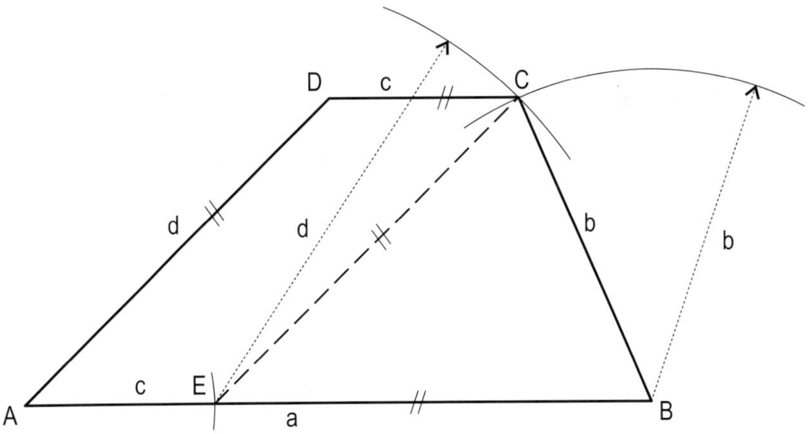

Die Konstruktion gelingt durch folgenden „Trick".

1) Zeichne $\overline{AB}$ = 8,3 cm und schlage auf AB von A ausgehend die Länge c = 2,5 cm ab. Du erhältst einen Punkt E. Er bildet mit C, D und A ein Parallelogramm (siehe Skizze). Damit ist aber $\overline{EC}$ = d = 5,7 cm.
2) Konstruiere das Dreieck EBC, indem du von E aus einen Kreisbogen mit den Radius b = 4,4 cm zeichnest. Der Schnittpunkt der Kreisbögen ergibt C.
3) Indem du eine Parallele durch C zu AB legst und eine Parallele durch A zu EC, erhältst du als Schnittpunkt der beiden Parallelen D.

b)

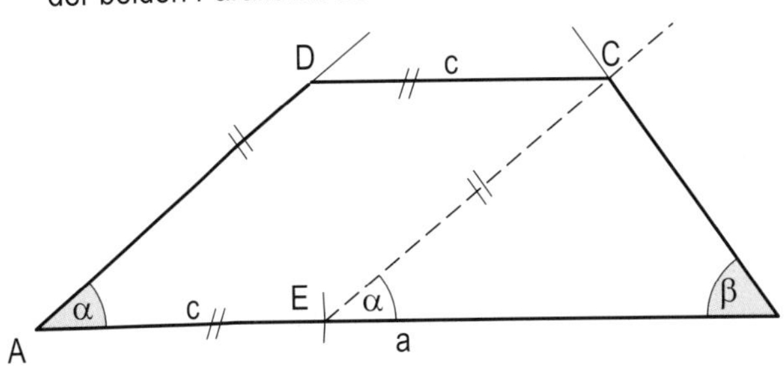

Die Konstruktion ist sehr ähnlich zu der in a).

1) Zeichne AB und die Winkel α und β.
2) Schlage von A aus die Länge c ab, um E zu erhalten.
3) Zeichne eine Parallele zum Winkelschenkel auf dem A, D liegen durch E und schneide sie mit dem Schenkel von β. Damit erhältst du C.
4) Zeichne durch C eine Parallele zu AB $\Rightarrow$ D.

872 Ein allgemeines Trapez besitzt weder einen Umkreis noch einen Inkreis. Für gleichschenkliges Trapez und Deltoid siehe Information im Schüler/innenbuch S. 228. Ein Deltiod hat dann einen Umkreis, wenn $\beta = \delta = 90°$ (Satz von Thales).

10.6 Das Haus der Vierecke

873 **a)**

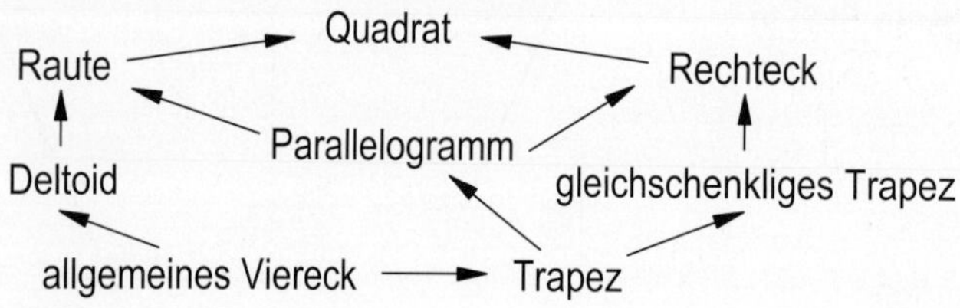

b) Schau im Schüler/innenbuch in den vorangegangen Kapiteln zu den verschiedenen speziellen Vierecken nach.
Das allgemeine Viereck besitzt 4 Eckpunkte. Die Winkelsumme ist 360°.

c)

allgemeines Viereck:	5 Bestimmungsstücke
Trapez:	4 Bestimmungsstücke
Deltoid, gleichschenkliges Trapez, Parallelogramm:	3 Bestimmungsstücke
Rechteck, Raute:	2 Bestimmungsstücke
Quadrat:	1 Bestimmungsstück

874 **a)** Es besitzt zwei zueinander parallele Seiten.
b) Ein Parallelogramm hat keine Symmetrieachse.

875 **(1)** Nein. Die meisten Deltoide haben keine parallelen Seiten.
(2) Ja. Diese Deltoide sind die Rauten und Quadrate.
(3) Ja. Siehe Lösung Aufgabe 874 a).
(4) Ja. Dies trifft für das Quadrat zu.
(5) Nein. Die meisten Rauten haben keine Symmetrieachsen, die normal zu einer Seite stehen.
(6) Nein. Die meisten gleichschenkligen Trapeze haben nur 1 Paar paralleler Seiten.
(7) Ja. Wenn sie Rechtecke oder Quadrate sind.
(8) Ja. Das trifft für die meisten gleichschenkligen Trapeze zu.

10.7 Allgemeine Vierecke

876 Lösungsvorschlag im Schüler/innenbuch.

877 **a)** Zeichne β und b. Konstruiere dann das $\triangle BCD$.
Anschließend konstruiere das $\triangle BDA$.

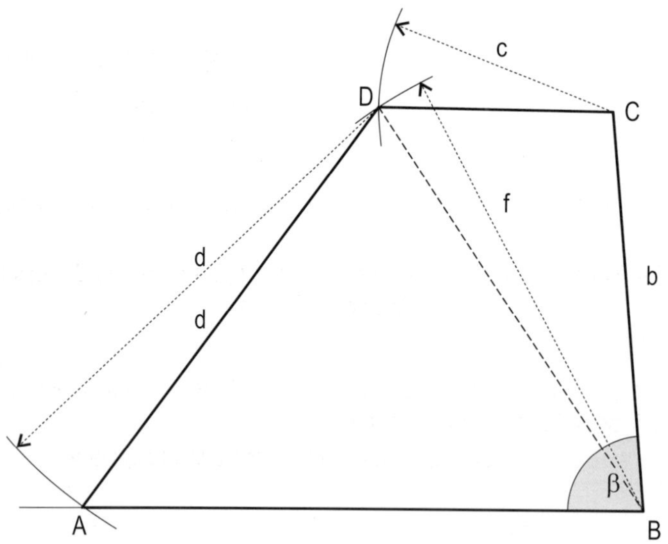

c) Konstruiere das $\triangle ABC$. Dann zeichne α und schlage von C aus die Länge c ab.

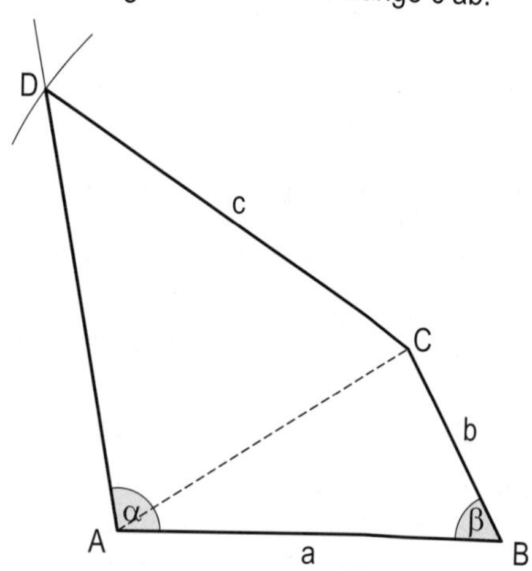

b) Konstruiere das $\triangle ABD$. Anschließend konstruiere das $\triangle BCD$.

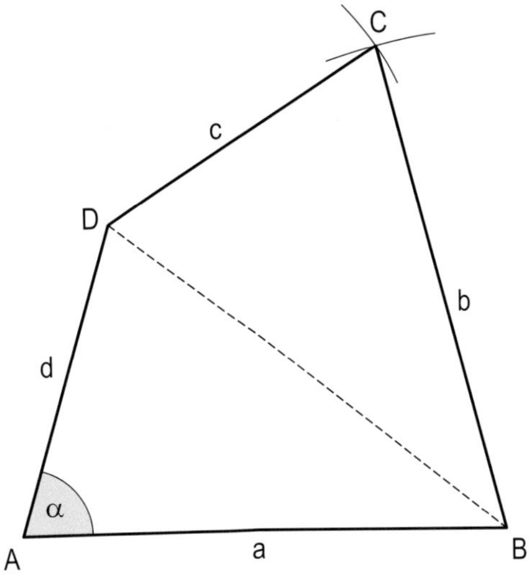

d) Konstruiere das $\triangle ABC$. Anschließend konstruiere das $\triangle ACD$.

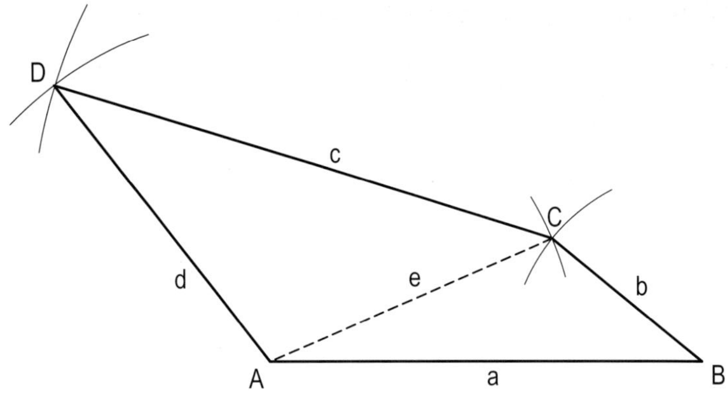

878 1470 m

879 Siehe Nusslösungen im Schüler/innenbuch

880 Jedes Viereck lässt sich in 2 Dreiecke unterteilen. Jedes Dreieck hat eine Winkelsumme von 180°.

Es gilt: $180° + 180° = \alpha + \beta_1 + \delta_1 + \beta_2 + \gamma + \delta_2 = \alpha + \beta + \gamma + \delta = 360°$

Dies gilt auch für Vierecke mit einspringenden Ecken.

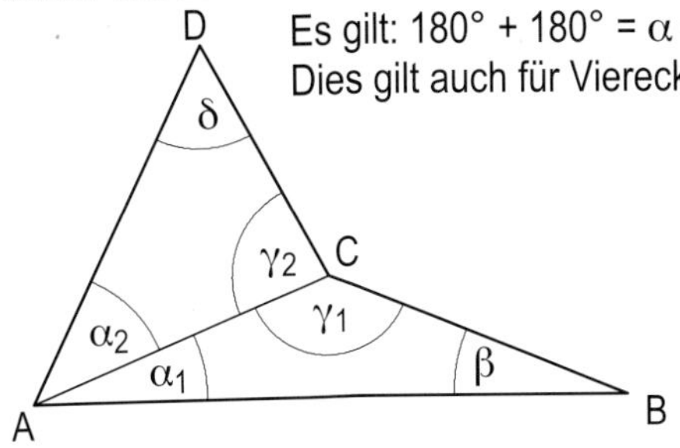

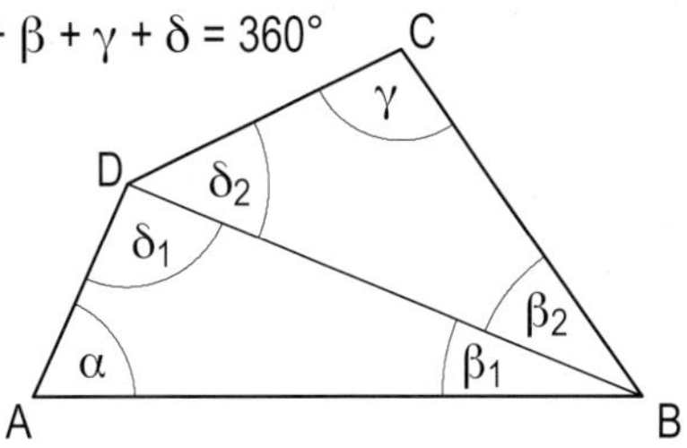

$\delta = \delta_1 + \delta_2$; $\beta = \beta_1 + \beta_2$

881 Die 4 Dreiecke haben einen Eckpunkt im Inneren des Vierecks gemeinsam. Die Summe der 4 Winkel in diesem Eckpunkt beträgt 360° und hat nichts mit den Winkeln des Vierecks zu tun.
720° – 360° = 360°.

882 **(1)** 121° **(2)** 80° **(3)** 206° **(4)** $\alpha = \beta = 75°, \gamma = \delta = 105°$

883 **a)** $\gamma = 100°, \beta = 70°, \delta = 140°$ **b)** $\alpha = 36°, \beta = 72°, \gamma = 108°, \delta = 144°$

10.8 Regelmäßige Vielecke

884 **a)** Sehr häufig findest du regelmäßige Vielecke bei Verpackungen. Denke an Schokoladenverpackungen, Käseverpackungen usw.
Auf vielen Fussbällen kannst du regelmäßige Fünf- und Sechsecke finden. Quadrate, gleichseitige Dreiecke sind häufig. Aber es gibt auch Münzen, die die Form von regelmäßigen Vielecken haben.

b) gleichseitiges Dreieck, Quadrat

885 **a)** Am besten machst du die Unterteilung in Dreiecke von einem Eckpunkt ausgehend. Dann lässt sich ein Fünfeck in 3 Dreiecke, ein Sechseck in 4, ein Siebeneck in 5 Dreiecke usw. zerlegen.

b) Ein Vieleck mit n-Ecken lässt sich in n – 2 Dreiecke zerlegen. Daher die Formel für die Winkelsumme:
$W = (n - 2) \cdot 180°$

c) Nein. 1000 ist kein Vielfaches von 180.

886 a)

Zahl der Ecken	4	5	6	7	8
Zahl der Diagonalen	2	5	9	14	20

b) Betrachte z. B. den Eckpunkt A des Vielecks. Von A aus kannst du (n – 3) Diagonalen zeichnen. (Die beiden benachbarten Eckpunkte und A selbst musst du von den n Eckpunkten abziehen).
Von B gehen ebenfalls (n – 3) Diagonalen aus usw.
Somit gehen von den n Ecken $n \cdot (n-3)$ Diagonalen aus. Da jede Diagonale zu 2 Ecken gehört, beträgt die Gesamtzahl aller Diagonalen $[n \cdot (n-3)] : 2$.
Beispiele: Vierecke: $[4 \cdot 1] : 2 = 2$ Diagonalen; Fünfeck: $[5 \cdot 2] : 2 = 5$ Diagonalen.

887 Wie man in der Zeichnung sieht, werden lauter gleichseitige Dreiecke konstruiert. 6 gleichseitige Dreiecke ergeben ein regelmäßiges Sechseck.

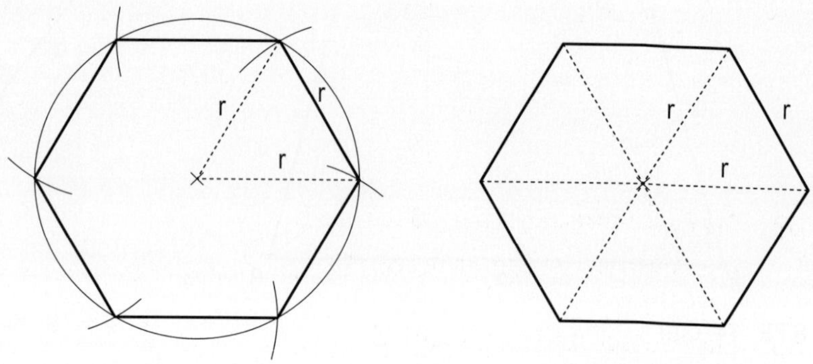

888 a) gleichschenklige Dreiecke

b) Der Zentriwinkel α eines regelmäßigen Vielecks mit n-Ecken ist $\alpha = 360° : n$. So hat z. B. ein regelmäßiges Fünfeck einen Zentriwinkel $\alpha = 360° : 5 = 72°$.
Für β gilt: $\beta = 2 \cdot \delta$; $\delta = (180 - \alpha) : 2$; $2 \cdot \delta = (180 - \alpha) = \beta$

c) $\beta = (180 - \frac{360}{n})$

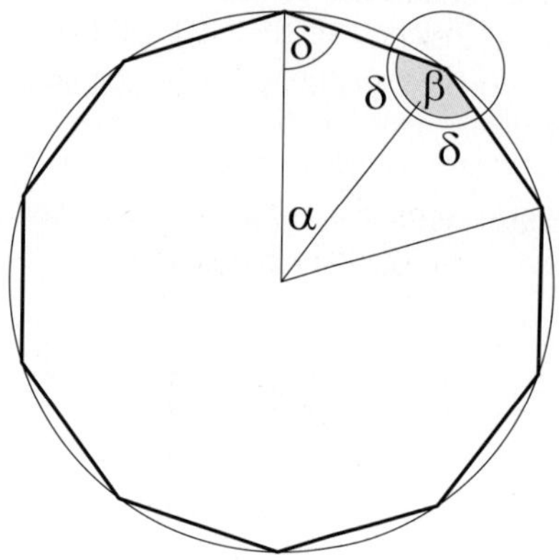

889

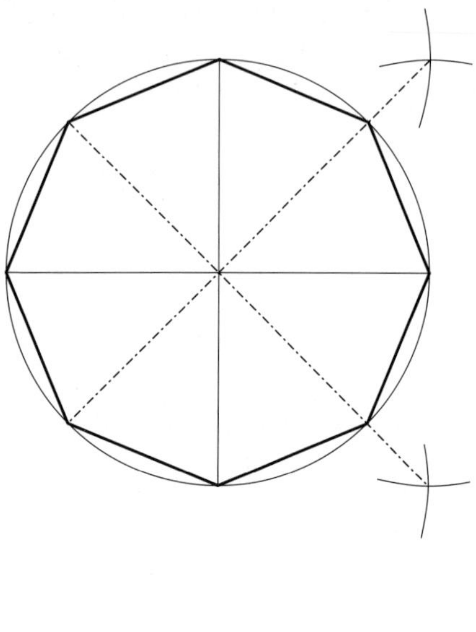

890 a)

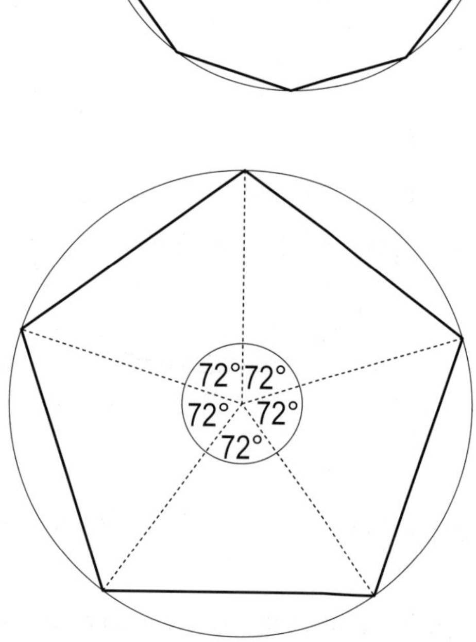

b)

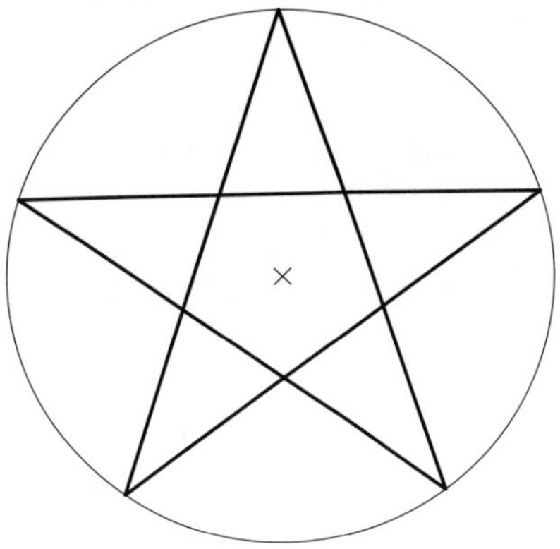

c) Zentriwinkel 40°

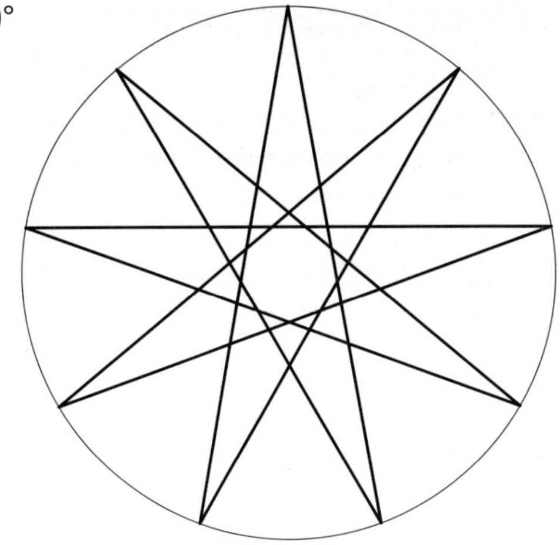

891 Als Zentriwinkel ergibt sich $360 : 7 \approx 51{,}4°$
Der Winkel in den Spitzen beträgt $\left(180° - \frac{720°}{7}\right) \approx 77{,}1°$

892 Ein Zwölfeck lässt sich einfach konstruieren, wenn man folgendermaßen vorgeht:
Zeichne ein Sechseck. Dann wähle um 90° verdreht einen neuen Anfangspunkt B und zeichne noch ein Sechseck.

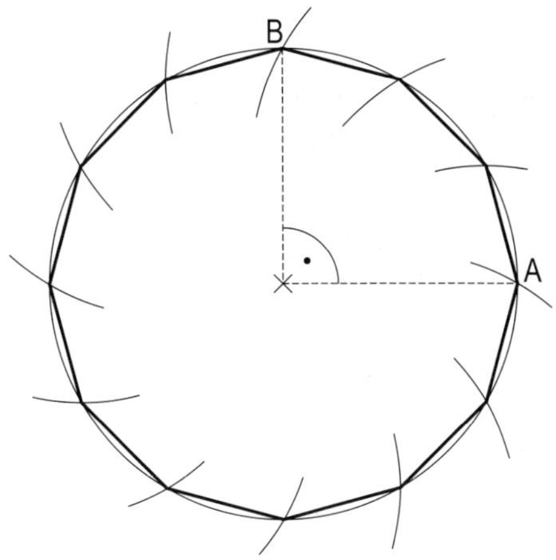

893 Konstruiere zuerst ein Achteck wie in Lösung 889. Dann halbiere die Winkel noch einmal.

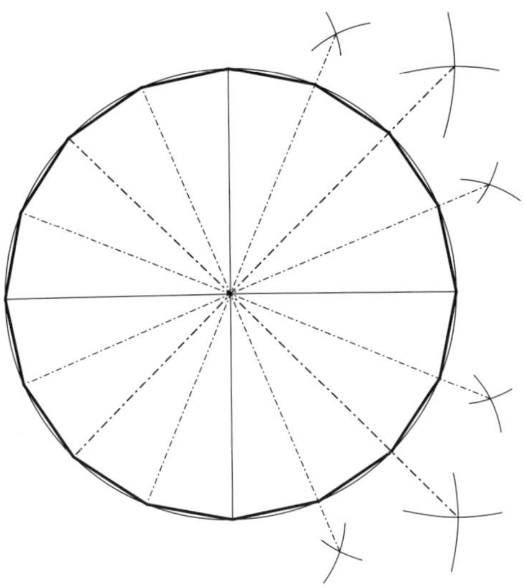

894 **a)** $2\frac{1}{3}$ **b)** $9\frac{5}{8}$

895 **a)** Man benötigt 17 Packungen Grassamen. **b)** Es bleiben 0,3 kg Samen übrig.

11 Prozentrechnung

896 offen

11.1 Absoluter und relativer Vergleich – Anteile in Prozent

897 Bei Gerhard gibt es relativ mehr Gewinnlose zu kaufen. $\frac{3}{10}$ der Lose sind Gewinnlose. Bei Ruth sind es nur $\frac{1}{4}$ der Lose.

898 **a)** rot: 40%, gelb: 30%, blau: 20%, grün: 10%
b) gelb: 35%, grün: 30%, blau: 20%, rot: 15%
c) blau: 28%, grün: 28%, gelb: 28%, rot: 16%
d) gelb: 40%, rot: 20%, grün: 20%, blau: 20%

899 **a)** 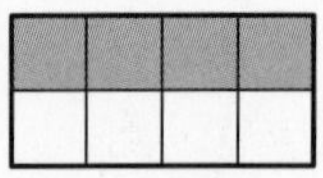 **b)** 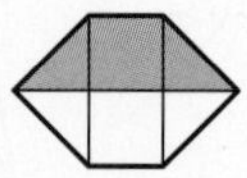 **c)** 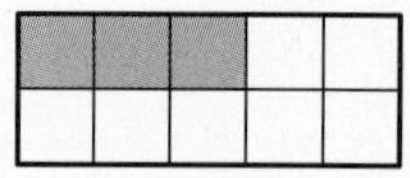 **d)** 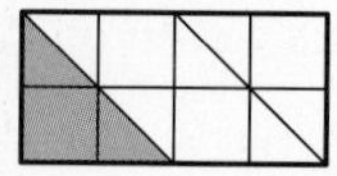 **e)** 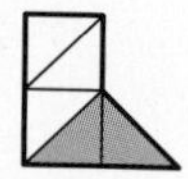

900

Anteil	Prozentangabe	Hunderstelbruch	Dezimahlzahl
15 von 100	15%	$\frac{15}{100}$	0,15
1 von 100	1%	$\frac{1}{100}$	0,01
5,7 von 100	5,7%	$\frac{5,7}{100}$	0,057
100 von 100	100%	$\frac{100}{100}$	1
130 von 100	130%	$\frac{130}{100}$	1,3

901 **a)** $\frac{8}{10} = 80\%$, $\frac{3}{5} = 60\%$, $\frac{27}{50} = 54\%$, $\frac{13}{25} = 52\%$, $\frac{1}{2} = 50\%$, $\frac{9}{20} = 45\%$
b) $\frac{3}{12} = 25\%$, $\frac{1}{5} = 20\%$, $\frac{3}{20} = \frac{6}{40} = 15\%$, $\frac{1}{10} = 10\%$, $\frac{2}{25} = 8\%$
c) $\frac{63}{45} = 140\%$, $\frac{144}{120} = 120\%$, $\frac{28}{25} = 112\%$, $\frac{3}{4} = 75\%$, $\frac{26}{40} = 65\%$

902 **a)** 7‰; 3‰; 15‰ **b)** 1,23‰; 8‰; 20‰ **c)** 90‰; 16‰; 51‰

903 **a)** 25%; 20% **b)** 20%; 15% **c)** 100%; 5% **d)** 12,5%; 20%

904 **a)** 10%; **b)** 1% **c)** 5% **d)** 60%

905 **a)** 15%; 10% **b)** 5%; 100% **c)** 25%; $33\frac{1}{3}\%$

906 172 800 € [57 600 €]

907 Die meisten Preise erhielt der Jahrgang 2. Aber dort ist auch die Anzahl der Schüler/innen am größten. Relativ am erfolgreichsten war Jahrgang 1 mit 27 von 75 das sind 36% Urkundenträger/innen vor Jahrgang 2 mit 35%, und gleichauf Jahrgang 3 und 4 mit je 33,3% Preisträger/innen.

908 Sascha: 24%, Theresa 32%, Lukas 44%

909 Sicherheitsbewusster sind die 3. Klassen mit 25% Helmträger/innen vor den 2. Klassen mit 24% Helmträger/innen.

910 Behälter B enthält 7,5% Hauptgewinne vor Behälter C mit 7,2% und Behälter A mit 6,6 $\approx$ 6,7% Hauptgewinnen.

911 Spiel

912 14,29% (= $\frac{1}{7}$)

913 Lies nach in der Information im Schüler/innenbuch auf Seite 259.

11.2 Berechnen des Prozentwertes

914 Lösungsvorschlag im Schüler/innenbuch

915 **a)** 70 kg; 700 m^2; 4080 € **b)** 45 €; 25,2 m; 80 cm **c)** 120 €; 24,75 m; 100 m^2

916 **a)** Um 7% von 180 € zu berechnen, berechnet man zuerst 1% von 180 €. 7% sind dann das Siebenfache von 1% also 1,80 € · 7. Es besteht direkte Proportionalität.
b) **(1)** 6,24 kg **(2)** 36 € **(3)** 28 m^2 **(4)** 348,5 kg

917 **a)** **(1)** 30 kg [60 kg; 90 kg; 12 kg; 24 kg; 1,2 kg] **(2)** 200 € [400 €; 600 €; 80 €; 160 €; 8 €] **(3)** 12,5 m [25 m; 37,5 m; 5 m; 10 m; 0,5 m]
b) **(1)** 80 € [160 €; 30 €; 48 €] **(2)** 160 kg [320 kg; 60 kg; 96 kg] **(3)** 48 *l* [96 *l*; 18 *l*; 28,8 *l*]
c) **(1)** 24 m [1,2 m; 90 m; 66 m] **(2)** 96 € [4,8 €; 360 €; 264 €] **(3)** 280 *l* [14 *l*; 1050 *l*; 770 *l*]

918 **a)** $W = \frac{a}{100} \cdot 17$ oder $W = a \cdot \frac{17}{100}$ **b)** $W = b \cdot \frac{23}{100}$ **c)** $W = 134 \cdot \frac{p}{100}$ **d)** $W = d \cdot \frac{150}{100}$ **e)** $W = 70 \cdot \frac{x}{100}$ **f)** $W = G \cdot \frac{p}{100}$

919 **a)** 2 h 24 min = $2\frac{2}{5}$ h **b)** 4 h

920 **a)** Benjamin: Für manche Prozentsätze ist es günstig, den Prozentsatz als Bruch zu schreiben. 12,5% = $\frac{1}{8}$. Damit kann man das Ergebnis häufig einfacher berechnen.
Luisa: Sehr oft ist es von Vorteil, 10% auszurechnen. Daraus lassen sich sehr leicht 5% berechnen und damit mit 10% + 5% = 15% den gesuchten Prozentwert.
b) **(1)** $\frac{1}{8} \cdot 320$ kg = 40 kg; $\frac{1}{3} \cdot 36$ m = 12 m; 480 m + 240 m – 48 m = 672 m;
$3 \cdot \frac{1}{4} \cdot 720\ m^2 = 720\ m^2 - \frac{1}{4} \cdot 720\ m^2 = 540\ m^2$
(2) 36 € + 18 € = 54 €; 60 kg – 6 kg = 54 kg; 70 m + 7 m = 77 m; 270 *l* + 27 *l* – 2,7 *l* = 294,3 *l*
(3) $\frac{1}{3} \cdot 24$ h = 8 h; 6 kg + 0,6 kg = 6,6 kg; $80\ m^3 + 16\ m^3 + 1{,}6\ m^3 = 97{,}6\ m^3$; $\frac{1}{4} \cdot 96\ m^2 = 24\ m^2$

921 Es sind 256 richtige Lösungen eingegangen.

922 **a)** Der Vollwinkel beträgt 360%. 15% von 360° ist der gesuchte Zentriwinkel. **b)** PKW: 270°; Sonstige: 36°.

923 **a)** 30 kg Wasser **b)** von deiner Masse abhängig **c)** 0,9 kg [0,68 kg]

924 Überschlag: 20% von 600 = 120, d.h. ca. 480 Schüler. Genaues Ergebnis 451 Schüler.

925 Nein. 10% = $\frac{1}{10}$, daher funktioniert das in diesem Fall. Aber 25% = $\frac{1}{4}$, d.h. man muss durch 4 dividieren.

926 **a)**

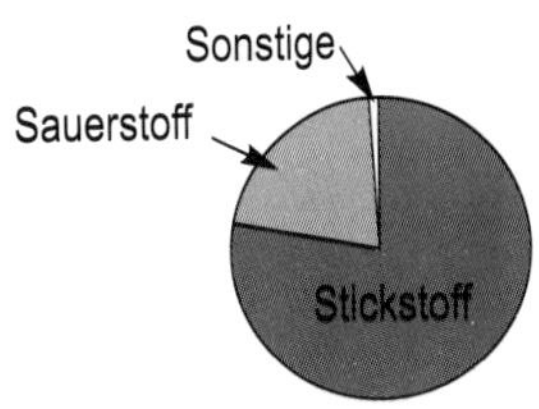

b) 0,21 m^3 Sauerstoff **c)** offen **d)** offen **e)** offen

Prozentuelle Änderungen

Prozentuelle Erhöhungen – Prozentsätze über 100%

927 Lösungsvorschlag im Schüler/innenbuch

928 **a)** 192 € [168 €; 184 €; 304 €] **c)** 1500 kg [1312,5 kg; 1437,5 kg; 2375 kg] **e)** 48 min [42 min; 46 min; 76 min]
b) 492 m [430,5 m; 471,5 m; 779 m] **d)** 1032 t [903 t; 989 t; 1634 t]

929 91,8 €; 1,05, 183,75; 1,12, 54,32 €; 1,055, 63,3 €

930 **a)** 1,2-Fache [1,03-Fache, 1,175-Fache] **c)** Auf das 3-Fache [auf das 3,5-Fache, auf das 2,5-Fache]
b) 15% [4%, 20%] **d)** 200% [75%; 110%]

931 4,5 Millionen €. Der Umsatz konnte auf 300% gesteigert werden.

932 **a)** 13,2 € **b)** 33 €

933 **a)** $P_1 = P \cdot 1{,}15$ **b)** $P_2 = P \cdot 1{,}15 \cdot 1{,}1$ oder $P_2 = P \cdot 1{,}265$

934 **a)** 23,2% **c)** Bei zweimaliger Erhöhung um 11% fällt die Preiserhöhung geringer aus.
b) Nein, weil $1{,}1 \cdot 1{,}12 = 1{,}12 \cdot 1{,}1$

935

Nettopreis	MWSt. in %	MWSt. in €	Bruttopreis
345 €	10%	34,50 €	379,50 €
25 €	20%	5 €	30 €
17,60 €	20%	3,52 €	21,12 €
12 318 €	20%	2463,60 €	14 781,60 €
a €	20%	a · 0,2 €	a · 1,2

Prozentuelle Abnahme – Berechnung des verminderten Wertes

936 Lösungsvorschlag im Schüler/innenbuch

937 **a)** 128 € [152 €; 136 €; 16 €] **c)** 1000 kg [1187,5 kg; 1062,5 kg; 125 kg] **e)** 32 min [38 min; 34 min; 4 min]
b) 328 m [389,5 m; 348,5 m; 41 m] **d)** 688 t [817 t; 731 t; 86 t]

938 **a)** 64,40 € **b)** 0,88; 110 € **c)** 0,78; 51,87 €

939 89,60 €

940 979,20 €

941 **a)** $P_1 = P \cdot 0{,}85$ **b)** $P_2 = 0{,}85 \cdot 0{,}90 = P \cdot 0{,}765$ **c)** 60,44 €

942 Das kann nicht sein, da die 10% der Preissenkung von einem anderen Grundwert berechnet werden. Deshalb wird der Endpreis niedriger sein als 120 €. Er beträgt nur 118,80 €.

943 **a)** 798 €
b) In a) rechnet man $P = 700 \cdot 1{,}20 \cdot 0{,}95$; $1{,}20 \cdot 0{,}95 = 1{,}14 \neq 1{,}15$. Damit ist Michaelas Behauptung falsch. $700 \cdot 1{,}15$ ergibt einen anderen Endpreis.

944 **a) b)** Sie muss den billigsten Artikel als erstes und den teuersten Artikel als letztes nehmen.
Endpreis: 12,90 € · 0,90 € + 19,90 € · 0,80 + 79,90 € · 0,70 = 83,46 €; Sie kann maximal 29,24 € ersparen.

945 Lies nach im Schüler/innenbuch auf den Seiten 262 und 263.

11.3 Berechnen des Grundwertes

946 Lösungsvorschlag im Schüler/innenbuch

947 **a)** Man berechnet zuerst 1% indem man durch 15 dividiert. Das 100-Fache sind dann 100% also der Grundwert.
b) **(1)** 120 m **(2)** 230 kg **(3)** 125 €

948 a) 24 € [48 €; 120 €; 16 €; 60 €; 1200 €]
b) 60 € [120 €; 300 €; 40 €; 150 €; 3000 €]
c) 150 € [300 €; 750 €; 100 €; 375 €; 7500 €]

949 a) 900 kg b) 300 kg c) 30 € d) 900 € e) 125 km f) 22,5 l

950 a) 35 Gläschen kann man füllen. b) (1) 500 Flaschen (2) 250 Flaschen (3) 1500 Flaschen

951 a) 291 € $\approx$ 300 €, daher G = 1500 €; 58 $l \approx$ 60 l, daher G = 240 l; 28 kg $\approx$ 30 kg, daher G = 40 kg
b) 60 m sind ungefähr 10%, daher G = 600 m.
350 € sind ungefähr 50%, daher G = 700 €.
1000 kg sind ungefähr 80%, daher G = 1200kg.
c) 300 m^2 sind ungefähr 30%, daher G = 1000 m^2.
330 € sind ungefähr 75%, daher G = 440 €.
150 km sind ungefähr 10%, daher G = 1500 km.

952 400 Fahrgäste.

953 60 mg Vitamin C

954 Überschlag 3300 t sind ungefähr 50%, d.h. 6600 t. Genaue Rechnung: 6666,6 t
Es werden ungefähr 6670 t Eisenerz benötigt.

955 2 h 3 min

956 29 412 Einwohner

957 270 m^2

958 Lies nach im Schüler/innenbuch auf Seite 271.

11.4 Vermischte Übungen

959 offen.

960 a) (1) 13,3% (2) 7,5% b) (1) 43,86 € (2) 410,04 l c) (1) 530 m (2) 710 €

961 a) Der Grundwert G ist 70 €, der Prozentsatz p 20% und daher der Prozentwert W = 70 € · $\frac{20}{100}$ = 14 €.
b) G ist 28 l, W ist 7 l, daher ist der Prozentsatz p = $\frac{7}{28} = \frac{1}{4}$= 25%.
c) 30 kg ist der Prozentwert W, 50% der Prozentsatz p, daher ist G = 30 kg : $\frac{50}{100}$ = 60 kg.
d) Der Grundwert G ist 50%, der Prozentsatz p 10%, daher der Prozentwert W = 50% · $\frac{10}{100}$ = 5%.

962 a)

p%	W	G
42,86%	3 kg	7 kg
31%	290,16 €	936 €
7%	91 €	1300 €
26,97%	123 l	456 l

b)

W	p%	G
5$	62,5%	8$
0,00001 m	0,1%	0,01 m
343 t	133%	257,89 t
363,52 MB	71%	512 MB

c)

W	G	p%
23 kg	32857,1 kg	0,07%
321 g	654 g	49,08%
1,4283 dm	62,1 dm	2,3%
93,08 m	84,62 m	110%

963 (1) $p = \frac{W}{G} \cdot 100$. $\frac{W}{G}$ gibt der Anteil des Prozentwertes W am Grundwert G an. Dieser Anteil wird in p% d.h. in $\frac{p}{100}$ angegeben. Damit gilt: $\frac{p}{100} = \frac{W}{G}$. Daher gilt für p: $p = \frac{W}{G} \cdot 100$.
(2) $W = G \cdot \frac{p}{100}$. 1% von G ist $\frac{G}{100}$. Damit ist p% von G $\Rightarrow W = \frac{G}{100} \cdot p$. In anderer Schreibweise: $W = G \cdot \frac{p}{100}$.
(3) $G = \frac{W}{p} \cdot 100$. p% entspricht der Prozentwert W. Damit entspricht 1% W : p bzw. $\frac{W}{p}$. 100% entspricht dem Grundwert und daher gilt: $G = \frac{W}{p} \cdot 100$.

964 Auf Streckensymmetrale [Kreis; 2 zu g parallelen Geraden; Mittenparallele].

965 Bei Division durch 37 sind nur 36 verschiedene Reste ungleich Null möglich, d.h. nach spätestens 36 verschiedenen Resten tritt derselbe Rest wieder auf und damit wird die Dezimalzahl periodisch.

966 $p = \frac{W}{G} \cdot 100 \quad | : 100$ $\qquad G \cdot \frac{p}{100} = W \quad | \cdot 100$

$\frac{p}{100} = \frac{W}{G} \quad | \cdot G$ $\qquad G \cdot p = W \cdot 100 \quad | : p$

$G \cdot \frac{p}{100} = W$ $\qquad G = \frac{W}{p} \cdot 100$

967 **a)** ungefähr richtig; $70 \cdot 0{,}03 = 2{,}1$. Stimmt nicht exakt. **c)** exakt richtig
b) falsch **d)** ungefähr richtig; $523\,l \cdot 0{,}11 = 57{,}53$ l. Stimmt nicht exakt.

968 Überschlag: 30% sind ungefähr $\frac{1}{3}$. Damit $170 \cdot 3 = 510$ €; ursprünglicher Preis: 560 €.

969 65% Kupfer, 35% Zinn.

970 **a)** Die Mitgliederzahl stieg um 7,5%. Damit stieg sie auf 107,5% der ursprünglichen Mitgliederzahl.
b) 1550 Mitglieder

971 Um 19,5%.

972 Siehe Nusslösungen im Schüler/innenbuch.

973 **a)** Sie wurden auf 88% der alten Kosten gesenkt. Damit wurden die Kosten um 12% gesenkt. **b)** 8,5 l pro 100 km

974 **a)** Beide haben recht. Lotte verwendet aber als Grundwert für ihre Berechnung 20 €, Alexander hingegen 25 €.
b) offen

975 **a)** 12,5 kg **b)** 12,5 € **c)** 75 m **d)** 0,015 l **e)** 100 **f)** 8

976 4,75% der Bewohner/innen des Altersheimes mussten ins Krankenhaus gebracht werden.

977 52 cm^2

978 1092,50 €

979 **a)** 149,90 €
b) Nein, sie hat nicht recht. Die Mehrwertsteuer beträgt 20% des Nettopreises – dieser Wert ist aber kleiner als 20% des Bruttopreises.
c) Man spart 16,7% vom angeschriebenen Verkaufspreis.
d) $R = P : 1{,}2$ oder $R = P \cdot \frac{5}{6}$.

980 Siehe Nusslösungen im Schüler/innenbuch.

981 **a)** Kartoffeln: 80%; Salat: 90%; Fleisch 58%; Butter: 10%; Mehl: 5%; Hühnerei: 68%. **c)** offen
b) 457,56 g Wasser $\approx$ 0,46 l Wasser

982 Anschaffungen/Ernährung: 1027,54 € Auto: 174,90 € Sonstiges: 131,18 €
Miete/Nebenkosten: 612,15 € Urlaub: 240,49 €

983 531,20 €

984 **a)** Um 10%. **b)** 1060 € **c)** Um 8%.

985 **a)** 53,46 €
b) 99% des ursprünglichen Preises.
c) Zuerst werden 10% von 54 € nämlich 5,40 € dazugerechnet und dann 10% von (54 € + 5,40 €) = 59,40 € nämlich 5,94 € abgerechnet.
d) 53,46 €.

986 **a)** 76,05 € **b)** 65 €

987 Frau Werners Angebot ist besser, da der Ausgangspreis des Fernsehers viel billiger ist. (Frau Werner 645,45 €, Herr Werner 700 €). Bei Angebot 1 kostet der Fernseher 574,45 €, bei Angebot 2 595 €.

988 Siehe Nusslösungen im Schüler/innenbuch.

989 Sylvie $1\frac{7}{20}$ m = 1,35 m; Agata $1\frac{2}{25}$ m = 1,08 m; Timo $1\frac{1}{5}$ m = 1,20 m.

990 **a)** 0,2 mm pro Meter **b)** 21,6 cm **c)** 20 m

991 **a)** Gibt man z. B. 5% ein, dann gibt er als Ergebnis 0,05 aus, d.h. 5% = $\frac{5}{100}$ = 0,05.
b) Überschlag: sicher weniger als 10, d.h. nach der 8. oder 9. Erhöhung. Genau: Nach der 8. Erhöhung.

992 72 *l*

993 Wahre Aussagen: **(2)** weil G : 10 entspricht $\frac{1}{10} = \frac{10}{100}$ = 10% von G; **(3)** $G : 10 = G \cdot \frac{1}{10}$; **(4)** $G \cdot 0{,}1 = G \cdot \frac{1}{10}$.
Falsche Aussagen: **(1)** und **(6)** ergeben das 10-Fache; **(5)** vermehrt den Grundwert um 10.

994 Oper: 12%; Konzert: 14%, Jazz: 22%, Pop: 48%, Sonstiges: 4%.

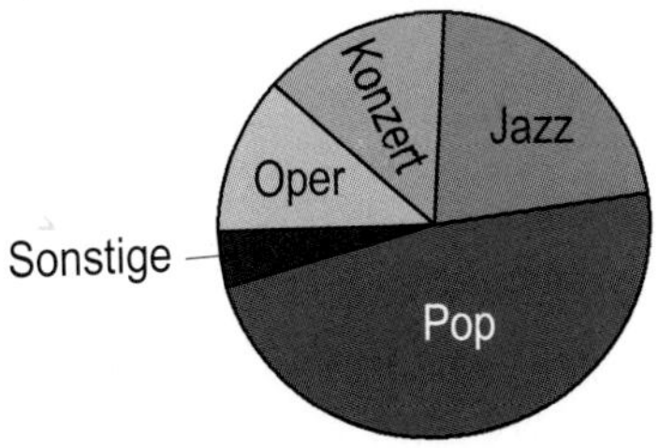

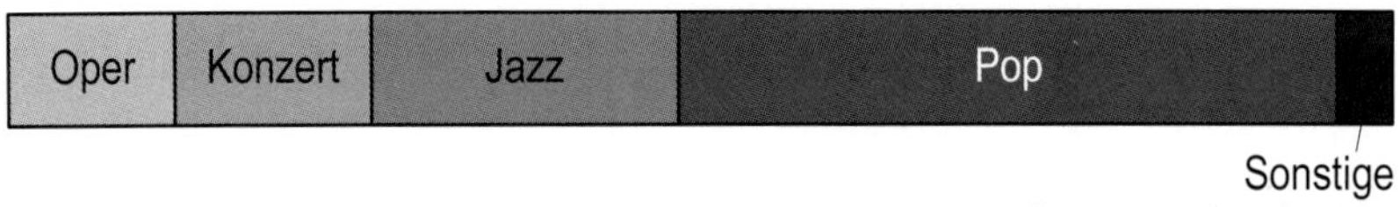

995 Shampoo: 250 ml, Semmeln: 6 Stk., Kaffee: 500 g, Zahnpasta: 75ml.

996 Die Fahrtstrecke ist um 68,4% kürzer geworden.

997 19%

998 Beispiele für Fragen: Wie viel g Zucker hat der Kakao früher pro 100 g enthalten? 69,3g Zucker.
Wie viel g Fett enthält 100 g Delikatess-Majonäse? 81,1 g Fett.
Um wie viel % Fett haben die Chips vorher mehr enthalten? Ca. 50%.
Wie viel kcal hat gewöhnlicher Milchreis? 115 kcal.

999 **a)** 58% Wasser, 20% Eiweiß, 14% Fett, 5% Mineralstoffe, 3% sonstige Stoffe.
b) 40,6 kg Wasser, 14 kg Eiweiß, 9,8 kg Fett, 3,5 kg Mineralstoffe, 2,1 kg sonstige Stoffe.

1000 **a)**

	+ 1,47	– 9,09	+ 10,3	– 0,317
18,18	19,65	9,09	28,48	17,863
37,41	38,88	28,32	47,71	37,093
9,812	11,282	0,722	20,112	9,495

b)

	· 3	· 0,07	: 100	: 4
14,37	43,11	1,0059	0,1437	3,5925
21,01	63,03	1,4707	0,2101	5,2525
200,3	600,9	14,021	2,003	50,075

1001 Nein. Da sich nach jeder Erhöhung auch der Grundwert für die nächste Erhöhung vergrößert, beträgt die Gesamterhöhung für die nächsten 3 Jahre mehr als 12%, nämlich 12,49% (1,04 · 1,04 · 1,04).

1002 Der Preis hat sich um 2,9% erhöht.

1003 **a)** Druckfehler 1. Auflage Schüler/innenbuch: Sektion „Handball" hat 306 Mitglieder.
Wenn man davon ausgeht, dass jede Person nur Mitglied in genau einer Sektion ist, kann man sich Folgendes überlegen:
22% der Mitglieder gehören zu den Sektionen „Schwimmen" und „Turnen". Damit sind die 663 Mitglieder der Sektion „Handball" und „Fußball" 78% aller Mitglieder. 36% spielen Handball, 42% Fußball. 170 Mitglieder schwimmen und 17 Mitglieder turnen.

b) Wenn es noch mehr Mitglieder gibt, die mehrere Sportarten im Verein durchführen, dann kann man die Mitgliederzahl nicht mehr genau angeben. Jedenfalls gibt es im Verein mindestens 357 Mitglieder.

1004 Nein, er hat nicht recht. Es liegt indirekte Proportionalität vor.
Die neue Geschwindigkeit ist das 1, 1-Fache der alten Geschwindigkeit daher ist die neue Zeit das $\frac{1}{1,1} = 0{,}909$-Fache der alten Zeit. Er erspart sich etwas weniger als 10%.

1005 **a)** Der Flächeninhalt erhöht sich um 300%. **b)** Das Volumen erhöht sich um 33,1%.

1006

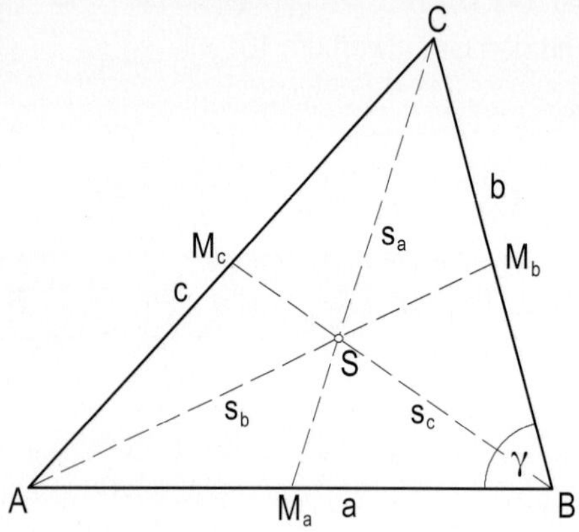

1007 Der Preis hat sich um 10,25% erhöht. Rechne: $P_{neu} = P \cdot 1{,}05 \cdot 1{,}05 = P \cdot 1{,}1025$.

1008 **a)** Die Ersparnis beträgt 25%. Jedes Stück kostet nur mehr $\frac{3}{4}$ des Preises von vorhin. **b)** 33,3% [20%]

1009 4320 €

BLICKPUNKT: Promille – Nicht nur im Straßenverkehr

1010 **a)** 0,3‰ : 1,5 ml; 0,5‰ : 2,5 ml; 1,0‰ – 1,5‰ : 5 ml – 7,5 ml
b) Herr Meister: 13,6 ml; 22,7 ml; 68,2 ml. Frau Liebig: 42,9 ml; 71,4 ml; 214,3 ml.
c) offen

1011 1,4‰

1012 Löffel: 111 g Silber; Gabel: 92,5 g Silber; Teelöffel: 41,625 g Silber.

momox

momox.com/sale

A-ugvkve

Kraker, Plattner, Preis

Expedition Mathematik 2 – Lösungen

ISBN 978-3-7055-**0732**-6

9 783705 507326